深空通信中的
数字调制与纠错编码

张高远　文　红　宋　梁　著

科　学　出　版　社

北　京

内 容 简 介

超长距离传输造成深空通信的信噪比极低。在此背景下，采用具有恒包络特性的数字调制技术和低密度奇偶校验码是实现深空通信可靠传输的有效手段。本书共分7章，前两章重点介绍数字调制与纠错编码基本原理；第3～6章重点介绍二元低密度奇偶校验码及其译码算法；第7章介绍深空通信中的恒包络数字调制及其检测方案，同时描述恒包络数字调制与卷积码或二元低密度奇偶校验码构成的编码调制结构。本书在内容上既有必要的数学和信息论基础，又着重物理概念的解释。

本书适用对象为信息类各专业本科高年级学生、研究生、教师及科研院所从事无线通信可靠性领域研究的科研和工程技术人员。

图书在版编目 CIP 数据

深空通信中的数字调制与纠错编码/张高远，文红，宋梁著. —北京：科学出版社，2019.11

ISBN 978-7-03-058947-7

Ⅰ. 深… Ⅱ. ①张… ②文… ③宋… Ⅲ. ①航天通信-数字调制②航天通信-纠错码-编码理论 Ⅳ. ①TN927

中国版本图书馆 CIP 数据核字(2018)第 221791 号

责任编辑：孙伯元　赵微微 / 责任校对：樊雅琼

责任印制：吴兆东 / 封面设计：蓝正图文

科学出版社出版

北京东黄城根北街16号

邮政编码：100717

http://www.sciencep.com

北京中石油彩色印刷有限责任公司 印刷

科学出版社发行 各地新华书店经销

*

2019年11月第 一 版 开本：720×1000 B5

2022年 5 月第三次印刷 印张：14 1/2

字数：284 000

定价：98.00 元

（如有印装质量问题，我社负责调换）

前　言

深空探测是集中显示国家科技发展水平和综合国力的重要手段，近年来受到世界各国的广泛关注。传输距离较远时，大衰减是深空信道的最典型特性。调制技术能够使发送信号与信道的特征相匹配。为满足深空通信信道的非线性及幅-相转换效应，调制信号的幅度和相位的波动应尽可能小，因而采用恒包络或准恒包络的调制方式是最基本的方案。为了进一步提高从深空探测器发回的微弱信号中提取发送信号的能力，纠错编码技术的引入显得极其重要。深空通信信道带宽充足，允许系统以较低的码率传输数据，数据间的符号干扰可以忽略。信道传输引入的噪声和干扰则可以用高斯白噪声来建模，且噪声样值之间统计独立，这与无记忆加性高斯白噪声信道相差无几，为纠错编码技术提供了用武之地。

本书主要阐述以下几方面的内容：数字调制技术与纠错编码的基本原理、低密度奇偶校验码的构造方法、低密度奇偶校验码的软判决译码算法、基于可靠度软信息的比特翻转译码算法、加权比特翻转译码算法的优化、深空通信中恒包络数字调制技术及其检测方法。

本书得到国家自然科学基金项目（61701172、61701059、61701062、61561045、61572114）、河南省自然科学基金项目（162300410097、162300410096）、电子科技大学博士后基金项目（Y02006023601721）、河南科技大学博士启动基金项目（13480052）、河南省高校科技创新人才支持计划项目（17HASTIT025）、河南省科技攻关计划（国际科技合作领域）项目（172102410072）的支持。本书共7章，第1章、第4～7章由张高远撰写，第2～3章由文红撰写。全书由张高远策划和统稿，宋梁审阅。本书的撰写得到了河南科技大学王斐博士、王丹副教授，重庆邮电大学曹傧副教授、蒲旭敏博士的支持和帮助，在此表示感谢。

由于作者水平有限，本书难免存在疏漏之处，恳请专家和读者批评指正。

目　　录

第1章 绪 论

1.1 引 言

深空探测作为人类在21世纪的三大航天活动之一，集中显示了一个国家的科技发展水平和综合国力。深空信道是典型的以有效性换取可靠性的带限非线性变参信道，具有传输距离远、衰减大的特性。其不仅要求调制后的波形尽量具有恒包络或准恒包络结构的特点，而且要求已调波具有良好的频谱特性：快速的高频滚降特性和尽可能窄的旁瓣。遥远的传输距离使深空探测器发回的信号衰减很大，接收系统很难从微弱的信号中恢复出发送信号，这需要引入纠错编码技术，在牺牲频率资源和功率资源的条件下来提供可靠数据传输的关键技术。随着深空探测技术的发展，探测任务变得越来越复杂，要求数据传输系统的传输速率越来越高，这大大增加了编译码器的实现难度。在这种情况下，对信道编译码算法进行不断的优化和改进，可以推动整个深空通信网络技术的发展与完善。

1.2 深空通信的信道环境

1971年，国际电信联盟(International Telecommunication Union，ITU)在世界无线电通信大会上规定，以地球大气层之外的航天器为对象的无线电通信，称为空间无线电通信，简称空间通信或宇宙通信。1988年，在世界无线电通信大会指定的《无线电规则》中，把地球到月球的平均距离(3.844×10^5km)作为近空和深空的分界线，后来，又将近空和深空的分界线定为2×10^6km。我国航天界普遍把深空定义为月球和月球以外的外层空间。空间无线电通信有三种形式：地球与航天器之间的通信、航天器之间的通信、通过航天器的转发或发射来进行的地球站相互间的通信。空间无线电通信也可分为近空通信和深空通信。深空通信一般是指地球上的实体与月球及月球以外的宇宙空间中的航天器之间的通信，包括各行星表面的区域通信以及地球与太阳系以外星球间的通信。深空通信具有传输距离远、衰减大、传输时延长、发射功率受限等特征，信噪比(signal to noise ratio，SNR)极低。目前，极低信噪比并没有严格的界限，但通常不超过3dB。

同时，深空通信有其独特的信道环境。针对这种特点，早期的深空通信增加接收器与发送天线的口径和功率，在全球建立地球站以满足实际需要。进入21世纪后，美国国家航空航天局(National Aeronautics and Space Administration，NASA)提出了星际互联网的设想，即在外太空建立中继器转播站和星状网络，以满足信号之间的传递和有效的区域覆盖。外太空星际网络为地面的通信与探测提供了有效的支持和保证，长期构想中的星际互联网如图 1-1 所示。

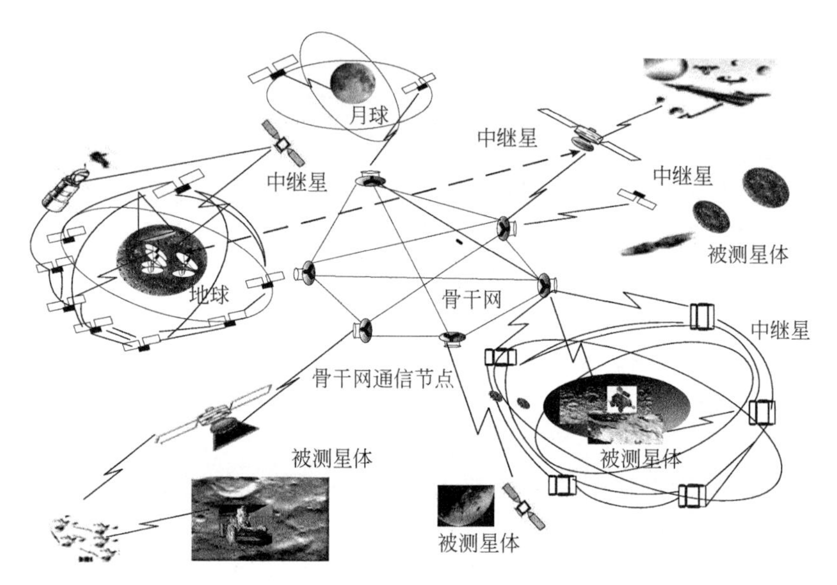

图 1-1　长期构想中的星际互联网

与一般的地面通信、卫星通信相比，深空通信有如下一些不同点[1~4]：

(1)深空通信信道充足的带宽允许系统以较低的码率传输数据。这样，数据之间的符号干扰可以忽略，信道引入的加性噪声和干扰可以用高斯白噪声来模拟。这种噪声在符号之间是相互独立的，与无记忆加性高斯白噪声(additive white Gaussian noise，AWGN)信道相差无几，而 AWGN 正是香农(Shannon)编码理论的信道模型。这使信道编码的理论和仿真效果与实践几乎相同。

(2)深空通信信道频带资源丰富，适用于频带利用效率较低的编码和二进制调制方案。在选择深空通信信道的信道编译码方式时，首先要考虑的是纠正随机性错误，然后也要考虑纠正突发性错误，即采用交织编码技术来应对突发性的错误图样。

(3)传输距离遥远而使信号产生衰减，需要一种高功率、低码率、高复杂度的编译码方案。这样的编译码方案数据率极低，但深空通信是一项极为耗时的工程，故低码率并不影响实际应用。

(4)深空通信是一项极为昂贵的工程，由开发和实施复杂的编译码方案而产生的额外开销是能够容忍的，特别是每分贝的编码增益还能大大减少发送和接收开支[4]。

1.3 深空通信中的信道编码技术

随着通信技术的飞速发展以及各种传输方式对可靠性要求的不断提高,差错控制编码技术成为抗干扰技术的一种重要手段,在数字通信领域和数字传输系统中显示出越来越重要的作用。由于通信信道固有的噪声和衰落特性,信号在经过信道传输到达通信接收端的过程中不可避免地会受到干扰而出现信号失真。通常需要采用纠错码来检测和纠正由信道失真引起的信息传输错误。最早的纠错码主要用于深空通信和卫星通信,随着数字蜂窝电话、数字电视及高分辨率数字存储设备的出现,编码技术的应用已经不局限于科研和军事领域,而是逐渐在各种实现信息交流和存储的设备中得到成功应用。

深空通信系统的设计不能无限制地提高系统发射功率,需要向提高系统功率利用效率上转变。在深空通信中,由于传输距离远,从深空探测器发回地面的信号衰减很大,地面的接收系统很难从微弱信号中恢复出发送信号。而纠错编码则是一种有效提高功率利用效率的方法。采用纠错编码,即使空间传播信号有能量上的损失,但其优越的纠错性能可以在信噪比极低的情况下恢复发送信号。在现有的深空探测器中,飞往木星的“先驱者 10 号”[1]和飞往土星的“先驱者 11 号”都采用了(32,1/2)非系统 QLI(quick-look-in)卷积码,它的码率为 0.5,在信噪比 $E_b/N_0=2.7$dB 时,能达到的误码率为 10^{-5},和未编码的二进制相移键控(binary phase shift keying,BPSK)调制相比,有 6.9dB 的编码增益。当码率为 0.5 时,要获得 10^{-5}的误码率,其信噪比 $E_b/N_0=2.4$dB。从上面的编码方案来看,码率为 0.5 的卷积码,已经达到其最大的纠错极限。

随后,NASA 深空网络(deep space network,DSN)以及国际空间数据系统咨询委员会 (Consultative Committee for Space Data System,CCSDS)分别提出了两种(7,1/2)卷积码。其中,DSN 提出的卷积码主要应用于“火星全球勘测者号”(mars global surveyor),而 CCSDS 提供的编码方案是卷积码和(255,223)RS 码的级联方案,应用在“旅行者 1 号”“旅行者 2 号”(1977 年)及大部分环绕地球飞行的航天器上。“旅行者”系统的性能比“先驱者”提高了 0.2dB (大约在信噪比 $E_b/N_0=2.5$dB 时能达到 10^{-5}的误码率),但是码率却下降了 12.5%。1992 年,木星探测器使用(15,1/4)卷积码方案,采用维特比(Viterbi)译码,达到了 1Mbit/s 的传输速率。在“卡西尼号”土星探测任务[4]中使用了(15,1/6)卷积码与 10bit 交织深度的(1023,959)RS 码级联。在 $E_b/N_0=0.42$dB 时就获得了 10^{-5}的误码率。

Turbo 码具有高的译码复杂度,难以由单个译码器实现高速译码[5~7],而低密度奇偶校验(low density parity check,LDPC)码以其低译码复杂度受到人们的重视[8]，它最大的优点在于能实现并行译码，同时，LDPC 码具有最逼近香农限的性能[9~11]。NASA 以及欧洲航天局(European Space Agency，ESA)等国际空间组织对 LDPC 码在空间通信中的应用进行了许多卓有成效的研究。因此，为了使我国的空间通信系统，尤其是深空通信系统在国际上具备先进性，采用 LDPC 码的纠错编码方案是必然的趋势。

LDPC 码[8]在现有系统及标准应用中以二元编码为主，多元 LDPC 码具有比二进制 LDPC 码更好的性能，但多元 LDPC 码的译码复杂度较高。2003 年，文献[12]提出了采用多维离散傅里叶变换(discrete Fourier transform，DFT)来实现多元 LDPC 码的译码，为多元 LDPC 码在实际系统中的应用提供了理论基础，这也引起了人们的极大关注。更为重要的是，这种多进制 LDPC 码能够非常方便地与调制技术结合，支持高速率的数据传输。对多元 LDPC 码的构造、系统中的优化设计及在具体系统中的应用研究远不如二元 LDCP 码充分，仍存在许多问题待研究。

1.4 深空通信中的调制技术

调制是为了使发送信号的特性适合信道的特性，以使信号与信道的特征相匹配，因此，要满足深空通信的需求，需要寻求适合深空通信的调制方式。深空通信具有传输距离远、衰减大的特性，故在信号调制方面，需要功率利用率高的调制方式，同时，为了满足远距离通信的要求，需要对发送信号进行高功率放大。深空信道的非线性及幅-相转换效应，要求调制信号的幅度和相位尽可能小地波动，因此采用恒包络或准恒包络的调制方式，可以减小信号放大带来的非线性影响。研究表明，采用恒包络调制比其他非恒包络调制性能要好。BPSK 调制以其较高的功率效率特性和较为简单的实现方式在早期深空通信系统中获得了广泛应用。我国的深空探测任务刚刚起步，探月计划采用了 BPSK 调制方式，有效信道带宽是 6MHz，单通道最大传输速率为 3Mbit/s。从空间探测器发射到地面接收方向的数据在信噪比 $E_b/N_0=16\text{dB}$ 时，误码率 $P_e \leqslant 1\times 10^{-6}$。

深空通信中，采用恒包络连续相位调制(continue phase modulation，CPM)技术和有较多小包络波动的调制技术会有更好的性能。另外，随着空间探测技术的发展，深空探测任务变得越来越复杂，需要将大量的数据与图像信息实时传输到地面，这样就要求星上(或航天器)数据传输系统的传输速率越来越高，而射频频谱变得越来越拥挤。通过在深空通信中联合使用带宽有效调制技术与高性能纠错编码技术，可以在提高编码增益的同时，提高系统的带宽利用率。目前在空间通信(包括卫星通信)中受到关注的调制方式有：在军事标准和卫星通信中得到广泛应用的成形偏移四进制相移键控(shaped offset quadrature phase shift keying，SOQPSK)调制，适用于非线性信道的高斯滤波最小频移键控(Gaussian filtered minimum shift keying,GFMSK)调制,适用于在功率和频率受限条件下的网格编码调制,频谱和功率高效利用的 FQPSK(Feher-patented quadrature phase shift keying)调制[13,14]。其中,FQPSK 调制是一种新的恒包络调制技术,受到普遍的关注。该方法的频谱效率、功率效率和误码率等性能优良,能明显增大系统容量,并且电路结构简单,与其他调制方式相比性能好,其高功率效率能实现利用有限的电池功率来最大限度地延长系统设备的工作时间。因此将 FQPSK 调制作为调制方案,研究结合高性能 LDPC 码,用于未来的高数据传输速率(10～100Mbit/s)深空探测任务的 LDPC-FQPSK 联合设计、联合译码的编码调制方案,同样具有深远的意义。

1.5 本书中采用的LDPC码

本书采用的 LDPC 码包括以下三类:

(1)基于渐近边增长(progressive edge growth,PEG)算法构造码。选用的基于 PEG 算法构造的两个规则 LDPC 码均是行重为 6、列重为 3、码率为 1/2,分别记为(1008,504)PEG-LDPC 码和(504,252)PEG-LDPC 码,该码选自文献[15]。

(2)基于有限域几何(finite geometry,FG)构造码。选用的 4 个规则 FG-LDPC 码[7]如下:行重和列重都为 32,码率为 0.76 的(1023,781)欧几里得几何(Euclidean geometry,EG)-LDPC 码;行重和列重都为 16,码率为 0.69 的(255,175)EG-LDPC 码;行重和列重都为 33,码率为 0.77 的(1057,813)射影几何(projective geometry,PG)-LDPC 码;行重和列重都为 17,码率为 0.70 的(273,191)PG-LDPC 码。

(3)CCSDS 码。选用的 CCSDS 码为 CCSDS 标准的前 3 个短长度的 LDPC 码,具体实现过程将在 3.7 节给出。

1.6 本章小结

深空通信系统通常工作在极低的信噪比下,如何高效可靠地实现探测信息的传输是深空通信研究的一个关键问题。随着空间数据传输码率的提高,空间频率资源日益紧张,通信距离日益增大,带宽增加对传输性能的要求越来越高,因此新的调制体制成为当前研究的热点。其研究目标为压缩频带宽度、降低带外功率、减少码间干扰、保持信号包络恒定等。通过在深空通信中联合使用带宽有效调制技术与高性能纠错编码技术,可以在提高编码增益的同时,提高系统的带宽利用率。纠错编码技术特别适合在深空通信等对系统增益有较大需要的场景中应用。

由 Feher 发明的具有准恒包络特性的 FQPSK 调制具有高频谱效率、高功率效率和较低误码率等性能特点，特别适合在深空通信中应用。目前该调制体制已经被国际激光测距服务组织和国际空间数据系统咨询委员会定为标准调制体制之一。LDPC 码作为接近香农限的编码技术在深空通信已得到广泛应用。因此在深空通信 AWGN 信道模型下，有较小包络波动的带宽有效调制技术，特别是 FQPSK 调制，以及它们与 LDPC 码的最佳结合方法是未来深空通信的主要研究方向。

参考文献

[1] 张乃通，李晖，张钦宇．深空探测技术发展趋势及思考[J]．宇航学报，2007，28(4)：786-793.

[2] 刘嘉兴．深空测控通信的特点和主要技术问题[J]．飞行器测控学报，2005，24(6)：1-8.

[3] Shannon C E. A mathematical theory of communication[J]. The Bell System Technical Journal，1948，27(3)：379-423.

[4] 翟政安，罗伦，时信华．深空通信信道编译码技术研究[J]．飞行器测控学报，2005，24(3)：1-5.

[5] Berrou C，Glavieux A. Near Shannon limit error-correcting coding and decoding：Turbo codes[J]. IEEE Transactions on Communications，1996，44(10)：1261-1271.

[6] 王新梅，肖国镇．纠错码——原理与方法[M]．修订版．西安：西安电子科技大学出版社，2001.

[7] Lin S，Costello Jr D J. Error Control Coding：Fundamentals and Application[M]. Englewood Cliffs：Prentice-Hall，1983.

[8] Gallager R G. Low density parity check codes[J]. IRE Transactions on Information Theory，1962，8(1)：21-28.

[9] MacKay D J C. Good error-correcting codes based on very sparse matrices[J]. IEEE Transactions on Informations Theory，1999，45(2)：399-431.

[10] Chung S Y，Forney G D，Richardson T J，et al. On the design of low-density parity check codes within 0.0045dB of the Shannon limit[J]. IEEE Communications Letters，2001，5(2)：58-60.

[11] 文红，符初生，周亮．LDPC 码原理与应用[M]．成都：电子科技大学出版社，2006.

[12] Song H X，Cruz J R. Reduced-complexity decoding of *Q*-ary LDPC codes for magnetic recording[J]. IEEE Transactions on Magnetics，2003，39(2)：1081-1087.

[13] Simon M K. Bandwidth-Efficient Digital Modulation with Application to Deep-Space Communications [M]. New Jersey：Wiley-Interscience，2003.

[14] Marvin K S. 高宽带效率数字调制及其在深空通信中的应用[M]．夏云等，译．北京：清华大学出版社，2006.

[15] MacKay D J C. Encyclopedia of sparse graph codes[EB/OL]. http：//www.inference.phy.cam.ac.uk/mackay/codes/data.html，2007[2019-03-01].

第 2 章　纠错编码基本原理

2.1 引　　言

无论哪种编码方法，都需要遵循一些基本的定义和定理，都要使用一些恰当的表达方法。不同编码方法的性能差异因信号传输信道的不同而有所区别，因此需要考虑不同信道条件下的信道模型。不同的信道容量也不同。LDPC 码是一类分组码，本章首先简单介绍分组码的概念、编码方法及译码方法；然后对几类典型信道模型的信道容量进行简单的介绍。

2.2 线性分组码

2.2.1 线性分组码的概念

分组码是纠错码中最基本的一类编码方法，这里仅讨论分组码中最常用的一个子类，即线性分组码。同时本书只讨论二元码，即码元取值为 0 或 1，因此下面只涉及符号取自二元有限域 GF(2)的线性分组码，即二元线性分组码。

线性分组码是把信息划成 k 个码元为一段(称为信息组)，通过编码器变成长为 n 个码元的一组，这 n 个码元的一组称为码字(码组)。在二进制情况下，信息组共有 2^k 个，因此通过编码器后，相应的码字也有 2^k 个，称这 2^k 个码字集合为线性分组码，用(n,k)表示，n 表示码长，k 表示信息位，码率 $R=k/n$。

二元线性分组码必须满足如下两个条件[1~3]：

(1)码字集合中的任意两个码字经过模 2 加之后得到的结果仍然是码字集合中的一个码字。

(2)码字集合中包含全零码字。

从数学角度讲，可以把一个(n,k)线性分组码看成二元 n 维线性空间上的 k 维子空间。因此，(n,k)线性分组码可以由 k 个线性无关的二元 n 维矢量集合$\{\boldsymbol{g}_0,\boldsymbol{g}_1,\cdots,\boldsymbol{g}_{k-1}\}$得到。得到的码字实际上是这些 n 维矢量根据信息序列分组中各个比特的取值得到的线性组合。

2.2.2 生成矩阵和校验矩阵

线性分组码的编码过程可以描述为一个信息矢量 $\boldsymbol{m}$ 和一个矩阵相乘的结果，即

$$\boldsymbol{C}=\boldsymbol{mG} \tag{2-1}$$

其中，$\boldsymbol{G}$ 是由 k 个 n 维矢量 $\boldsymbol{g}_0,\boldsymbol{g}_1,\cdots,\boldsymbol{g}_{k-1}$ 构成的矩阵；$\boldsymbol{m}$ 是信息序列分组$(m_0,m_1,\cdots,m_{k-1})$；$\boldsymbol{C}$ 是编码得到的 n 维编码输出$(c_0,c_1,\cdots,c_{n-1})$。其中，矢量与矩阵的乘法在二元域 GF(2)上进行[1~3]。

根据式(2-1)，码字 $\boldsymbol{C}$ 可以表示为

$$\boldsymbol{C}=m_0\boldsymbol{g}_0+m_1\boldsymbol{g}_1+\cdots+m_{k-1}\boldsymbol{g}_{k-1} \tag{2-2}$$

而矩阵 $\boldsymbol{G}$ 称为编码生成矩阵，形式为

$$\boldsymbol{G}=\begin{bmatrix}\boldsymbol{g}_0\\ \boldsymbol{g}_1\\ \vdots\\ \boldsymbol{g}_{k-1}\end{bmatrix}=\begin{bmatrix}g_{0,0} & g_{0,1} & \cdots & g_{0,n-1}\\ g_{1,0} & g_{1,1} & \cdots & g_{1,n-1}\\ \vdots & \vdots & & \vdots\\ g_{k-1,0} & g_{k-1,1} & \cdots & g_{k-1,n-1}\end{bmatrix} \tag{2-3}$$

例如，对于一个二元(7,3)线性分组码，其生成矩阵可以为

$$\boldsymbol{G}=\begin{bmatrix}1&0&0&1&1&1&0\\0&1&0&0&1&1&1\\0&0&1&1&1&0&1\end{bmatrix}$$

如果编码信息分组为 $\boldsymbol{m}=[0\quad 1\quad 1]$，那么

$$\boldsymbol{C}=\boldsymbol{mG}=[0\quad 1\quad 1]\begin{bmatrix}1&0&0&1&1&1&0\\0&1&0&0&1&1&1\\0&0&1&1&1&0&1\end{bmatrix}=(0,1,1,1,0,1,0)$$

表 2-1 给出了二元(7,3)线性分组码的所有信息分组和生成码字。

表 2-1 二元(7,3)线性分组码的所有信息分组和生成码字

信息序列分组 $\boldsymbol{m}$	码字 $\boldsymbol{C}$
0 0 0	0 0 0 0 0 0 0
0 0 1	0 0 1 1 1 0 1
0 1 0	0 1 0 0 1 1 1
0 1 1	0 1 1 1 0 1 0
1 0 0	1 0 0 1 1 1 0
1 0 1	1 0 1 0 0 1 1
1 1 0	1 1 0 1 0 0 1
1 1 1	1 1 1 0 1 0 0

与每个线性分组码相联系的还有另一种有用的矩阵，对于任意有 k 个线性独立行的 $k \times n$ 矩阵 $\boldsymbol{G}$，存在一个具有 $n-k$ 行线性独立的 $(n-k) \times n$ 矩阵 $\boldsymbol{H}$，它使 $\boldsymbol{G}$ 的行空间中的任意向量都和 $\boldsymbol{H}$ 的行正交，且与 $\boldsymbol{H}$ 的行正交的任意向量都在 $\boldsymbol{G}$ 的行空间中。因此用另一种方法来描述由 $\boldsymbol{G}$ 生成的 (n,k) 线性码：一个 n 维向量 $\boldsymbol{C}$ 是 $\boldsymbol{G}$ 生成的码字中的码字，其充要条件为

$$\boldsymbol{C}\boldsymbol{H}^{\mathrm{T}}=\boldsymbol{0}^{\mathrm{T}} \tag{2-4}$$

此时 $\boldsymbol{H}$ 称为一致校验矩阵。一般情况下，一个 (n,k) 码的 $\boldsymbol{H}$ 矩阵可表示为

$$\boldsymbol{H}=\begin{bmatrix} h_{1,n-1} & h_{1,n-2} & \cdots & h_{1,0} \\ h_{2,n-1} & h_{2,n-2} & \cdots & h_{2,0} \\ \vdots & \vdots & & \vdots \\ h_{n-k,n-1} & h_{n-k,n-2} & \cdots & h_{n-k,0} \end{bmatrix} \tag{2-5}$$

则式(2-4)表示成

$$(c_0,c_1,\cdots,c_{n-1})\begin{bmatrix} h_{1,n-1} & h_{2,n-1} & \cdots & h_{n-k,n-1} \\ h_{1,n-2} & h_{2,n-2} & \cdots & h_{n-k,n-2} \\ \vdots & \vdots & & \vdots \\ h_{1,0} & h_{2,0} & \cdots & h_{n-k,0} \end{bmatrix}=\boldsymbol{0} \tag{2-6}$$

因为 $\boldsymbol{G}$ 中的每一行及其线性组合均为 (n,k) 线性码的一个码字，所以由式(2-4)可知

$$\boldsymbol{G}\boldsymbol{H}^{\mathrm{T}}=\boldsymbol{0} \tag{2-7}$$

例如，对于一个二元(7,3)线性分组码，其相应的校验矩阵可为

$$\boldsymbol{H}=\begin{bmatrix} 1 & 0 & 1 & 1 & 0 & 0 & 0 \\ 1 & 1 & 1 & 0 & 1 & 0 & 0 \\ 1 & 1 & 0 & 0 & 0 & 1 & 0 \\ 0 & 1 & 1 & 0 & 0 & 0 & 1 \end{bmatrix}$$

显然满足 $\boldsymbol{G}\boldsymbol{H}^{\mathrm{T}}=\boldsymbol{0}$。

2.2.3　线性分组码的最小距离

好的编码方式应该使得到的码字之间的区别尽可能大。对于二元码，码字集合中任何两个码字之间的区别就表现在它们相应位置上比特取值的区别。为衡量码字之间的区别，这里定义码字距离与重量的概念。

定义 2.1　两个 n 维向量 $\boldsymbol{x}$、$\boldsymbol{y}$ 之间，对应位取值不同的个数，称为它们之间的汉明距离，用 $d(\boldsymbol{x},\boldsymbol{y})$ 表示。

例如，若 $\boldsymbol{x}=(1,0,1,0,1)$，$\boldsymbol{y}=(0,1,1,1,1)$，则 $d(\boldsymbol{x},\boldsymbol{y})=3$。

定义 2.2　n 维向量 $\boldsymbol{x}$ 中非零码元的个数，称为它的汉明重量，简称重量，用 $w(\boldsymbol{x})$ 表示。

例如，若 $\boldsymbol{x}=(1,0,1,0,1)$，则 $w(\boldsymbol{x})=3$；若 $\boldsymbol{y}=(0,1,1,1,1)$，则 $w(\boldsymbol{y})=4$。

定义 2.3 (n,k)分组码中，任何两个码字之间距离的最小值，称为该分组码的最小汉明距离 d_0，简称最小距离。

$$d_0=\min_{\boldsymbol{x},\boldsymbol{y}\in(n,k)}\{d(\boldsymbol{x},\boldsymbol{y})\}$$

例如，(3,2)分组码，$n=3$，$k=2$，共有 $2^2=4$ 个码字：000、011、101、110，显然 $d_0=2$。

d_0 是线性分组码的另一个重要参数。它表明分组码抗干扰能力的大小。因此有时线性分组码也用(n,k,d_0)表示。下面给出线性分组码和校验矩阵之间的关系。

定理 2.1 (n,k,d_0)线性分组码有最小距离等于 d_0 的充要条件是，矩阵中任意 d_0-1 列线性无关。

2.2.4 系统码

对于线性分组码的码字，我们希望它具有如图 2-1 所示的系统形式。其码字划分成两部分，即信息部分和冗余校验部分。信息部分由 k 位未变化的信息数字组成，冗余校验部分由 $n-k$ 位冗余校验数字组成，校验位是信息数字的线性组合。有这种结构的线性分组码称为线性系统分组码[1~3]。

k位信息位	$n-k$位冗余校验位

图 2-1 码字的系统形式

因此，系统形式的生成矩阵为

$$\boldsymbol{G}=[\boldsymbol{I}_k \quad \boldsymbol{P}] \tag{2-8}$$

其中，$\boldsymbol{P}$ 是 $k\times(n-k)$矩阵；$\boldsymbol{I}_k$ 是 k 阶单位阵。如果信息位不在码字的前 k 位，而在码字的后 k 位，则 $\boldsymbol{G}$ 矩阵的 $\boldsymbol{I}_k$ 单位阵在 $\boldsymbol{P}$ 矩阵的右边[1~3]。

若(n,k)线性分组码生成矩阵为式(2-8)所示的系统形式，则一致校验矩阵 $\boldsymbol{H}$ 可取如下形式：

$$\boldsymbol{H}=[-\boldsymbol{P}^{\mathrm{T}} \quad \boldsymbol{I}_{n-k}] \tag{2-9}$$

其中，$\boldsymbol{P}^{\mathrm{T}}$ 是一个$(n-k)\times k$ 矩阵，它是 $\boldsymbol{P}$ 矩阵的转置；“－”表示 $\boldsymbol{P}^{\mathrm{T}}$ 矩阵中的每一元素是 $\boldsymbol{P}$ 矩阵中对应元素的逆元，在二进制情况下，仍是该元素自己。显然，由此得到的 $\boldsymbol{H}$ 矩阵满足：

$$\boldsymbol{G}\boldsymbol{H}^{\mathrm{T}}=[\boldsymbol{I}_k \quad \boldsymbol{P}]\begin{bmatrix}-\boldsymbol{P}\\ \boldsymbol{I}_k\end{bmatrix}=\boldsymbol{0}$$

2.2.5 循环码和准循环码

一个线性分组码，若它的任一码字左移或右移一位后，得到的仍是该码的一个码字,这种码称为循环码[1~3]。

循环码是一类非常重要的线性码,它的特点是编译码器可以很容易地利用移位寄存器构造乘法电路和除法电路来实现,而且由于循环码具有很好的代数结构,译码方法相对简单。由于实现简单,循环码在众多通信系统中得到广泛应用。下面对循环码的基本结构和描述进行简单的介绍。

考虑一个(n,k)线性码$\boldsymbol{C}$,对于其中任意一个码字$\boldsymbol{c}=(c_0,c_1,\cdots,c_{n-1})\in\boldsymbol{C}$,恒有$\boldsymbol{c}'=(c_{n-l},c_{n-l+1},\cdots,c_{n-1},c_0,c_1,\cdots,c_{n-l-1})\in\boldsymbol{C}$,则称线性码$\boldsymbol{C}$为循环码。

循环码的码字可以用矢量形式表示,即

$$\boldsymbol{c}=(c_0,c_1,\cdots,c_{n-1}) \tag{2-10}$$

也可以用多项式的形式表示:

$$c(x)=c_0+c_1x+\cdots+c_{n-1}x^{n-1} \tag{2-11}$$

此多项式称为码多项式。

若x乘以$c(x)$,并对x^n-1取模,有

$$xc(x)=c_0x+c_1x^2+\cdots+c_{n-1}x^n\equiv c_{n-1}+c_0x+c_1x^2+\cdots+c_{n-2}x^{n-1}\bmod(x^n-1) \tag{2-12}$$

这样,循环码的循环码位移就可以由模x^n-1下的码子多项式$c(x)$乘以x的运算给出。循环码可以由它的生成多项式$g(x)$唯一决定,其生成多项式的形式为

$$g(x)=g_0+g_1x+\cdots+g_{n-k}x^{n-k} \tag{2-13}$$

类似地,信息序列也可以表示为多项式$m(x)$的形式。生成码字以多项式$c(x)$表示,则有

$$c(x)=m(x)g(x) \tag{2-14}$$

由于多项式乘法等价于多项式系数的卷积,进一步有

$$c_i=\sum_{j=0}^{n-k}(m_{i-j}g_j) \tag{2-15}$$

GF(2)上(n,k)循环码的生成多项式$g(x)$有一个重要的特性:生成多项式$g(x)$一定是多项式x^n-1的一个因式,即

$$x^n-1=g(x)h(x) \tag{2-16}$$

如果$g(x)$的幂次为$n-k$,则$h(x)$为k次多项式,以$g(x)$为生成多项式所构成的(n,k)循环码中$g(x),xg(x),\cdots,x^{k-1}g(x)$等$k$个多项式必定是线性无关的。可以由这些码字多项式所对应的码字构成循环码的生成矩阵$\boldsymbol{G}$,则有

$$\begin{cases}g(x)=g_0+g_1x+\cdots+g_{n-k}x^{n-k}\\ xg(x)=g_0x+g_1x^2+\cdots+g_{n-k}x^{n-k+1}\\ \quad\vdots\\ x^{k-1}g(x)=g_0x^{k-1}+g_1x^k+\cdots+g_{n-k}x^{n-1}\end{cases} \tag{2-17}$$

循环码的生成多项式可以表示为如下形式:

$$G=\begin{bmatrix} g_0 & g_1 & g_2 & \cdots & g_{n-k} & 0 & 0 & \cdots & 0 \\ 0 & g_0 & g_1 & \cdots & g_{n-k-1} & g_{n-k} & 0 & \cdots & 0 \\ \vdots & \vdots & \vdots & & \vdots & \vdots & \vdots & & \vdots \\ 0 & 0 & 0 & \cdots & g_0 & g_1 & g_2 & \cdots & g_{n-k} \end{bmatrix} \tag{2-18}$$

从而有

$$x^n-1=g(x)h(x)=(g_0+g_1x+\cdots+g_{n-k}x^{n-k})(h_0+h_1x+\cdots+h_kx^k)$$

根据待定系数法，有

$$\begin{cases} g_0h_0=-1 \\ g_0h_1+g_1h_0=0 \\ \quad\vdots \\ g_0h_i+g_1h_{i-1}+\cdots+g_{n-k}h_{i-(n-k)}=0 \\ \quad\vdots \\ g_0h_{n-1}+g_1h_{n-2}+\cdots+g_{n-k}h_{k-1}=0 \\ g_{n-k}h_k=1 \end{cases} \tag{2-19}$$

(n,k)循环线性分组码对应的一致校验矩阵为

$$H=\begin{bmatrix} h_k & h_{k-1} & \cdots & h_0 & 0 & \cdots & \cdots & 0 \\ 0 & h_k & h_{k-1} & \cdots & h_0 & 0 & \cdots & 0 \\ \vdots & \vdots & \vdots & & \vdots & \vdots & & \vdots \\ 0 & 0 & \cdots & 0 & h_k & h_{k-1} & \cdots & h_0 \end{bmatrix} \tag{2-20}$$

可以验证 H 矩阵满足：

$$GH^{\mathrm{T}}=0$$

所以，称 $h(x)$为码的校验多项式，相应的 H 矩阵为码的一致校验矩阵。

对于某些码，每一码字循环移位一次不一定是该码的另一码字，但若循环移位多次，得到的仍是该码的一个码字，这样的码称为准循环码。准循环码的编码还是可以用移位寄存器来实现，编码是简单的。

定义 2.4　设 s、n_0、k_0 为正整数，若(sn_0, sk_0)线性码的任一码字移位 n_0 后仍然是该码的一个码字，则该码称为分组长度为 n_0 的准循环码。

准循环码的生成矩阵可以写成

$$G=\begin{bmatrix} G_{11} & G_{12} & \cdots & G_{1n_0} \\ G_{21} & G_{22} & \cdots & G_{2n_0} \\ \vdots & \vdots & & \vdots \\ G_{k_01} & G_{k_02} & \cdots & G_{k_0n_0} \end{bmatrix} \tag{2-21}$$

其中，G_{ij} 为 s 阶循环矩阵：

$$G_{ij}=\begin{bmatrix} g_1 & g_2 & \cdots & g_s \\ g_s & g_1 & \cdots & g_{s-1} \\ \vdots & \vdots & & \vdots \\ g_2 & g_3 & \cdots & g_1 \end{bmatrix} \tag{2-22}$$

其中,对于二进制码 $g_i \in GF(2)$。系统准循环码的生成矩阵具有如下形式:

$$G=\begin{bmatrix} I & 0 & 0 & \cdots & 0 & G_{1,k_0+1} & \cdots & G_{1,n_0} \\ 0 & I & 0 & \cdots & 0 & G_{2,k_0+1} & \cdots & G_{2,n_0} \\ 0 & 0 & I & \cdots & 0 & G_{3,k_0+1} & \cdots & G_{3,n_0} \\ \vdots & \vdots & \vdots & & \vdots & \vdots & & \vdots \\ 0 & 0 & 0 & \cdots & I & G_{k_0,k_0+1} & \cdots & G_{k_0,n_0} \end{bmatrix} \tag{2-23}$$

2.3　信道容量与香农限

信道容量表示一个信道的传输能力,它与信道的噪声大小和分布、传输信号的功率及传输带宽有关。当传输信号的功率和传输带宽一定时,可以通过信道编码增加冗余度从而提高传输可靠性或控制误码率。下面讨论各种信道模型下的信道容量,以便为纠错编码方案的制订提供依据[4,5]。

2.3.1　信道容量的定义

所有信道都有一个最大的信息传输率,称为信道容量。它是信道可靠传输的最大信息传输率。对于不同的信道,存在的噪声形式不同,信道带宽以及信号的各种限制不同,具有不同的信道容量。香农定义信道容量为[4,5]

$$C=\max_{p(x)} I(X;Y)=\max_{p(x)}[H(X)-H(X|Y)]=\sum_{j=0}^{q-1}\sum_{i=0}^{Q-1}\left[p(x_j)p(y_i|x_j)\log_2\frac{p(y_i|x_j)}{p(y_i)}\right] \tag{2-24}$$

其中,变量 X 和 Y 分别代表信道的输入和输出;$p(x)$ 是变量 X 的概率密度函数(probability density function,PDF);$I(X;Y)$ 是变量 X 和 Y 的互信息;$H(X)$ 为信源的熵;$H(X|Y)$ 为信道的条件熵,实际上就是因为信道噪声存在造成的损失熵[4,5]。

一般时间连续信道的信道容量(bit/s)为[4,5]

$$C=\max_{p(x)}\left[\lim_{T\to\infty}\frac{1}{T}I(X;Y)\right]=\max_{p(x)}\left\{\lim_{T\to\infty}\frac{1}{T}[H(X)-H(X|Y)]\right\} \tag{2-25}$$

2.3.2　信道容量与香农限的关系

通信的基本资源是时间 T、带宽 B 和能量 E。通信资源的最小极限使用指标是香农限。广义香农限是指在一定的误码条件下单位时间、单位带宽上传输 1bit 所需要的最小信噪比 $(E_b/N_0)_{min}$。当没有误码(误码率为 0)时,就是狭义的香农限。

对纠错码而言,虽然编码导致传输符号能量降低和相应的符号误码率增加,但是纠错的应用使译码后的符号误码率降低,因此折算到传输每比特信息所需要的能量 (E_b/N_0) 降低,使能量或带宽的使用效率最大化。香农限就是度量这一效率的极限参量。

在连续信道条件下,信道容量 C 是信噪比 E_s/N_0 的增函数,即

$$C=f\left(\frac{E_s}{N_0}\right)=f\left(\frac{RE_b}{N_0}\right) \tag{2-26}$$

其中,C 为信道容量;R 为码率;E_b 是信息比特能量;E_s 为信息符号的平均能量;N_0 是噪声单边功率谱密度;E_b/N_0 为信噪比。

当要求无失真传输时,必须满足 $R\leqslant C$,取等号时,通信资源的利用率最大,此时达到该 R 无误传输所消耗的信噪比是最小的,记为 $(E_b/N_0)_{min}$。$(E_b/N_0)_{min}$ 就是香农限。

2.3.3 信道容量与纠错码的关系

有噪信道编码定理(香农第二定理)指出:设有离散无记忆信道 $[X,P(y|x),Y]$,$P(y|x)$ 为信道的传输概率,其信道容量为 C。存在一种编码方法,当码率 $R<C$ 时,只要码长 n 足够大,总可以找到相应的译码规则,使译码的误码率任意小($P_e\to 0$)[4,5]。

对于带宽无限的高斯白噪声信道,其信道容量为[4,5]

$$C=\frac{1}{2}\log_2\left(1+\frac{P}{\sigma^2}\right) \tag{2-27}$$

其中,σ^2 为高斯噪声方差;P 为信号平均功率。

对于带宽为 W、信号平均功率为 P 的带限 AWGN 信道,其信道容量为[4,5]

$$C=W\log_2\left(1+\frac{P}{N_0W}\right) \tag{2-28}$$

其中,N_0 是噪声的单边功率谱密度。在理想 Nyquist 采样条件下,有

$$P=\frac{E_0}{T} \tag{2-29}$$

其中,E_0 为在每个信号持续时间 T 内的信号能量。

从概念上理解,信道容量 C 是在误码率极低的条件下理论上每秒能够在信道上传输的信息比特数。根据式(2-28),一方面,对于固定的信道带宽 W,信道容量 C 随着传输信号平均功率 P 的增加而提高;另一方面,如果信号平均功率 P 固定,那么可以通过增加信道带宽 W 来提高信道容量 C。当信道带宽 W 趋于无穷大时,

信道容量达到渐近极限值：

$$C_{\infty}=\frac{P}{N_0\ln 2} \tag{2-30}$$

有噪信道编码定理给出了好码存在的理论证明，但并没有给出构造好码的方法。从定理的证明可知，码字的随机性越强，得到好码的可能性越大。但对随机码进行最大似然译码的运算量是非常大的。因此，好码的构造应该是寻找距离特性近似随机的、结构能够有效实现译码的编码方法。

Gallager[6]证明，对于离散输入无记忆信道，存在码率为 R 的包含 k 个符号的码字，在采用最大似然译码时其误码率的上限为

$$P_{\mathrm{w}}(e)<\exp[-kE(R)],\quad 0\leqslant R\leqslant C \tag{2-31}$$

其中，$E(R)$是 R 的递减函数。根据式(2-31)，可以采用不同的折中手段，找到不同的实现可靠通信的方法。例如：

(1)降低码率 $R=k/n$。但对于固定的信息传输率，降低码率就意味着提高码字传输速率，因此需求带宽增加。

(2)提高信道容量。对于给定的码率，提高信道容量意味着 $E(R)$的增加，如图 2-2所示。但对于给定的信道和带宽 W，提高信道容量就必须提高信号平均功率 P。

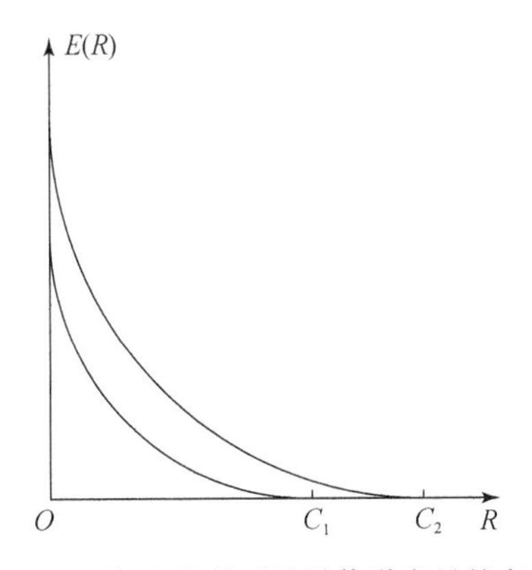

图 2-2　$E(R)$与 R 的关系及随信道容量的变化曲线

(3)增加码字长度 n，同时保持码率 R 和函数 $E(R)$固定，相应的信道带宽 W 和信号平均功率 P 都保持不变。这种方法下性能的提高是以增加译码复杂性为代价的。事实上，对于随机选择的码字和最大似然译码，译码复杂性 J 与候选码字个数 2^k 成正比，即

$$J\propto 2^k=2^{nR}\propto\exp(nR) \tag{2-32}$$

从而

$$P_{\mathrm{w}}(e) < \exp[-nE(R)] \propto \exp\left\{-\ln J\left[\frac{E(R)}{R}\right]\right\} \propto J^{-\frac{E(R)}{R}} \tag{2-33}$$

这意味着误码率随着译码复杂性的增加而得到线性改善。

考虑 BPSK 调制，其输入为二元离散符号，且信道传输符号 $X \in \{-\sqrt{E_{\mathrm{s}}}, \sqrt{E_{\mathrm{s}}}\}$（$E_{\mathrm{s}}$ 为 BPSK 调制符号的平均功率），而输出为连续信号（二进制对称信道除外）的情况。本书主要讨论纠错码的性能，不考虑调制方式对系统性能的影响，因此在后面的分析中，若无特殊声明，均指在 BPSK 调制条件下信道码的性能。下面就在 BPSK 调制基础上对各类信道的容量进行分析和推导。

2.4 多种信道条件下的信道容量

自香农提出有噪信道编码定理以来，人们一直致力于寻找纠错能力强、译码复杂度和硬件实现简单的纠错编码方法。不同编码方法的性能差异因信号传输信道的不同而有所区别，因此需要考虑不同的信道模型，而不同信道的容量也各不相同。下面分别介绍几种信道模型以及对应的信道容量。

2.4.1 二进制对称信道

二进制对称信道（binary symmetric channel，BSC）模型如图 2-3 所示。其输入、输出均为二元离散信号，其输出仅与当前时刻的输入有关。在输入端，发送数据为“0”时，接收比特符号为“1”的概率为 ε，接收比特符号为“0”的概率为 $1-\varepsilon$；而当发送数据为“1”时，接收比特符号为“0”的概率为 ε，接收比特符号为“1”的概率为 $1-\varepsilon$，其中 $\varepsilon \leqslant 1$。

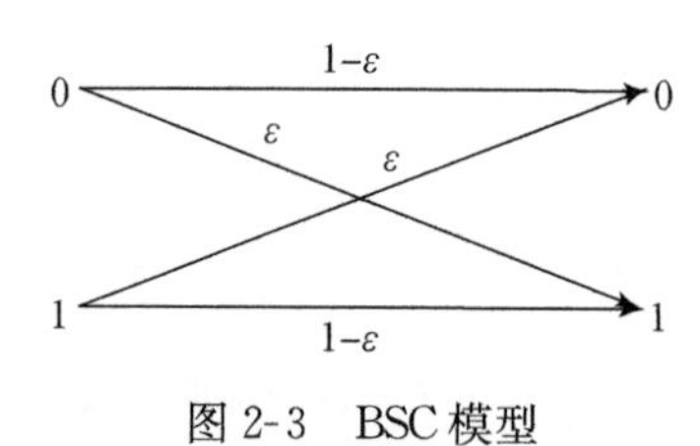

图 2-3 BSC 模型

根据式(2-24)，BSC 的容量可以表示为

$$\begin{aligned} C &= \max_{p(x)} I(X;Y) = \sum_{j=0}^{l}\sum_{i=0}^{l} p(x_j)p(y_i|x_j)\log_2\frac{p(y_i|x_j)}{p(y_i)} \\ &= 1 + \varepsilon\log_2\varepsilon + (1-\varepsilon)\log_2(1-\varepsilon) \end{aligned} \tag{2-34}$$

二元熵函数 $H_{\mathrm{b}}[P_{\mathrm{b}}(e)]$ 的定义如下：

$$H_{\mathrm{b}}[P_{\mathrm{b}}(e)] = -P_{\mathrm{b}}(e)\log_2 P_{\mathrm{b}}(e) - [1-P_{\mathrm{b}}(e)]\log_2[1-P_{\mathrm{b}}(e)] \tag{2-35}$$

对于 BSC 又有

$$H_b[P_b(e)]=H_b(\varepsilon) \tag{2-36}$$

因此不采用信道编码(码率为 1)时,BSC 的容量为

$$C=\max_{p(x)} I(X;Y)=1-H_b(\varepsilon) \tag{2-37}$$

即每个信息比特携带 $1-H_b(\varepsilon)$ 的信息。

若采用码率为 R 的信道码,在误码率为 $P_b(e)$ 时每个码字比特携带的信息量为

$$I(X;Y)=R\{1-H_b[P_b(e)]\} \tag{2-38}$$

由于信息量不可能超过信道容量,因此可以得到 BSC 的容量 C 与码率 R 和误码率 $P_b(e)$ 之间的关系式:

$$R\leqslant\frac{C}{1-H_b[P_b(e)]} \tag{2-39}$$

对于 AWGN 信道,采用 BPSK 调制时 BSC 误码率 $P_b(e)$ 与信道信噪比之间的关系为

$$P_b(e)=Q\sqrt{\frac{2RE_b}{N_0}} \tag{2-40}$$

其中,$Q(\cdot)$为误差函数,表达式为

$$Q(x)=\frac{1}{\sqrt{2\pi}}\int_x^{\infty}\mathrm{e}^{-\frac{t^2}{2}}\mathrm{d}t \tag{2-41}$$

若定义信息比特能量为 E_b,信息符号的平均能量为 E_s,则当码率为 R 时,有

$$E_s=RE_b \tag{2-42}$$

若要误码率 $P_b(e)\to 0$,只有使码率 $R\to 0$ 时所需的信道信噪比最小,根据式(2-39)有

$$\begin{aligned}
\lim_{P_b(e)\to 0}\{1-H_b[P_b(e)]\}&=\lim_{R\to 0}\frac{C}{R}\\
&=\lim_{R\to 0}\frac{1+P_b(e)\log_2 P_b(e)+[1-P_b(e)]\log_2[1-P_b(e)]}{R}\\
&=\lim_{R\to 0}\Big\{P_b'(e)\log_2 P_b(e)+P_b(e)\frac{1}{(\ln 2)P_b(e)}P_b'(e)\\
&\quad -P_b'(e)\log_2[1-P_b(e)]+[1-P_b(e)]\\
&\quad \cdot\log_2\frac{1}{\ln 2[1-P_b(e)]}[-P_b'(e)]\Big\}
\end{aligned} \tag{2-43}$$

其中

$$P_b'(e)=-\frac{1}{2}\sqrt{\frac{E_b}{\pi RN_0}}\mathrm{e}^{-\frac{RE_b}{N_0}} \tag{2-44}$$

由于

$$\lim_{R\to 0}P_{\mathrm{b}}(e)=\lim_{R\to 0}Q\left(\sqrt{\frac{2RE_{\mathrm{b}}}{N_0}}\right)=\frac{1}{2} \tag{2-45}$$

因此式(2-43)等于

$$\lim_{R\to 0}\left[-\frac{1}{2\ln 2}\sqrt{\frac{E_{\mathrm{b}}}{\pi N_0}}\frac{\dfrac{P_{\mathrm{b}}'(e)}{P_{\mathrm{b}}(e)}+\dfrac{P_{\mathrm{b}}'(e)}{1-P_{\mathrm{b}}(e)}}{\dfrac{1}{2}R^{-\frac{1}{2}}}\right]=\frac{2}{\pi\ln 2}\frac{E_{\mathrm{b}}}{N_0} \tag{2-46}$$

实现无差错传输时，$P_{\mathrm{b}}(e)=0$，从而 $H_{\mathrm{b}}[P_{\mathrm{b}}(e)]=0$，故

$$\mathrm{SNR}=\frac{E_{\mathrm{b}}}{N_0}=\frac{\pi\ln 2}{2}=0.37\mathrm{dB} \tag{2-47}$$

即只有在信道信噪比大于 0.37dB 时才可能实现无差错传输，因此，BSC 的香农限为 0.37dB。

表 2-2 给出了 BSC 上 BPSK 调制方式下不同码率达到相应 $P_{\mathrm{b}}(e)$时的最小信噪比——min(SNR)的数值仿真结果。

表 2-2　BPSK 信号 BSC 时的最小 SNR　　(单位:dB)

min(SNR)	$P_{\mathrm{b}}(e)$						
	0	10^{-6}	10^{-5}	10^{-4}	10^{-3}	10^{-2}	10^{-1}
0.01	0.3910	0.3910	0.3908	0.3891	0.3760	0.2836	−0.2730
0.30	1.1129	1.1129	1.1127	1.1106	1.0950	0.9851	0.3327
0.50	1.7725	1.7725	1.7722	1.7697	1.7510	1.6198	0.8574
0.80	3.3701	3.3701	3.3696	3.3654	3.3334	3.1140	1.9639
0.99	6.9572	6.9566	6.9522	6.9171	6.6765	5.6324	3.1565

2.4.2　连续 AWGN 信道

AWGN 信道模型如图 2-4 所示。信源应该等概分布。根据香农的信道编码定理，输入、输出均为连续的带限 AWGN 信道的信道容量为[4,5]

$$C=W\log_2\left(1+\frac{P}{N_0W}\right) \tag{2-48}$$

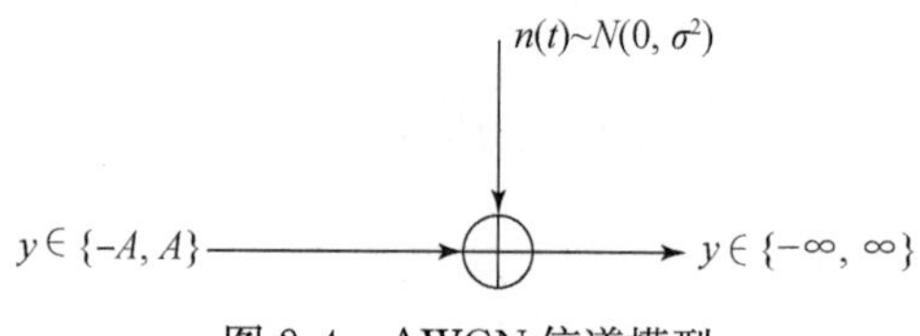

图 2-4　AWGN 信道模型

其中,W 为信道带宽;$P=\frac{1}{N}\sum_{i=0}^{N-1}x_i^2$ 为信号功率,x_i 和 N 分别为传输符号和传输符号数;N_0 为高斯噪声的单边功率谱密度。

当码率为 R,信息比特能量为 E_b 时,有[4,5]

$$\frac{C}{W}=\log_2\left(1+\frac{RE_b}{TN_0W}\right) \tag{2-49}$$

当信道带宽 $W\to\infty$时,得到香农限的渐近值为[4,5]

$$\mathrm{SNR}=\frac{E_b}{N_0}\geqslant\lim_{x\to\infty}\frac{2^{\frac{R}{W}}-1}{\frac{C}{W}}=\ln2=-1.6\mathrm{dB} \tag{2-50}$$

即只有当信噪比不小于-1.6dB 时,才可能实现无差错传输,这就是理想情况下 AWGN 信道的香农限。

对于带限信道上的二元符号,若令 E_b 表示编码的每个信息符号的平均能量,码率为 R,T 为符号周期,则传输符号的平均功率 $P=RE_b/T$。若高斯噪声双边功率谱密度为 $N_0/2$,信道传输带宽为 W,则噪声平均功率 $\sigma^2=N_0W$。在满足 Nyquist 采样定理的理想情况下$\left(W=\frac{1}{2T}\right)$,得到 AWGN 信道的信道容量(每符号所承载的信息量)为[4,5]

$$C=\frac{1}{2}\log_2\left(1+\frac{RE_b}{N_0WT}\right)=\frac{1}{2}\log_2\left(1+\frac{2RE_b}{N_0}\right) \tag{2-51}$$

信噪比定义为

$$\mathrm{SNR}=\frac{E_s}{\sigma^2}=\frac{2RE_b}{N_0} \tag{2-52}$$

其中,E_s 是编码以后的符号平均能量。最后,得到带限 AWGN 信道的信道容量 C 与码率 R 和信道信噪比之间的关系为[4,5]

$$R\leqslant C=\frac{1}{2}\log_2\left(1+\frac{2RE}{N_0}\right) \tag{2-53}$$

当式(2-53)中等号满足时,就达到了 AWGN 信道的信道容量。其香农限为[4,5]

$$\mathrm{SNR}\geqslant\frac{2^{2R}-1}{2R} \tag{2-54}$$

当 $R=1/2$ 时,香农限为 0dB。

当信道带宽 $W\to\infty$且码率 $R\to0$ 时,有

$$\mathrm{SNR}\geqslant\lim_{R\to0}\frac{2^{2R}-1}{2R}=\ln2=-1.6\mathrm{dB} \tag{2-55}$$

与式(2-50)的结果是一致的[4,5]。

2.4.3 输入离散、输出连续的 AWGN 信道

为了实现软判决译码，常常需要考虑输入离散、输出连续的 AWGN 信道。在图 2-4 中，输入为二元符号，电平幅度为$\pm\sqrt{E_s}$。与 BSC 类似，只有在输入符号均匀分布时才能使互信息值达到最大，即信道容量。此时，输入符号的概率密度函数为[4,5]

$$p(x)=\frac{1}{2}[\delta(x+\sqrt{E_s})+\delta(x-\sqrt{E_s})] \tag{2-56}$$

信道输出为

$$y(t)=x(t)+n(t) \tag{2-57}$$

其中，$n(t)$为服从均值为零、方差为 $N_0/2$ 的高斯分布；$x(t)=\pm\sqrt{E_s}$。因此在 x 条件下 y 的概率密度函数为

$$p(y|x=\pm\sqrt{E_s})=\frac{1}{2\sqrt{\pi N_0}}\exp\left[-\frac{(y\mp\sqrt{E_s})^2}{N_0}\right] \tag{2-58}$$

根据信道容量的定义，有

$$C=\max_{p(x)}I(X;Y)=\max_{p(x)}[H(X)-H(X|Y)]=H(X)-\max_{p(x)}H(X|Y) \tag{2-59}$$

根据式(2-56)，符号 X 的信息熵为

$$H(X)=-\sum_{x}p(x)\log_2 p(x)=1 \tag{2-60}$$

而条件熵 $H(X|Y)$为

$$\begin{aligned}H(X\mid Y)&=-\sum_{x=\pm\sqrt{E_s}}\int_{-\infty}^{\infty}p(x,y)\log_2 p(x|y)\mathrm{d}y\\&=-\sum_{x=\pm\sqrt{E_s}}\int_{-\infty}^{\infty}p(y|x)p(x)\log_2\left[\frac{p(y|x)p(x)}{p(y)}\right]\mathrm{d}y\\&=-\int_{-\infty}^{\infty}p(y|x=\sqrt{E_s})p(x=\sqrt{E_s})\\&\quad\cdot\log_2\left[\frac{p(y|x=\sqrt{E_s})p(x=\sqrt{E_s})}{p(y|x=\sqrt{E_s})p(x=\sqrt{E_s})+p(y|x=-\sqrt{E_s})p(x=-\sqrt{E_s})}\right]\mathrm{d}y\\&\quad-\int_{-\infty}^{\infty}p(y|x=-\sqrt{E_s})p(x=-\sqrt{E_s})\\&\quad\cdot\log_2\left[\frac{p(y|x=-\sqrt{E_s})p(x=-\sqrt{E_s})}{p(y|x=\sqrt{E_s})p(x=\sqrt{E_s})+p(y|x=-\sqrt{E_s})p(x=-\sqrt{E_s})}\right]\mathrm{d}y\end{aligned} \tag{2-61}$$

将式(2-58)代入式(2-61)并整理得到

$$H(X\mid Y)=\int_{-\infty}^{\infty}\frac{1}{2\sqrt{\pi N_0}}\exp\left[-\frac{(y-\sqrt{E_s})^2}{N_0}\right]\log_2\left[1+\exp\left(-\frac{4y\sqrt{E_s}}{N_0}\right)\right]\mathrm{d}y$$

$$-\int_{-\infty}^{\infty}\frac{1}{2\sqrt{\pi N_0}}\exp\left[-\frac{(y+\sqrt{E_s})^2}{N_0}\right]\log_2\left[1+\exp\left(\frac{4y\sqrt{E_s}}{N_0}\right)\right]dy \tag{2-62}$$

式(2-62)右边两项是对称的，对其中一项进行变量替换 $-y\to y$ 即可转换为另一项。

考虑到 $E_s=RE_b$，得到 AWGN 信道容量的表达式为

$$\begin{aligned}C&=H(X)-\max_{p(x)}H(X|Y)\\&=1-\max_{p(x)}\int_{-\infty}^{\infty}\frac{1}{\sqrt{\pi N_0}}\exp\left[-\frac{(y-\sqrt{RE_b})^2}{N_0}\right]\\&\quad\cdot\log_2\left[1+\exp\left(-\frac{4y\sqrt{RE_b}}{N_0}\right)\right]dy\end{aligned} \tag{2-63}$$

可以验证，当误码率 $P_b(e)\to 0$ 且 $R\to 0$ 时，得到的香农限为

$$\text{SNR}=\frac{E_b}{N_0}=\ln 2=-1.6\text{dB} \tag{2-64}$$

可见与理想 AWGN 信道的香农限是完全相同的。

表 2-3 给出了不同码率条件下在二元输入连续输出 AWGN 信道上为满足特定误码率要求而需要的最小 SNR。

表 2-3　BPSK 信号 AWGN 信道时的最小 SNR　(单位:dB)

min(SNR)	$P_b(e)$						
	0	10^{-6}	10^{-5}	10^{-4}	10^{-3}	10^{-2}	10^{-1}
0.01	−1.5616	−1.5617	−1.5624	−1.5681	−1.6118	−1.9299	−4.3248
0.30	−0.6176	−0.6177	−0.6185	−0.6256	−0.6797	−1.0699	−3.8460
0.50	0.1871	0.1870	0.1859	0.1774	0.1115	−0.3573	−3.4891
0.80	2.0401	2.0398	2.0380	2.0230	1.9093	1.1516	−2.8867
0.99	6.0168	6.0147	5.9990	5.8772	5.1818	2.9931	−2.4430

图 2-5 给出了不同输入的 AWGN 信道和 BSC 上不同码率条件下实现无差错译码所需的最小信噪比，即香农限。从图中可以看出，当 $R<1/3$ 时，二元输入连续输出 AWGN 信道所需功率与 BSC 所需功率基本一致。随着码率 R 的增加，两者之间的区别开始加大。由于 BSC 与二元输入连续输出 AWGN 信道的区别在于一个是硬判决，一个是软判决，因此总体来说，AWGN 信道性能比 BSC 要优，且码率越高，软判决的效果越好。

图 2-6 是 BSC 和连续的 AWGN 信道的误比特率(bit error ratio，BER)上限随

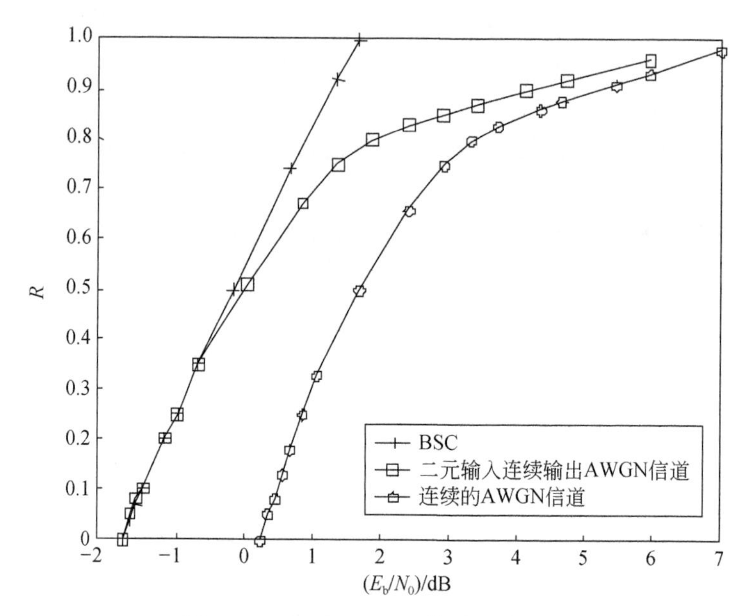

图 2-5　BSC 和 AWGN 信道的香农限

信道信噪比 E_b/N_0 变化的性能曲线。

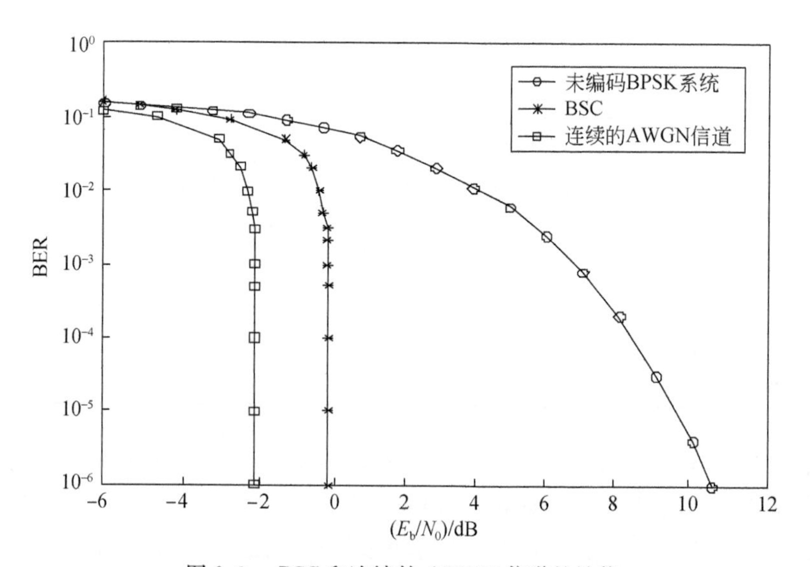

图 2-6　BSC 和连续的 AWGN 信道的性能

图 2-7 是两种信道上可能得到的误比特率与信道信噪比 E_b/N_0 的关系曲线。

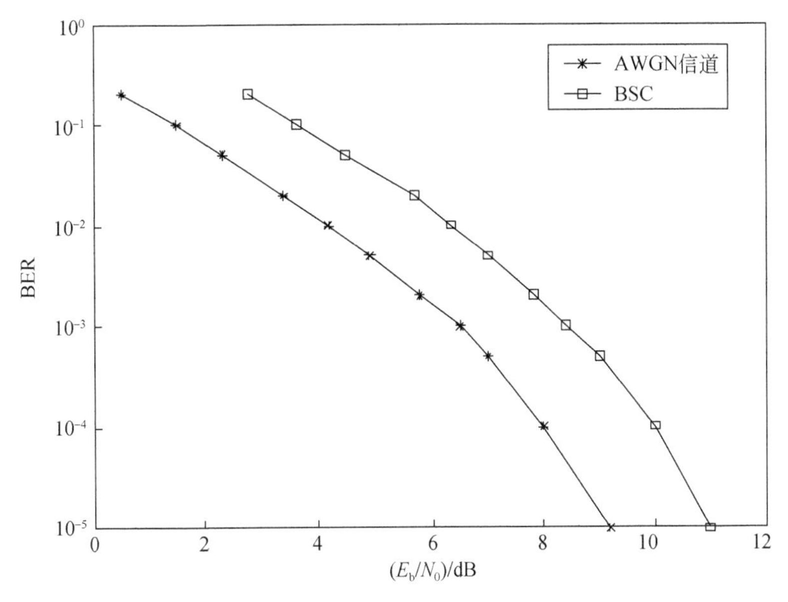

图 2-7　BSC 和 AWGN 信道的性能增益曲线

2.4.4　Rayleigh 信道

Rayleigh 信道和 Ricean 信道均为衰落信道，其信道模型如图 2-8 所示。所得到的接收信号形式为

$$y(t)=A(t)x(t)+n(t)=\alpha(t)x(t)\mathrm{e}^{\mathrm{j}\theta(t)}+n(t) \tag{2-65}$$

其中，$\theta(t)$由信道估计得到，属于相位干扰，与所求的信噪比无关；这里假设 $\alpha(t)$为信道增益，则概率密度函数为 Rayleigh 分布：

$$p(\alpha)=2\alpha\mathrm{e}^{-\alpha^2},\quad \alpha\geqslant 0 \tag{2-66}$$

若信道增益已知，则称为有信道边信息（channel side information，CSI），否则称为无信道边信息（no channel side information，NCSI）。下面分别就有信道边信息和无信道边信息的信道容量进行讨论。

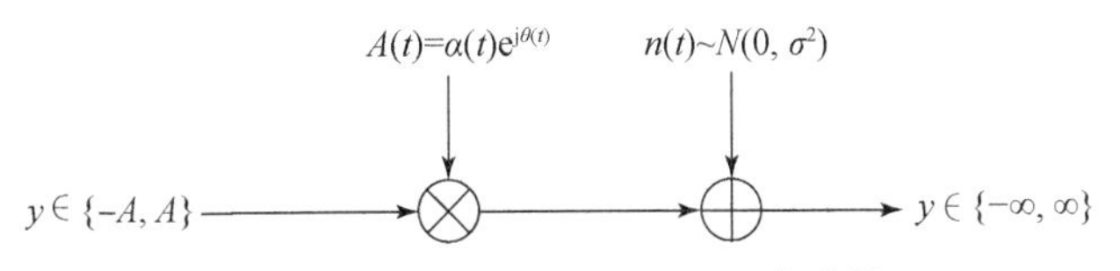

图 2-8　Rayleigh 信道和 Ricean 信道模型

1. 有信道边信息

要使信源信息量最大，信源 X 应该等概分布。在信道边信息 α 已知的条件下，信道输出 Y 服从均值为 αA（$A=\sqrt{E_s}$，为电平幅度）、方差为 $\sigma^2=\frac{N_0}{2}$ 的高斯分布，即

$$p(y|x=\pm A,\alpha)=\frac{1}{\sqrt{\pi N_0}}\mathrm{e}^{\left[\frac{-(y\mp\alpha A)^2}{N_0}\right]} \tag{2-67}$$

由于增益与输入 X 相互独立，因此有

$$p(x,y,\alpha)=p(y|x,\alpha)p(x)p(\alpha) \tag{2-68}$$

从而，信道容量为

$$\begin{aligned}C&=\max I(X;Y\mid A)\\&=\max\left\{E_p(x,y,\alpha)\log_2\left[\frac{p(x,y|\alpha)}{p(x|\alpha)p(y|\alpha)}\right]\right\}\\&=\max\left\{E_p(x,y,\alpha)\log_2\left[\frac{p(y|x,\alpha)}{p(x')p(y|x',\alpha)}\right]\right\}\\&=\frac{1}{2}\sum_{x=\pm A}\int_0^{\infty}\int_{-\infty}^{\infty}p(\alpha)p(y|x,\alpha)\log_2\left[\frac{p(y|x,\alpha)}{\frac{1}{2}\sum_{x'=\pm A}p(y|x',\alpha)}\right]\mathrm{d}y\mathrm{d}\alpha\\&=\int_0^{\infty}\int_{-\infty}^{\infty}p(\alpha)p(y|x=A,\alpha)\log_2\left[\frac{2p(y|x'=A,\alpha)}{p(y|x'=A,\alpha)+p(y|x'=-A,\alpha)}\right]\mathrm{d}y\mathrm{d}\alpha\\&=1-\int_0^{\infty}\int_{-\infty}^{\infty}p(\alpha)p(y|x=A,\alpha)\log_2\left[1+\frac{p(y|x'=-A,\alpha)}{p(y|x'=A,\alpha)}\right]\mathrm{d}y\mathrm{d}\alpha\end{aligned} \tag{2-69}$$

其中，$E_p(x)$ 表示概率分布为 p 的变量 x 的数学期望值；x' 是 x 的估计值。将式(2-66)和式(2-67)代入式(2-69)，有

$$C=1-\int_0^{\infty}\int_{-\infty}^{\infty}\frac{1}{\sqrt{\pi}}2\alpha\mathrm{e}^{-\alpha^2}\exp\left[\frac{-(y-\alpha A)^2}{N_0}\right]\log_2\left[1+\exp\left(\frac{-4\alpha yA}{N_0}\right)\right]\mathrm{d}y\mathrm{d}\alpha \tag{2-70}$$

取 $N_0=1$，有

$$C=1-\int_0^{\infty}\int_{-\infty}^{\infty}\frac{1}{\sqrt{\pi}}2\alpha\mathrm{e}^{-\alpha^2}\mathrm{e}^{-(y-\alpha A)^2}\log_2(1+\mathrm{e}^{-4\alpha yA})\mathrm{d}y\mathrm{d}\alpha \tag{2-71}$$

首先计算式(2-71)中的二重积分，该二重积分为广义二重积分。式(2-71)中的二重积分函数记为

$$f(y,\alpha)=\frac{1}{\sqrt{\pi}}2\alpha\mathrm{e}^{-\alpha^2}\mathrm{e}^{-(y-\alpha A)^2}\log_2(1+\mathrm{e}^{-4\alpha yA}) \tag{2-72}$$

$A=1$ 时的二重积分函数如图 2-9 所示。从图中可以看出，对图形体积有贡献的只是一小块区域，其他区域的 $f(y,\alpha)$ 值都趋于 0，所以可以取适当的积分区域将该广义二重积分的计算化为二重定积分的数值计算。当 A 值变大时，相应的有效

积分区域将缩小。

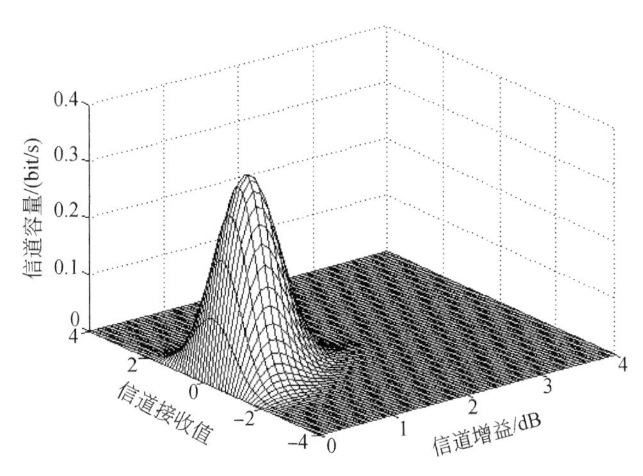

图 2-9　$A=1$ 时的二重积分函数

由图 2-9 可知取适当的积分限可将式(2-71)中的广义积分转化为定积分，再用二重定积分数值解方法进行计算。当 A 取 0.4 时，变量 y 的积分边界为 $a=-7$，$b=7$；变量 α 的积分边界为 $c=0$，$d=8$，此时在积分边界上 $f(y,\alpha)$ 的值为 10^{-13} 数量级数值。随着 A 值的增大，积分区域会相应缩小。当 A 值很小(如 0.001)时，积分区域也不超过 $a=-15$，$b=15$，$c=0$，$d=20$ 这个范围，此时计算出来的码率 R 趋近于 0。因此这种方法是可行的。

令 $R=C$，最后可得 AWGN 信道的香农限为

$$\left(\frac{E_\mathrm{b}}{N_0}\right)_{\min}=\frac{A^2}{R} \tag{2-73}$$

取不同 A 值可以得到数据样本 $\{R_1,R_2,\cdots,R_n\}$ 和 $\{(E_\mathrm{b}/N_0)_1,(E_\mathrm{b}/N_0)_2,\cdots,(E_\mathrm{b}/N_0)_n\}$，结果见表 2-4。表中有信道边信息 Rayleigh 信道上为满足特定误码率要求所需要的最小 SNR。

表 2-4　BPSK 信号 Rayleigh 衰落信道增益已知时的最小 SNR (单位：dB)

min(SNR)	$P_\mathrm{b}(e)$						
	0	10^{-6}	10^{-5}	10^{-4}	10^{-3}	10^{-2}	10^{-1}
0.01	−1.544	−1.544	−1.544	−1.550	−1.594	−1.915	−4.331
0.30	0.254	0.254	0.253	0.244	0.180	−0.277	−3.400
0.50	1.830	1.830	1.829	1.817	1.728	1.106	−2.728
0.80	5.936	5.935	5.932	5.904	5.689	4.330	−1.567
0.99	19.002	18.993	18.925	18.405	15.670	9.076	−0.677

2. 无信道边信息

设无信道边信息信源与有信道边信息一样是等概分布，输出 Y 在 X 条件下的概率密度函数为

$$p(y|x=\pm A)=\int_{-\infty}^{\infty}p(\alpha)p(y|x=\pm A,\alpha)\mathrm{d}\alpha=\int_{0}^{\infty}\frac{1}{\sqrt{\pi N_0}}2\alpha \mathrm{e}^{-\alpha^2}\mathrm{e}^{\left[\frac{-(y\mp\alpha A)^2}{N_0}\right]}\mathrm{d}\alpha \tag{2-74}$$

对式(2-74)求积分可得 $\alpha\to\infty$时的表达式，将表达式化简可得到 $p(y|x=\pm A)$ 的具体表达式为

$$p(y|x=A)=yA\mathrm{e}^{[-y^2/(1+A^2)]}+yA\mathrm{erf}\left(\frac{yA}{\sqrt{1+A^2}}\right)\mathrm{e}^{-y^2/(1+A^2)}+\frac{1}{\sqrt{\pi}}\mathrm{e}^{-y^2}\sqrt{1+A^2} \tag{2-75}$$

$$p(y|x=-A)=-yA\mathrm{e}^{[-y^2/(1+A^2)]}+yA\mathrm{erf}\left(\frac{yA}{\sqrt{1+A^2}}\right)\mathrm{e}^{-y^2/(1+A^2)}+\frac{1}{\sqrt{\pi}}\mathrm{e}^{-y^2}\sqrt{1+A^2} \tag{2-76}$$

由

$$p(x,y)=p(x)p(y|x)=\frac{1}{2}\sum_{x=\pm A}p(\alpha)p(y|x,\alpha) \tag{2-77}$$

可得信道容量为

$$\begin{aligned}
C&=\max\{I(X;Y)\}=\max\left\{E_p(x,y)\log_2\left[\frac{p(x,y)}{p(x)p(y)}\right]\right\}\\
&=\max\left\{E_p(x,y)\log_2\left[\frac{p(y|x)}{\sum_{x'}p(x')p(y|x')}\right]\right\}\\
&=\frac{1}{2}\sum_{x=\pm A}\int_0^{\infty}\int_{-\infty}^{\infty}p(\alpha)p(y|x,\alpha)\log_2\left[\frac{p(y|x)}{\frac{1}{2}\sum_{x'=\pm A}p(y|x')}\right]\mathrm{d}y\mathrm{d}\alpha\\
&=\int_0^{\infty}\int_{-\infty}^{\infty}p(\alpha)p(y|x=A,\alpha)\log_2\left[\frac{2p(y|x'=A)}{p(y|x'=A)+p(y|x'=-A)}\right]\mathrm{d}y\mathrm{d}\alpha\\
&=1-\int_0^{\infty}\int_{-\infty}^{\infty}p(\alpha)p(y|x=A,\alpha)\log_2\left[1+\frac{p(y|x'=-A)}{p(y|x'=A)}\right]\mathrm{d}y\mathrm{d}\alpha
\end{aligned} \tag{2-78}$$

将式(2-66)、式(2-67)、式(2-75)和式(2-76)代入式(2-78)可得到具体表达式。由于表达式太长，这里不再写出来。式(2-78)中的二重积分函数如图 2-10 所示。

Rayleigh 信道无信道边信息的香农限数值解方法与有信道边信息的香农限数值解方法一样。式(2-78)中的二重积分函数记为 $f(y,\alpha)$，A 取值为 0.4 时变量 y 的积分边界为 $a=-4$，$b=9$；自变量 α 的积分边界为 $c=0$，$d=6$，此时在积分边界上函数 $f(y,\alpha)$的值为10^{-13}数量级数值。随着 A 值的增大，积分区域会相应缩小。

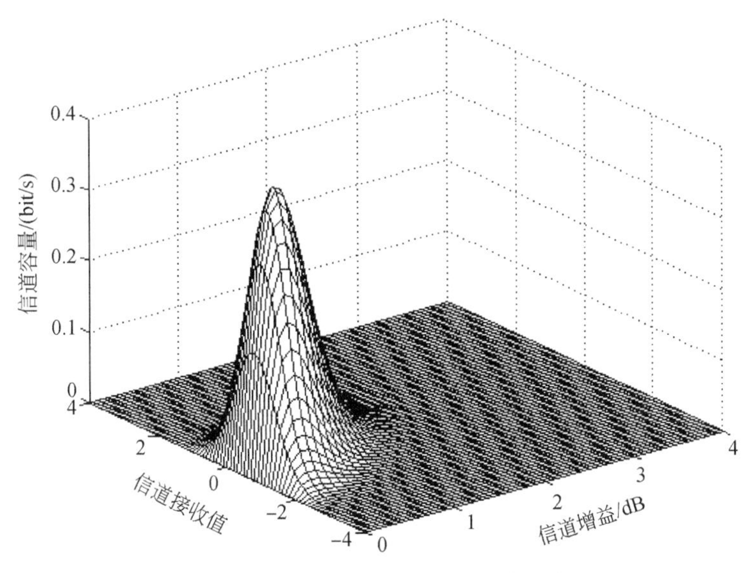

图 2-10　式(2-78)中的二重积分函数

当 A 值很小(如 0.001)时,积分区域也不超过 $a=-10, b=13, c=0, d=18$ 这个范围。结果见表 2-5,表中给出了不同码率条件下,无信道边信息 Rayleigh 信道上为满足特定误码率要求而需要的最小信噪比。

表 2-5　BPSK 信号 Rayleigh 衰落信道增益未知时的最小 SNR (单位:dB)

min(SNR)	$P_b(e)$						
	0	10^{-6}	10^{-5}	10^{-4}	10^{-3}	10^{-2}	10^{-1}
0.01	−0.508	−0.508	−0.508	−0.514	−0.558	−0.878	−3.289
0.30	1.077	1.077	1.076	1.068	1.006	0.559	−2.497
0.50	2.572	2.572	2.571	2.560	2.472	1.863	−1.888
0.80	6.591	6.590	6.587	6.559	6.346	5.001	−0.797
0.99	19.619	19.609	19.543	19.025	16.288	9.706	0.056

2.4.5　Ricean 信道

Ricean 衰落信道模型下的噪声属于乘性噪声,其信道模型与 Rayleigh 衰落信道模型一样,如图 2-8 所示,只是增益函数 $\alpha(t)$ 为 Ricean 衰落分布,所以有

$$p(\alpha)=2\alpha e^{-(\alpha^2+A^2)} I_0(2A\alpha),\quad \alpha\geqslant 0 \tag{2-79}$$

其中,$I_0(\cdot)$是 0 阶第一类修正贝塞尔函数。只讨论不相关的衰落信道,同样分为

有信道边信息（信道增益已知）和无信道边信息（信道增益未知）两种情况。

1. 有信道边信息

Ricean 信道在增益已知情况下，输出 Y 在 X 条件下的概率密度函数为

$$p(y|x=\pm A,\alpha)=\frac{1}{\sqrt{\pi N_0}}\mathrm{e}^{\frac{-(y\mp\alpha A)^2}{N_0}} \tag{2-80}$$

代入式(2-69)可得

$$C=1-\int_0^{\infty}\int_{-\infty}^{\infty}\frac{1}{\sqrt{\pi}}2\alpha\mathrm{e}^{-(\alpha^2+A^2)}\mathrm{I}_0(2A\alpha)\mathrm{e}^{-(y-\alpha A)^2}\log_2(1+\mathrm{e}^{-4\alpha yA})\mathrm{d}y\mathrm{d}\alpha \tag{2-81}$$

式(2-81)中的二重积分函数记为

$$f(y,\alpha)=\frac{1}{\sqrt{\pi}}2\alpha\mathrm{e}^{-(\alpha^2+A^2)}\mathrm{I}_0(2A\alpha)\mathrm{e}^{-(y-\alpha A)^2}\log_2(1+\mathrm{e}^{-4\alpha yA}) \tag{2-82}$$

该函数的二维曲线图如图 2-11 所示。

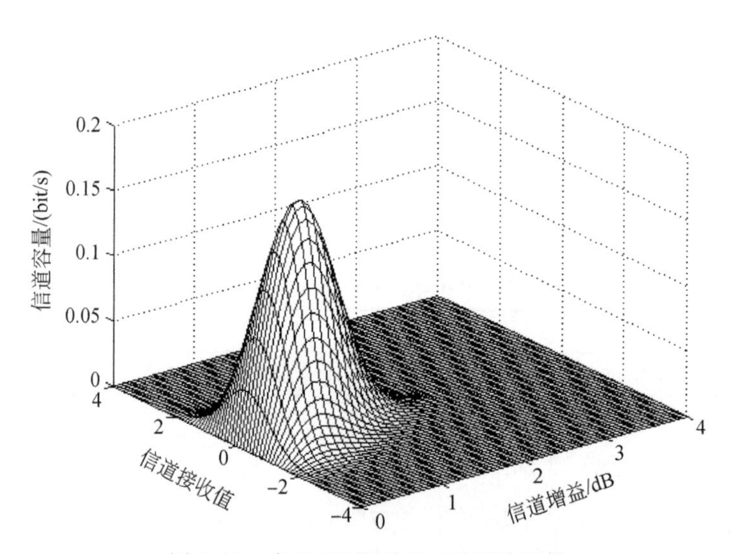

图 2-11　式(2-82)所示的二重积分函数

其香农限数值解方法与 Rayleigh 信道有信道边信息的情况相同，A 取值为 0.4 时变量 y 的积分边界为 $a=-7,b=7$；自变量 α 的积分边界为 $c=0,d=7.5$，此时在积分边界上函数 $f(y,\alpha)$ 的值为10^{-13}数量级数值。随着 A 值的增大，积分区域会相应缩小。当 A 值很小(如 0.001)时，积分区域也不超过 $a=-16,b=16,c=0,d=22$ 这个范围。本书的二重积分误差控制为10^{-5}。获得采样样本后用分段线性插值计算逼近值所得到的数值解。结果见表 2-6，表中给出有信道边信息 Ricean 衰落信道上为满足特定误码率要求而需要的最小信噪比。

表 2-6　BPSK 信号 Ricean 衰落信道增益已知时的最小 SNR　(单位:dB)

min(SNR)	$P_b(e)$						
	0	10^{-6}	10^{-5}	10^{-4}	10^{-3}	10^{-2}	10^{-1}
0.01	−1.574	−1.574	−1.574	−1.580	−1.624	−1.943	−4.346
0.30	−0.753	−0.753	−0.753	−0.760	−0.813	−1.191	−3.904
0.50	−0.057	−0.057	−0.058	−0.067	−0.130	−0.580	−3.605
0.80	1.650	1.650	1.648	1.633	1.523	0.790	−3.091
0.99	5.579	5.577	5.561	5.438	4.737	2.560	−2.701

2. 无信道边信息

Ricean 信道在增益未知时，输出 Y 在 X 条件下的概率密度函数在形式上与增益已知时是相同的：

$$\begin{aligned} p(y|x=\pm A) &= \int_{-\infty}^{+\infty} p(\alpha)p(y|x=\pm A,\alpha)\mathrm{d}\alpha \\ &= \int_0^{\infty} \frac{1}{\sqrt{\pi N_0}} 2\alpha \mathrm{e}^{-(\alpha^2+A^2)} \mathrm{I}_0(2A\alpha)\mathrm{e}^{\frac{-(y\mp\alpha A)^2}{N_0}}\mathrm{d}\alpha \end{aligned} \tag{2-83}$$

但不同的是无法直接算出具体表达式，而其结果要代入式(2-84)中进行计算。

$$C=1-\int_0^{\infty}\int_{-\infty}^{\infty} p(\alpha)p(y|x=A,\alpha)\log_2\left[1+\frac{p(y|x=-A)}{p(y|x=A)}\right]\mathrm{d}y\mathrm{d}\alpha \tag{2-84}$$

若式(2-83)中取 $N_0=1$，式中的一重积分函数记为 $f(\alpha)$，即

$$f(\alpha)=\frac{1}{\sqrt{\pi}}2\alpha\mathrm{e}^{-(\alpha^2+A^2)}\mathrm{I}_0(2A\alpha)\mathrm{e}^{-(y\mp\alpha A)^2} \tag{2-85}$$

实际上当 $\alpha=6$ 时，不管 y 和 A 取什么值，函数 $f(\alpha)$ 的值已经非常接近 0。如图 2-12 所示，图中 $y=0.1$，$A=0.1$，当 y 和 A 的值增大时积分区域会往 0 方向相应缩小。从图中可以看出，对一重积分结果有贡献的只是一部分积分区域，故考虑采用复合梯形公式的方法计算式(2-83)的近似表达式。用复合梯形公式的方法得到的近似表达式的精度取决于所选取的复合梯形底边长度，底边长度越小，其精度越高，但表达式也越复杂，代入式(2-84)进行计算时所消耗的时间也越多。同时考虑到精度要求和计算时间的开销，取复合梯形公式时的矩阵底边长为 0.005，此时的精度至少为 10^{-6} 才可以满足计算要求。

将所得的一重积分近似表达式代入式(2-84)中，二重积分函数如图 2-13 所示。

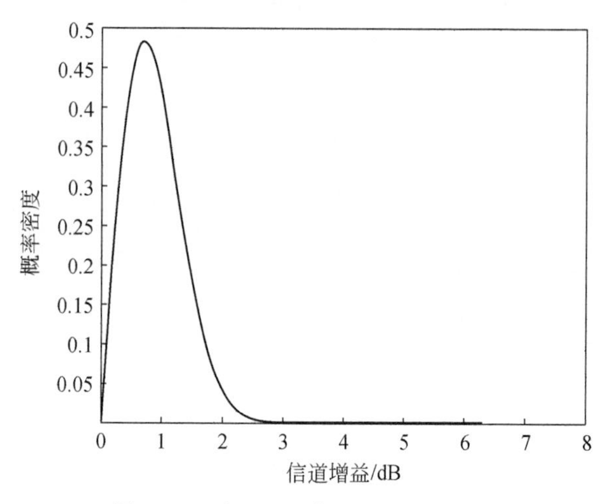

图 2-12　式(2-83)中的一重积分函数

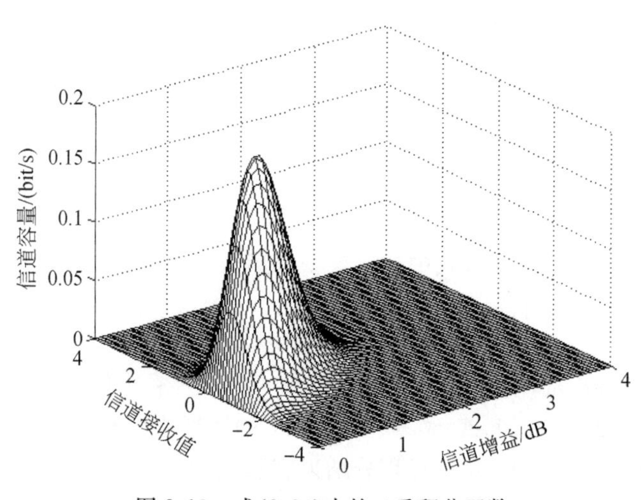

图 2-13　式(2-84)中的二重积分函数

其香农限数值解方法与 Rayleigh 信道相同,式(2-84)中的二重积分函数记为 $f(y,\alpha)$,A 取值为 0.4 时变量 y 的积分边界为 $a=-7,b=6.5$;自变量 α 的积分边界为 $c=0,d=5$,此时在积分边界上函数 $f(y,\alpha)$ 的值为10^{-13}数量级数值。随着 A 值的增大,积分区域会相应缩小。当 A 值很小(如 0.001)时,积分区域也不超过 $a=-15,b=14,c=0,d=12$ 这个范围。这里的二重积分误差控制为10^{-5}。获得采样样本后,用分段线性插值计算逼近值所得到的数值解误差为10^{-4},最终数据精度为10^{-3}。结果见表 2-7,表中给出了无信道边信息 Ricean 衰落信道上为满足特定误码率要求而需要的最小信噪比。

表 2-7　BPSK 信号 Ricean 衰落信道增益未知时的最小 SNR　(单位:dB)

min(SNR)	$P_b(e)$						
	0	10^{-6}	10^{-5}	10^{-4}	10^{-3}	10^{-2}	10^{-1}
0.01	−0.546	−0.546	−0.546	−0.552	−0.596	−0.913	−3.309
0.30	−0.095	−0.095	−0.096	−0.103	−0.152	−0.512	−3.104
0.50	0.448	0.448	0.447	0.440	0.380	−0.047	−2.916
0.80	1.971	1.971	1.969	1.955	1.850	1.150	−2.533
0.99	5.729	5.727	5.711	5.591	4.910	2.805	−2.212

本节详细讨论了 BPSK 信号编码情况下 BSC、AWGN 信道、Rayleigh 信道增益已知、Rayleigh 信道增益未知、Ricean 信道增益已知、Ricean 信道增益未知六种情况下的香农限理论分析和数值解，无误传输时这六种情况的香农限如图 2-14 所示。

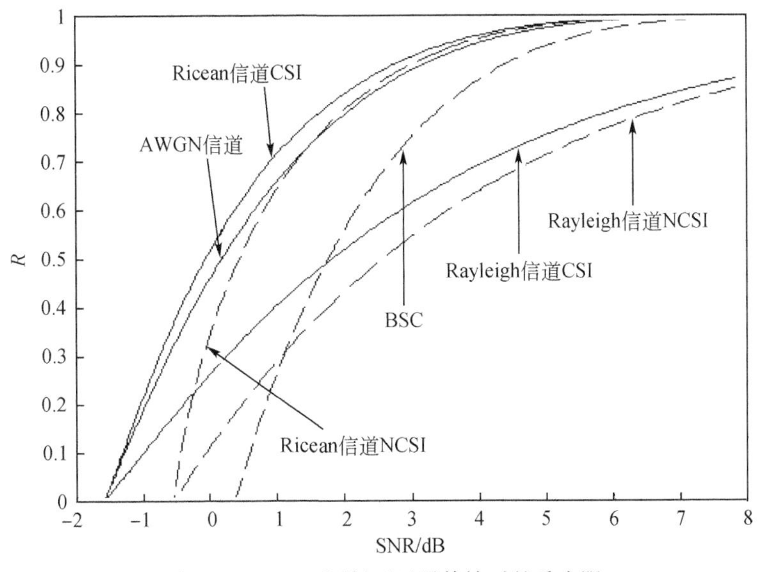

图 2-14　BPSK 调制下无误传输时的香农限

由图 2-14 可以看出，在 BPSK 调制下实现无误传输的最小信噪比约为 −1.59dB，此时码率 $R\to0$。也就是说当信噪比小于 −1.59dB 时是不可能实现无误传输的。对于 AWGN 信道，软判决要优于硬判决，这点从 AWGN 信道与 BSC 的差异中可以看出；对于衰落信道，信道增益已知的情况要优于信道增益未知的情况，Ricean 衰落信道要优于 Rayleigh 衰落信道。

2.5 本章小结

线性分组码有相对较低的编码计算复杂度，因此，具有广阔的应用场景。本章对线性分组码的基本理论进行了详细的介绍，并重点给出几种典型信道下的信道容量，从而为后续章节的分析和讨论奠定一定的理论基础。

参考文献

[1] Lin S, Costello Jr D J. Error Control Coding: Fundamentals and Application[M]. Englewood Cliffs: Prentice-Hall, 1983.
[2] 王新梅，肖国镇．纠错码——原理与方法[M]．修订版．西安：西安电子科技大学出版社，2001.
[3] 文红，符初生，周亮．LDPC码原理与应用[M]．成都：电子科技大学出版社，2006.
[4] Shannon C E. A mathematical theory of communication[J]. The Bell System Technical Journal, 1948, 27(3): 379-423.
[5] Proakis J G. 数字通信[M]. 4版．张力军，等译．北京：电子工业出版社，2010.
[6] Gallager R G. Low density parity check codes[J]. IRE Transactions on Information Theory, 1962, 8(1): 21-28.

第 3 章　LDPC 码概述

3.1 引　　言

早在 1962 年，Gallager 就提出了 LDPC 码，也称 Gallager 码，MacKay、Spielman 和 Wiberg 几乎同时“再发现”了 LDPC 码。进一步的研究表明，基于非规则双向图的 LDPC 码的性能优于 Turbo 码，具有更低的线性译码复杂度，没有错误平层，因此受到广泛的关注。LDPC 码的译码是基于图模型进行的，本章首先介绍与本书有关的图论基本知识，然后给出 LDPC 码的描述和分类等基本概念，最后对本书的研究重点，即二元 LDPC 码的译码算法进行简单阐述。

3.2 图 论 基 础

3.2.1 图的定义

定义 3.1　图 (graph)D 是一个三元组，记作 $D=\langle V(D),E(D),\varphi(D)\rangle$，其中：

(1)$V(D)\neq\varnothing$，称为图 D 的节点集合(vertex set)。

(2)$E(D)=\{e_1,e_2,\cdots,e_m\}$，是 D 的边集合(edge set)，e_i 为$\{v_jv_t\}$或$\langle v_j\quad v_t\rangle$。若 e_i 为$\{v_jv_t\}$，则称 e_i 为以 v_j 和 v_t 为端点(end vertices)的无向边(undirected edge)；若 e_i 为$\langle v_j\quad v_t\rangle$，则称 e_i 为以 v_j 为起点(origin)，v_t 为终点(terminus)的有向边(directed edge)。

(3)$\varphi(D):E(D)\rightarrow V(D)\times V(D)$称为关联函数(incidence function)。

例 3.1　已知图 $D=\langle V(D),E(D),\varphi(D)\rangle$，有

$$V(D)=\{v_1,v_2,v_3,v_4,v_5\}$$

$$E(D)=\{e_1,e_2,e_3,e_4,e_5,e_6,e_7,e_8,e_9,e_{10}\}$$

而 $\varphi(D)$定义为

$$\varphi_{e_1}(D)=\{v_1,v_2\},\quad \varphi_{e_2}(D)=\{v_2,v_3\}$$

$$\varphi_{e_3}(D)=\{v_3,v_3\},\quad \varphi_{e_4}(D)=\{v_3,v_4\}$$

$$\varphi_{e_5}(D)=\{v_2,v_4\},\quad \varphi_{e_6}(D)=\{v_2,v_4\}$$

$$\varphi_{e_7}(D)=\{v_2,v_5\},\quad \varphi_{e_8}(D)=\{v_2,v_5\}$$
$$\varphi_{e_9}(D)=\{v_3,v_5\},\quad \varphi_{e_{10}}(D)=\{v_3,v_5\}$$

图 D 的图形表示如图 3-1 所示。

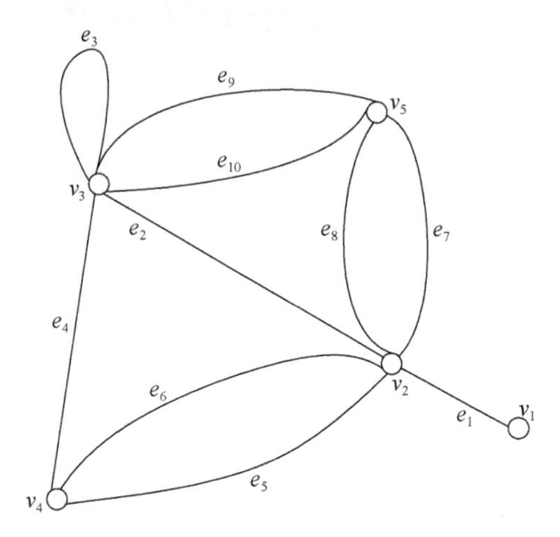

图 3-1　图 D 的图形表示

定义 3.2

①邻接节点(adjacent vertices):关联同一条边的两个节点。

②邻接边(adjacent sides):关联同一个节点的两条边。

③环(loop):两端点相同的边。

④平行边(parallel edges):两个节点间方向相同的若干条边。

⑤无向图(undirected graph):每条边都是无向边的图。

⑥有向图(directed graph):每条边都是有向边的图。

⑦简单图(simple graph):无环并且无平行边的图。

⑧完全图(complete graph):任何不同两节点之间都有边相连的简单无向图。

3.2.2　双向图

定义 3.3　设 D 是无向图,x 为 D 的任一节点,与节点 x 关联的边数称为 x 的度数,记为 dx。所有节点的度数相同的无向图称为规则图,否则,称为不规则图。

定义 3.4　设 u 和 v 是任意图 D 的顶点,图 D 的一条 u-v 链(chain 或 walk)是有限的顶点和边交替序列 $u_0e_1u_1e_2\cdots u_{n-1}e_nu_n(u=u_0,v=u_n)$,其中,$u_{i-1}$ 和 u_i 为与边 $e_i(1\leqslant i\leqslant n)$ 相邻的两个端点,n(链中出现的边数)称为链的长度(length)。$u(u_0)$ 和 $v(u_n)$ 称为链的端点,其余的顶点称为链的内部点(internal vertices),一条 u-v 链,当 $u\neq v$ 时,称它为开的,否则称它为闭的。边互不同的链称为迹(trail),内

部点互不同的链称为路(path)。

定义3.5　任意图D中,有一条链,链中各内部顶点不同,链的两端点相同,该链称为循环(cycle),若链中出现的边数为k,则称该链为k线循环(k-cycle)。

定义3.6　若把简单图D的顶点集合分成两个不相交的非空集合V_1、V_2,使得图D中的每条边,与其关联的两个节点分别在V_1和V_2中(图D里没有边是连接V_1中的两个顶点或V_2中的两个顶点),则图D称为双向图(bipartite graph),记作$D=\langle V_1,V_2,E\rangle$。若$|V_1|=m_1$,$|V_2|=n_1$,且两个顶点之间有一条边,当且仅当一个顶点属于$V_1$而另一个顶点属于$V_2$,称该图为节点$m$和$n$的完全双向图(complete bipartite graph),记作$K_{m,n}$。本书中提到的双向图都是完全双向图。图3-2给出了双向图$K_{2,3}$、$K_{3,3}$、$K_{3,6}$及$K_{2,6}$。

节点集V_1和V_2中各自节点度数相同的双向图称为规则双向图,否则称为非规则双向图。如图3-2所示,$K_{2,3}$、$K_{2,6}$为规则双向图,$K_{3,3}$、$K_{3,6}$为非规则双向图。

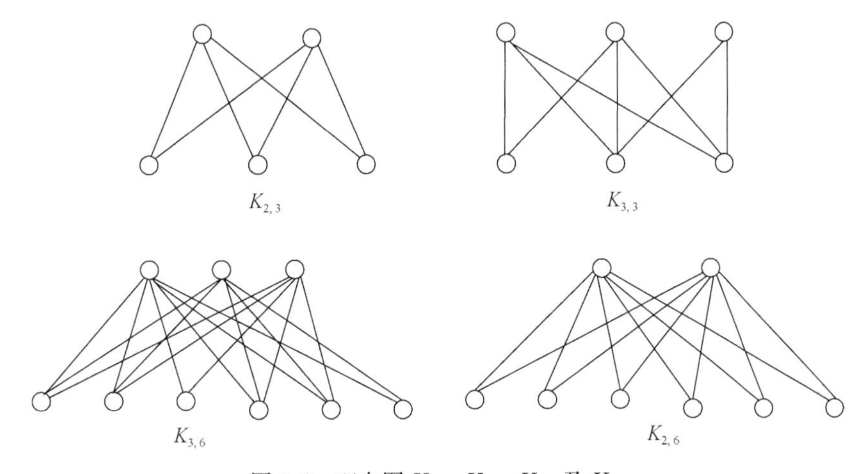

图3-2　双向图$K_{2,3}$、$K_{3,3}$、$K_{3,6}$及$K_{2,6}$

3.2.3　图的矩阵表示

设$D=\langle V,E,\varphi\rangle$是任意图,其中,$V=\{x_1,x_2,\cdots,x_n\}$,$E=\{e_1,e_2,\cdots,e_m\}$,则$n$阶方阵$\boldsymbol{A}=(a_{ij})$称为$D$的邻接矩阵,其中,$a_{ij}$为图$D$中以$x_i$为起点且以$x_j$为终点通过的边的数目。

例3.2　给出如图3-3所示的D_1和D_2的邻接矩阵。

解　图D_1的顶点顺序为a,b,c,d的邻接矩阵是

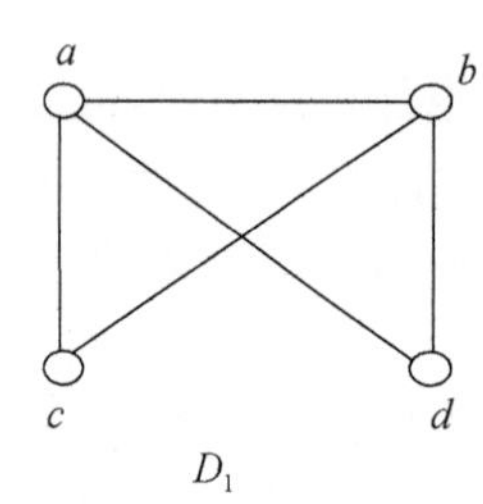

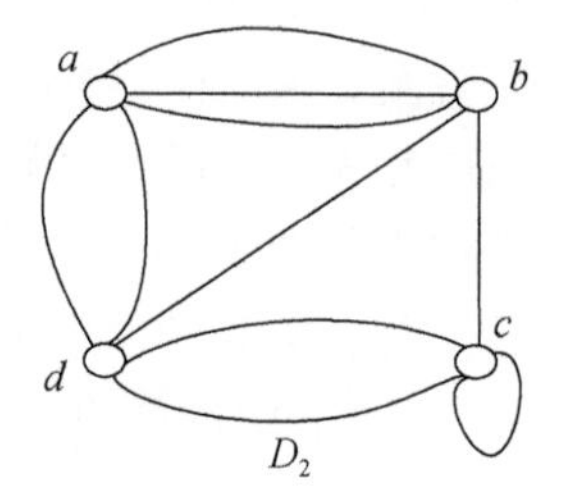

图 3-3 图 D_1 和 D_2 与邻接矩阵

$$\boldsymbol{A}_{D_1}=\begin{bmatrix}0&1&1&1\\1&0&1&1\\1&1&0&0\\1&1&0&0\end{bmatrix}$$

图 D_2 的顶点顺序为 a,b,c,d 的邻接矩阵是

$$\boldsymbol{A}_{D_2}=\begin{bmatrix}0&3&0&2\\3&0&1&1\\0&1&1&2\\2&1&2&0\end{bmatrix}$$

对于一个双向图 $D=\langle V_1,V_2,E\rangle$，可以用一个阶数比邻接矩阵更小的矩阵来表示。设 $V_1=\{x_1,x_2,\cdots,x_m\}$，$V_2=\{y_1,y_2,\cdots,y_n\}$，作 $m\times n$ 矩阵 $\boldsymbol{A}=(a_{ij})_{m\times n}$，其中，若 y_i 与 x_j 相连，则 $a_{ij}=1$；否则，$a_{ij}=0$。

例 3.3 如图 3-4(a)所示的双向图所对应的 6×5 矩阵为

$$\boldsymbol{A}=\begin{bmatrix}1&1&1&0&0\\1&1&0&1&0\\1&0&0&1&1\\1&0&1&0&1\\0&1&1&0&1\\0&1&0&1&1\end{bmatrix}$$

反之，给定一个 0-1 矩阵 $\boldsymbol{B}$，能唯一确定一个双向图，如图 3-4(b)所示。

$$\boldsymbol{B}=\begin{bmatrix}0&1&1&1\\1&0&1&0\\0&0&1&0\\1&1&0&1\end{bmatrix}$$

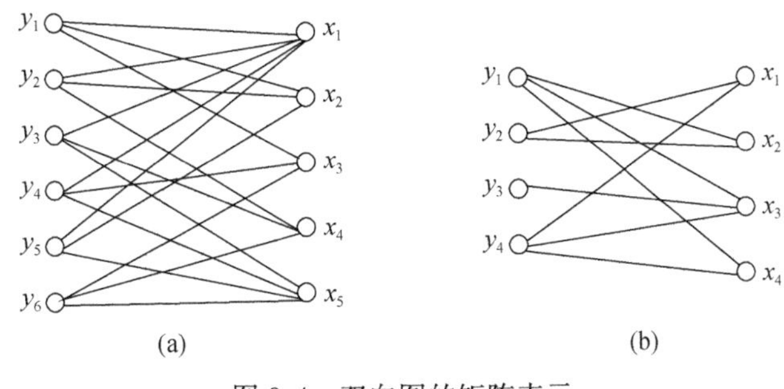

图 3-4　双向图的矩阵表示

3.3　LDPC 码的描述和图模型表达

LDPC 码是一类线性分组码，由它的校验矩阵来定义，设码长为 N，信息位为 K，校验位为 $M=N-K$，码率为 $R=K/N$，则码校验矩阵 $\boldsymbol{H}$ 是一个 $M\times N$ 的矩阵。

定义 3.7　二元 LDPC 码的校验矩阵 $\boldsymbol{H}$ 要满足以下四个条件[1,2]：

(1)$\boldsymbol{H}$ 的每行有 ρ 个“1”。

(2)$\boldsymbol{H}$ 的每列有 γ 个“1”。

(3)$\boldsymbol{H}$ 的任意两行(或两列)间共同为“1”的个数不超过 1。

(4)与码长和 $\boldsymbol{H}$ 中的行数相比较，ρ 和 γ 很小，也就是说矩阵中很少一部分元素非零，其他大部分元素都是零，LDPC 码的校验矩阵是稀疏矩阵。

满足以上四个条件的校验矩阵 $\boldsymbol{H}$ 对应的 LDPC 码一般表述为(N,γ,ρ)，码率则为 $R\geqslant 1-\gamma/\rho$。LDPC 码的校验矩阵对应可用一个双向图表示，图的下边有 N 个节点，每个节点表示码字的信息位，称为信息节点$\{x_j, j=1,2,\cdots,N\}$，信息节点是码字的比特位，对应于校验矩阵各列，信息节点也称为变量节点；图的上边有 M 个节点，每个节点表示码字的一个校验集，称为校验节点$\{z_i, i=1,2,\cdots,M\}$，校验节点代表校验方程，对应于校验矩阵各行；与校验矩阵中“1”元素相对应的左右两节点之间存在连接边。将这条边两端的节点称为相邻节点，每个节点相连的边数称为该节点的度数(degree)，每个信息节点与 γ 个校验节点相连，称该信息节点的度数为 γ；每个校验节点与 ρ 个信息节点相连，称该校验节点的度数为 ρ。例如：(10,2,4)LDPC 码的校验矩阵和双向图分别如图 3-5(a)和图 3-5(b)所示，信息节点的度数为 2，校验节点的度数为 4。

	x_1	x_2	x_3	x_4	x_5	x_6	x_7	x_8	x_9	x_{10}
z_1	1	1	1	1	0	0	0	0	0	0
z_2	1	0	0	0	1	1	1	0	0	0
z_3	0	1	0	0	1	0	0	1	1	0
z_4	0	0	1	0	0	1	0	1	0	1
z_5	0	0	0	1	0	0	1	0	1	1

(a)　(10,2,4) LDPC 码校验矩阵

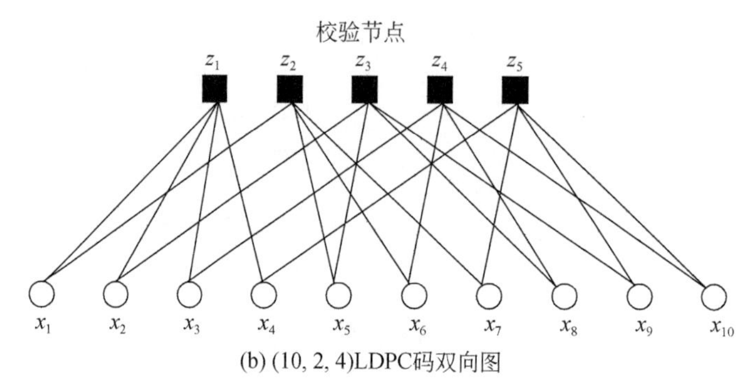

(b) (10, 2, 4)LDPC码双向图

图 3-5 (10,2,4)LDPC 码的校验矩阵和双向图

一般情况下校验矩阵是随机构造的，因而是非系统化的。在编码时，对校验矩阵 $\boldsymbol{H}$ 进行高斯消去，可得

$$\boldsymbol{H}=[\boldsymbol{I} \quad \boldsymbol{P}] \tag{3-1}$$

由式(3-1)得生成矩阵为

$$\boldsymbol{G}=[-\boldsymbol{P}^{\mathrm{T}} \quad \boldsymbol{I}] \tag{3-2}$$

3.4 LDPC 码的环分析

3.4.1 LDPC 码的环

一个 LDPC 码矩阵的结构对码的性能有决定性的影响。由于 LDPC 码译码采用迭代译码，其算法的推导是基于在节点间传递的信息统计独立，当 LDPC 码校验矩阵对应的双向图中有环存在时，某一节点发出的信息经过一个环长的传递会被传回节点本身，从而造成节点自身信息的叠加，破坏了独立的假设，影响译码的准确性。环也称为循环。在 LDPC 码的双向图中总是希望大环多，小环少。

定理 3.1 LDPC 码的任意一个长为 L 的环，满足 $L \geqslant 4$，且 L 是 2 的倍数。

证明 构成一个环需要经过至少 3 个节点，因此，$L \geqslant 3$；下面证明 L 是 2 的倍数，根据双向图的性质，信息节点$\{x_i \mid i=1,2,\cdots,N\}$和校验节点$\{z_j \mid j=1,2,\cdots,K\}$之间可能有边相连，但是信息节点和校验节点内部没有相连的边。假如从 x_i 出发经过奇数步回到节点，那么必然在集合$\{x_i \mid i=1,2,\cdots,N\}$或者集合$\{z_j \mid j=1,2,\cdots,K\}$内部存在一条边，这与双向图的性质是不相符的，因此，$L \geqslant 4$ 双向图中长度为 4 的环是很容易从校验矩阵中直观地检测出来，LDPC 码双向图中环 4 和校验矩阵的对应关系如图 3-6 所示。双向图中的虚线就是环 4，对应校验矩阵 $\boldsymbol{H}$ 中用矩形框标示的元素;双向图中出现环 4,对应校验矩阵 $\boldsymbol{H}$ 中两行的内积大于“1”的元素。在 LDPC 码的校验矩阵设计中,尤其要避免最短环 4(4-cycle)的出现,环 4 的出现将极大地影响 LDPC 码的性能,只要二元 LDPC 码的校验矩阵 $\boldsymbol{H}$ 满足定义 3.7 的条件(3),其对应的双向图中就没有环 4。

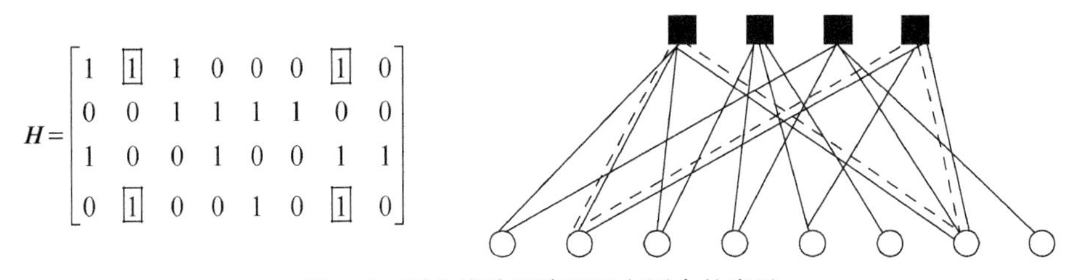

图 3-6　环在校验矩阵和双向图中的表示

图 3-7 是另一个规则的 LDPC 码的双向图和校验矩阵,这个双向图存在一些环,如 $x_3 \to z_1 \to x_7 \to z_3 \to x_3$,$x_4 \to z_2 \to x_8 \to z_4 \to x_4$。图中虚线画出了校验矩阵中的 2 个矩形,分别对应于双向图中长为 4 的环。

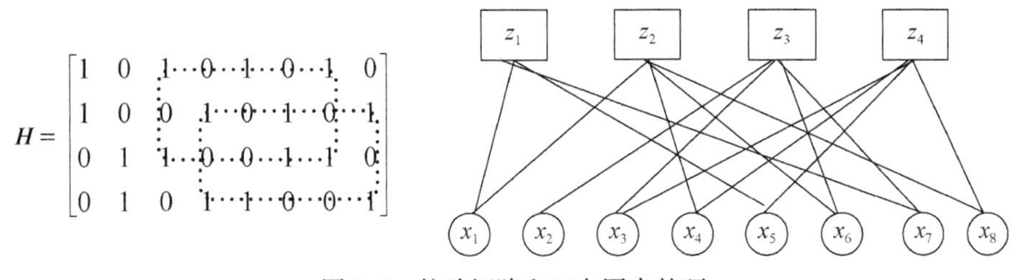

图 3-7　校验矩阵和双向图中的环

虽然长为 4 的环很容易直观得到,但是对于长大于 4 的环的判定是很困难的。下面给出几种环路的检测方法。

3.4.2　根据校验矩阵检测环

双向图可以根据 LDPC 码的校验矩阵 $\boldsymbol{H}$ 得到,其中,$\boldsymbol{H}$ 是 $N\times K$ 的矩阵。如果单从校验矩阵来判断环个数是很困难的,因此要对双向图进行改造,将双向图校验节点和信息节点合并成新的有向图,合并后并没有改变 LDPC 码的性质。

设集合 Ω 表示节点集合 $\{x_i, z_j \mid i=1,2,\cdots,N; j=1,2,\cdots,K\}$,这样 Ω 中有 $N+K$ 个元素,则可以用矩阵

$$\boldsymbol{S}=\begin{vmatrix} \boldsymbol{0} & \boldsymbol{H} \\ \boldsymbol{H}^{\mathrm{T}} & \boldsymbol{0} \end{vmatrix} \tag{3-3}$$

来表达 Ω 的内部关系。也就是说,当 $\boldsymbol{S}$ 中的元素 S_{ij} 为 1 时表示从 i 到 j 有连接,这

里 $i,j\in\{1,2,\cdots,N+K\}$。则根据图论知识，设$\boldsymbol{S}^k(k=1,2,3,\cdots)$是 $\boldsymbol{S}$ 的 k 次幂，则 $\boldsymbol{S}^k(k=1,2,3,\cdots)$的元素 $S_{ij}^{(k)}$ 的物理意义是经过 k 步从节点 i 到节点 j 的路径有 $S_{ij}^{(k)}$ 条，对角线元素 $S_{ii}^{(k)}$ 表示节点 i 经过 k 步回到节点 i。这些回路与环是不等价的。一条回路满足一个长为 L 的环的条件是：①$L=k$；②经过的节点数也是 k。

下面考虑 $\boldsymbol{S}^k(k=1,2,3,\cdots)$的每个元素的值。

根据定理 3.1 可知，当 k 是奇数时，$\boldsymbol{S}^k$ 对角线上的元素为 $\boldsymbol{0}$，因此只需要考虑 $\boldsymbol{S}$ 的偶数次幂。

$$\boldsymbol{S}^k=(\boldsymbol{S}^2)\frac{k}{2}$$

$$\boldsymbol{S}^2=\begin{vmatrix}\boldsymbol{0} & \boldsymbol{H}\\ \boldsymbol{H}^{\mathrm{T}} & \boldsymbol{0}\end{vmatrix}\begin{vmatrix}\boldsymbol{0} & \boldsymbol{H}\\ \boldsymbol{H}^{\mathrm{T}} & \boldsymbol{0}\end{vmatrix}=\begin{vmatrix}\boldsymbol{H}\boldsymbol{H}^{\mathrm{T}} & \boldsymbol{0}\\ \boldsymbol{0} & \boldsymbol{H}^{\mathrm{T}}\boldsymbol{H}\end{vmatrix} \tag{3-4}$$

因此，计算的简化形式为

$$\boldsymbol{S}^k=\begin{vmatrix}(\boldsymbol{H}\boldsymbol{H}^{\mathrm{T}})^{\frac{k}{2}} & \boldsymbol{0}\\ \boldsymbol{0} & (\boldsymbol{H}^{\mathrm{T}}\boldsymbol{H})^{\frac{k}{2}}\end{vmatrix} \tag{3-5}$$

由于存在按原路折返的路径，如 $x_1\rightarrow z_1\rightarrow x_1$，$x_1\rightarrow z_1\rightarrow x_3\rightarrow z_1\rightarrow x_1$，因此环的个数和路径数是不等价的。

下面给出一个计算这些路径中包含环的个数的方法，设为 $N^{(k)}$，定义一个修正因子 $M_i^{(k)}$，使得

$$N_i^{(k)}=S_{ii}^{(k)}-M_i^{(k)}$$

$$M_i^{(k)}=\sum_{j_1,j_2,\cdots,j_{\frac{k}{2}}=1}^{N+K}\left|S_{ij_1}S_{j_1j_2}\cdots S_{j(\frac{k}{2}-1)\,j\frac{k}{2}}S_{j\frac{k}{2}j(\frac{k}{2}-1)}\cdots S_{j_2j_1}S_{j_1i}\right| \tag{3-6}$$

式(3-6)得出的是经过任意一个节点 i 所有回路中，包含环的回路个数，要精确地断定一个环的存在，这个是不够的。

3.4.3　环路检测定理

定理 3.2　假如 i 和 j 是一个周长为 L 的环的任意 2 个节点，则从 i 到 j 的路径只有 2 条，而且这 2 条路径所经过的步数和为 L。

定理 3.3　双向图中 2 个节点 i、j，如果 k 为偶数，矩阵 $\boldsymbol{S}$ 的 k 次幂 $\boldsymbol{S}^k$ 的元素 $S_{ij}^{k}(i,j\in\{1,2,\cdots,N+K\})$满足

$$S_{ij}^{\frac{k}{2}}\geqslant 2,\quad S_{ij}^{\frac{k}{2}-2}=0 \tag{3-7}$$

则存在一个长为 k 的环，且这个环经过节点 i、j。通过这个环路检测定理可以精确地判定一个环的长和经过的所有节点。

3.4.4 根据双向图的变换图直观检测

LDPC 码校验矩阵的非零元素反映在双向图上就是连接信息节点和校验节点的一条线，为了形象地看出 LDPC 码环路的性质，将如图 3-7 所示的双向图变换成如图 3-8 所示的形式，此变换没有改变 LDPC 码的内部结构和约束关系。显然，经过这种变换后，很容易得出该(8,2,4)LDPC 码存在的环路个数、环长及经过的路径。

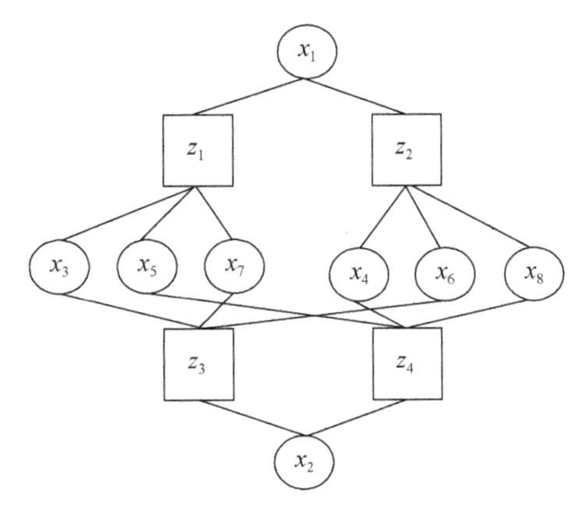

图 3-8　(8,2,4)LDPC 码变换后的双向图

分析 LDPC 码环路的变换步骤如下：

(1)选取任意一个信息节点作为第 1 层节点。

(2)选取和该节点相连接的节点作为第 2 层节点。

(3)将除了第 1 层节点外，和第 2 层节点相关的节点作为第 3 层节点。

(4)当双向图通过如此变换后，考虑环路时，只要找到一个节点与多个上层节点有关系，即可以断定存在一个环。

事实上，有些 LDPC 码并不是每个节点之间都是相通的，而是可以表示成好几个独立的这种树图形式。

3.4.5 消去短环的方法

前面给出了在双向图上检测环存在的方法，由于短环的存在影响了 LDPC 码译码的性能，因此需要尽量将它们消去，下面给出特定长度短环的消去方法。

如图 3-9 所示，存在 4 个节点 v_1、v_2、v_3、v_4 和两条边 e_1、e_2，其中 e_1 连接 v_1、v_2；e_2 连接 v_3、v_4，若交换它们的连接关系，即变成两条新边 e_1'、e_2'，其中 e_1'连接 v_1、v_4；e_2'连接 v_2、v_3，对整个 LDPC 码来说没有改变校验关系。

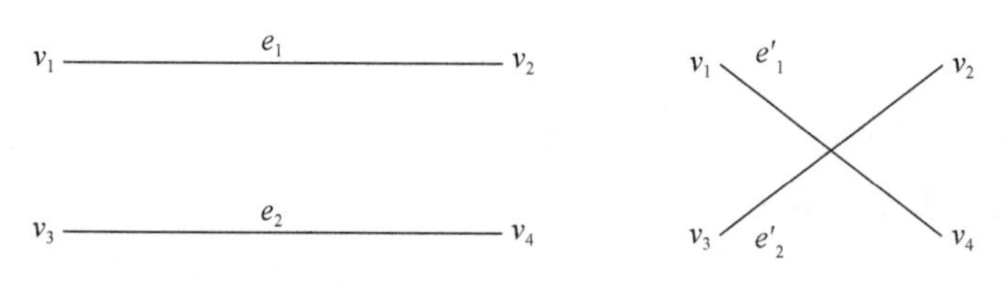

图 3-9 交换节点示例图

在消去短环前,先确定要消去的短环最大长度 $L_{\max}$,对于所有长度小于 $L_{\max}$ 的环采用这种短环消去方法,具体实现如下:

(1)将双向图变换成 3.3 节所述的树图形式。

(2)遍历整个树图,找出第一个和上层节点构成环路的节点。

(3)计算通过该节点和上层节点构成所有环路的周长,对于小于 $L_{\max}$ 的环路,在该环中选择一条通过该节点的边,在环外随机选择没有公共节点的一条边,交换两条边的节点,这样该环路就被消去,如图 3-10 所示。

(4)如此反复迭代,可以消去所有的特定短环。

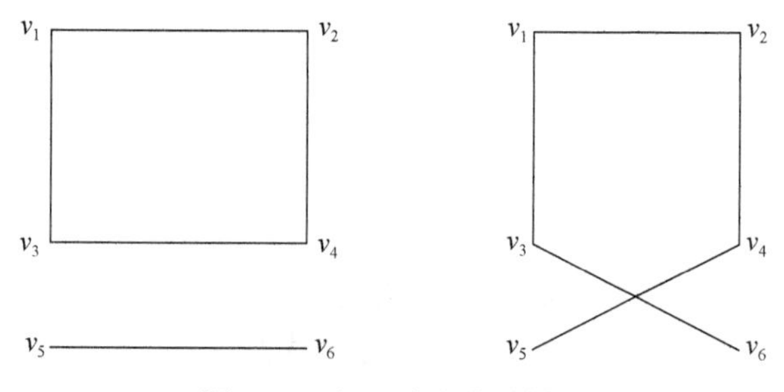

图 3-10 短环消去的示例图

定理 3.4 说明消去环路的极限。

定理 3.4 所有节点都连通规则(N,γ,ρ)LDPC 码,码率为 R,当 $\gamma>1$ 时,一定存在环,同时该规则码环个数 M 满足:$M\geqslant N(\rho-2+R)+1$。

一个所有节点都连通的无环 LDPC 码的双向图,可以看成是多叉树。说明这个定理前,先构造一个信息节点个数和校验节点个数与规则(N,γ,ρ)LDPC 码相同的无环 LDPC 码,该 LDPC 码总共应该有不多于 $N(2-R)$条边,若多于这个边数,则存在环,也就是说在该双向图上每增加一条边,就至少增加一个环路。因为规则(N,γ,ρ)LDPC 码的边数为 $N\times\gamma$ 条,所以该规则的 LDPC 码至少有 $M\geqslant N(\gamma-2+R)+1$个环路。这就说明了能消去的环是有限的。这个极限是由码结构来决定的,可以通过节点个数和环个数定性地确定一个范围。

3.5　LDPC 码的分类

3.5.1　规则 LDPC 码和非规则 LDPC 码

若 LDPC 码所对应的双向图为规则双向图，则此 LDPC 码称为规则 LDPC 码；若 LDPC 码所对应的双向图为非规则双向图，则此 LDPC 码称为非规则 LDPC 码。图 3-5 所示的(10,2,4)LDPC 码是规则 LDPC 码，其校验矩阵的每行(列)中“1”的个数是相等的。如果校验矩阵的每行(列)中“1”的个数不相等，则称这种 LDPC 码为非规则 LDPC 码，非规则 LDPC 码一般表述为(N,K)，如图 3-11 所示的(10,5) LDPC 码是非规则 LDPC 码。

$$\boldsymbol{H}=\left[\begin{array}{ccccc|ccccc}1&1&0&0&0&1&0&1&0&1\\0&1&1&0&0&1&0&0&1&0\\0&0&1&1&0&0&1&1&0&1\\0&0&0&1&1&1&0&0&1&0\\1&0&0&0&1&0&1&0&1&0\end{array}\right]$$

(a) (10, 5)非规则LDPC码的校验矩阵

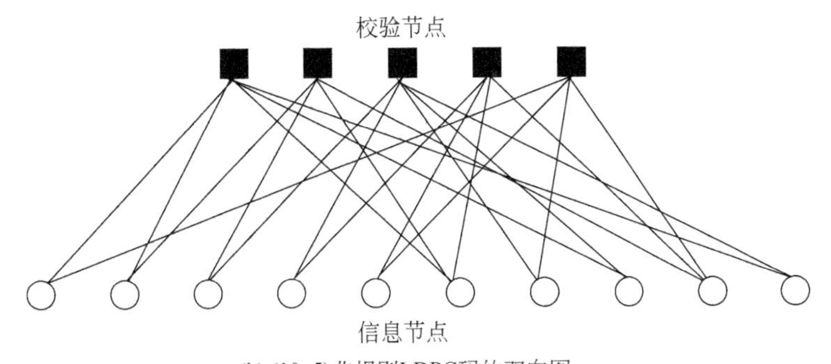

(b) (10, 5)非规则LDPC码的双向图

图 3-11　(10,5)非规则 LDPC 码的校验矩阵和双向图

对于非规则 LDPC 码，相应的双向图中各节点的度不相同，通常用度分布序列$\{\gamma_1,\gamma_2,\cdots,\gamma_{d_l}\}$和$\{\rho_1,\rho_2,\cdots,\rho_{d_t}\}$来表示，其中，$\gamma_j(j=1,2,\cdots,d_l)$表示与度为 j 的信息节点相连的边占总边数的比率，$\rho_i(i=1,2,\cdots,d_t)$表示与度为 i 的校验节点相连的边占总边数的比率，d_l 和 d_t 分别表示信息节点和校验节点的最大度数，应有$\sum_{j=1}^{d_l}\gamma_j=1$ 及 $\sum_{i=1}^{d_t}\rho_i=1$。边度分布序列可用多项式来表示，即

$$\gamma(x)=\sum_{j=1}^{d_l}(\gamma_j x^{j-1}) \tag{3-8}$$

$$\rho(x)=\sum_{i=1}^{d_t}(\rho_i x^{i-1}) \tag{3-9}$$

满足 $\gamma(1)=\sum_{j=1}^{d_l}\gamma_j=1$ 及 $\rho(1)=\sum_{i=1}^{d_t}\rho_i=1$。

例如:图 3-11 中的(10,5)非规则 LDPC 码相应度分布多项式可表示为 $\gamma(x)=0.8x+0.2x^2$ 和 $\rho(x)=0.6x^3+0.4x^4$。

规则 LDPC 码可以看成是非规则 LDPC 码的特例。

设一个 LDPC 码对应的双向图中边的总数为 E,根据边的度分布多项式可以得到度为 j 的信息节点个数为 $v_j=E\gamma_j/j$,度为 i 的校验节点个数为 $u_i=E\rho_i/i$,则信息节点和校验节点的总数分别为

$$n=\sum_{j=1}^{d_l}v_j=\sum_{j=1}^{d_l}(E\gamma_j/j)=E\sum_{j=1}^{d_l}(\gamma_j/j) \tag{3-10}$$

$$m=\sum_{i=1}^{d_t}u_i=\sum_{i=1}^{d_t}(E\rho_i/i)=E\sum_{i=1}^{d_t}(\rho_i/i) \tag{3-11}$$

当校验矩阵满秩时,通过度分布多项式 $\gamma(x)$ 和 $\rho(x)$ 构造的非规则 LDPC 码的码率为

$$R(\gamma,\rho)=\frac{n-m}{n}=1-\frac{\sum_{i=1}^{d_t}(\rho_i/i)}{\sum_{j=1}^{d_l}(\gamma_j/j)} \tag{3-12}$$

对于校验矩阵非满秩的情况,实际的码率要比 $R(\gamma,\rho)$ 略高一些。

Luby 的模拟实验说明适当构造的非规则码的性能优于规则码的性能。这一点可以从构成 LDPC 码的双向图得到直观性的解释:对于每一个信息节点,人们希望它的度数大一些,因为从它相关联的校验节点得到信息越多,便越能准确地判断它的正确值;对每一个校验节点,情况则相反,人们希望校验节点的度数小一些,因为校验节点的度数越小,它能反馈给其邻接的信息节点的信息越有价值。非规则图比规则图能更好、更灵活地平衡这两种相反的要求。在非规则码中,具有大度数的信息节点能很快地获取正确值,这样它就可以给校验节点更加正确的概率信息,而这些校验节点又可以给小度数的信息节点更多信息,大度数的信息节点首先获得正确的值,把它传输给对应的校验节点,通过这些校验节点又可以获得度数小的信息节点的正确值,因此,非规则码的性能要优于规则码的性能。

Chung 等[2]基于非规则双向图,构造的码率为 1/2、码长为 10^7 bit 的非规则 LDPC 码,经仿真得到在误码率为 10^{-6} 时,该码的译码性能距香农限仅为 0.0045dB,这是目前已知的距香农限最近的码字[1]。

3.5.2 二元 LDPC 码和多元 LDPC 码

按照每个码元取值来分,可分为二元 LDPC 码和 $q(q>2)$ 元 LDPC 码,研究结

果显示，q 元 LDPC 码优于二元 LDPC 码。

域 GF(2)上的规则 LDPC 码自然可推广到 GF(q)($q=2^p$，p 为整数)上，不同的只是 GF(q)上的 LDPC 码校验矩阵 $\boldsymbol{H}$ 的非零元素可有 $q-1$ 个值供选择，而不只为"1"。域 GF(q)上的规则 LDPC 码和 GF(2)上的规则 LDPC 码的译码思想基本类似。

对每一个 $a\in \mathrm{GF}(2^p)$ 与一个 $p\times p$ 的二元矩阵相关联[通过 GF(2)上一个 p 次本元多项式]，将与 GF(2^p)中每一元素关联的矩阵代入 GF(2^p)上的 LDPC 码的 $(\boldsymbol{G}_q,\boldsymbol{H}_q)$ 中，可得到生成矩阵与校验矩阵的二进制表示 $(\boldsymbol{G}_2,\boldsymbol{H}_2)$，这种转换便于 GF($2^p$)上的运算。

GF(q)($q>2$)上的 LDPC 码的性能可优于二进制 LDPC 码的性能，而且更大域上构造的 LDPC 码的性能可得到大的改善。下面给出一个直观性解释。

MacKay 证明，对给定的译码器，当校验矩阵 $\boldsymbol{H}$ 的列重量(固定常数)足够大，码长充分大时，LDPC 码的性能可以接近香农限，即大重量的列有助于译码器的快速纠错，然而增加列重量会造成相应的双向图中的循环数目急剧增加，从而导致迭代译码的性能下降。而在 GF(q)($q>2$)上构造的 LDPC 码便可解决这个问题，增加它的校验矩阵 $\boldsymbol{H}_q$ 的列重量(即增加与它对应的二进制校验矩阵 $\boldsymbol{H}_2$ 的列重量)，而它们进行译码的双向图是相同的，GF(q)上不会造成节点之间循环路径数目的增加，从而使译码性能得到显著提高。

如图 3-12 所示，比较两个等价矩阵的一部分，可以看到 q 进制码不包含长度为 4 的环，而等价的二进制码含有长度为 4 的环。因此，在传输的二进制信息等价的情况下，q 元LDPC 码译码性能得到显著提高。

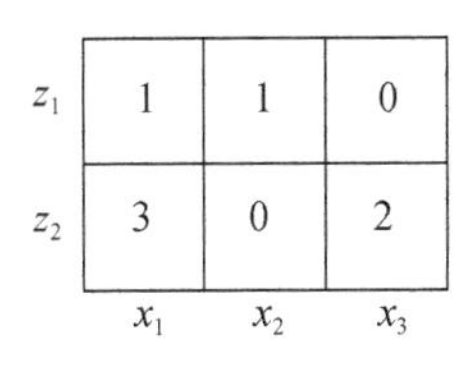

	x_1	x_2	x_3
z_1	1	1	0
z_2	3	0	2

	x_{11}	x_{12}	x_{21}	x_{22}	x_{31}	x_{32}
z_{11}	1	0	1	0	0	0
z_{12}	0	1	0	1	0	0
z_{21}	0	1	0	0	1	1
z_{22}	1	1	0	0	1	0

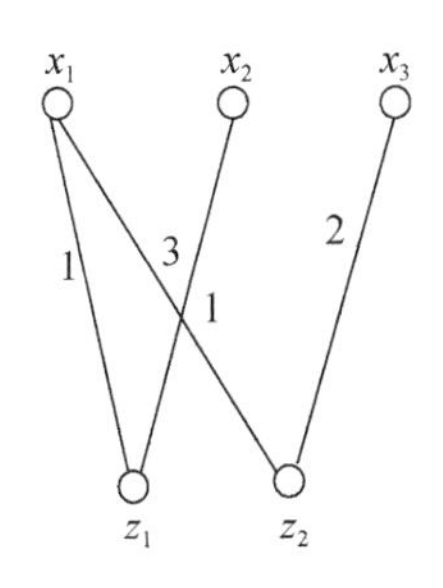

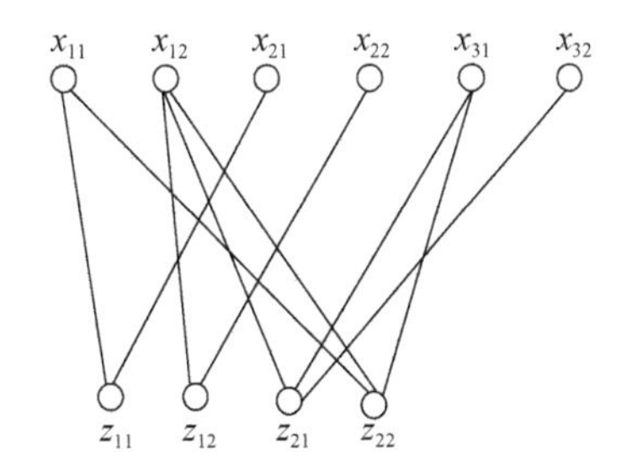

图 3-12　等价矩阵比较图

3.5.3 随机构造 LDPC 码和代数构造 LDPC 码

LDPC 码按构造方法又分为随机构造 LDPC 码和代数构造 LDPC 码。

一个 LDPC 码完全可由其校验矩阵确定，因而矩阵的结构对码的性能有决定性的影响。不同的构造方法都是为了实现以下 3 个目的：①增大图中的环；②优化非规则码的节点分布；③减小编码复杂度。

1. Gallager 构造的 LDPC 码

Gallager 用简单的稀疏校验矩阵的随机置换和级联来模拟随机码。Gallager 的方法可以简单描述为：由确定的方式构造规则校验矩阵（如单位矩阵），将该矩阵的所有列做随机的排列组合形成一系列规则子矩阵，再将这些规则子矩阵组合成所需校验矩阵。

Gallager 在其论文中定义了这样一种规则(n,j,k)LDPC 码，其中，n 为码长，j、k 分别表示列重量、行重量。其校验矩阵 $\boldsymbol{H}$ 具有如下形式：

$$\boldsymbol{H}=\begin{bmatrix}\boldsymbol{H}_1\\ \boldsymbol{H}_2\\ \vdots\\ \boldsymbol{H}_{w_c}\end{bmatrix} \tag{3-13}$$

子矩阵 $\boldsymbol{H}_d(d=1,2,\cdots,w_c)$具有如下结构：对于任意大于 1 的整数 μ 和 w_r，每一个子矩阵 $\boldsymbol{H}_d$都是$\mu\times\mu w_r$，行重量为 w_r，列重量为 1。$\boldsymbol{H}_1$的结构为：在 μ 列中，第 i 行出现 1 的位置在第$(i-1)w_r+1$ 列到第 iw_r 列。其他子矩阵是通过 $\boldsymbol{H}_1$ 进行列变换得到的。显然 $\boldsymbol{H}$ 是规则的，维数为 $\mu w_c\times\mu w_r$，行重量和列重量分别为 w_r 和 w_c。列变换是随机的，因此不能保证 $\boldsymbol{H}$ 中没有长度为 4 的环。Gallager 指出，当 $w_c\geqslant 3$，$w_r>w_c$ 时这种码具有良好的距离特性。图 3-13 为一个 $n=20$，$j=3$，$k=4$ 的规则 LDPC 码校验矩阵。

2. MacKay 构造的 LDPC 码

构造方法(1)。这种方法是最基本的一种构造方法，它要求保证固定列重量为 γ，而行重量尽可能均匀保持为 ρ。同时要求任意两列之间的交叠重量不超过 1。图 3-14(a)表示了按照此方法构造的一个(3,6)LDPC 码。

构造方法(2)。将 $M/2$ 的列重量置为 2，通常采用两个$(M/2)\times(M/2)$的单位矩阵，上下叠放。剩余的列依然保持构造方法(1)的构造方法，如图 3-14(b)所示。

构造方法(3)。在前面所说的构造方法(1)和构造方法(2)构造的矩阵中，挑出部分使双向图中出现短环的列，将其删除。再插入重新随机产生的列，使得双向图中不再存在小于某个长度的环。

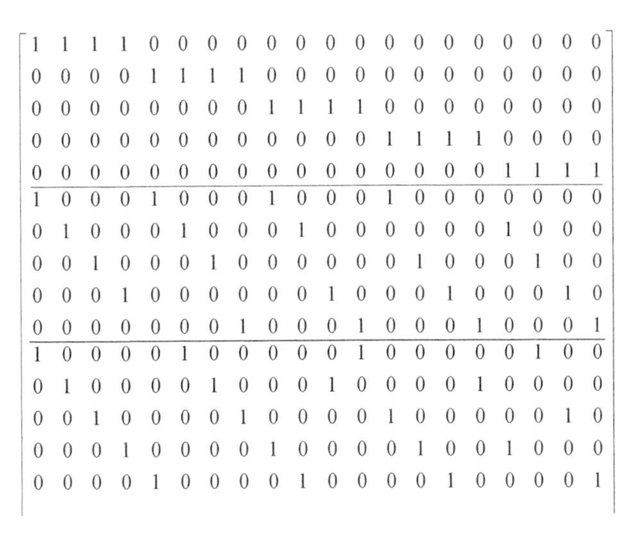

图 3-13　规则(20,3,4)LDPC 码校验矩阵

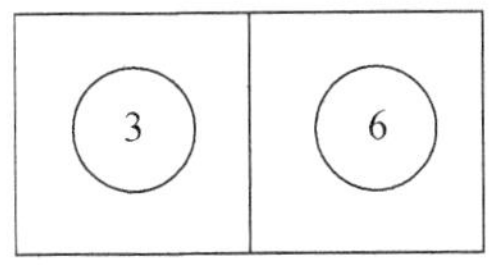

(a)MacKay的构造方法(1)

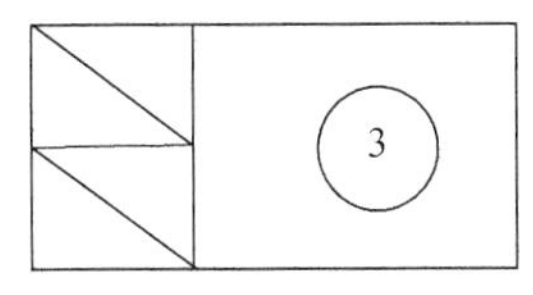

(b)MacKay的构造方法(2)

图 3-14　MacKay 的构造方法

用 MacKay 构造方法(1)给出一种准规则 LDPC 码的具体描述,选择一个不小于 3 的整数 w_c,生成一个 $r\times n$ 矩阵$\boldsymbol{A}$,使其具有固定的列重量 w_c 和尽量一致的行重量。对 $\boldsymbol{A}$ 进行高斯消元,得到系统形式的校验矩阵为

$$\boldsymbol{H}=[\boldsymbol{P}|\boldsymbol{I}] \tag{3-14}$$

如果 $\boldsymbol{A}$ 的各行不是线性无关的,就对其进行列变换,使其具有如下结构:

$$\boldsymbol{A}=[\boldsymbol{C}_1|\boldsymbol{C}_2] \tag{3-15}$$

其中,$\boldsymbol{C}_1$ 是一个 $r\times(n-r)$ 稀疏矩阵;$\boldsymbol{C}_2$ 是一个 $r\times r$ 稀疏可逆矩阵,这样 $\boldsymbol{P}=\boldsymbol{C}_2^{-1}\boldsymbol{C}_1$。一个码长为 n,码率为$(n-r)/n$ 的 LDPC 码的生成矩阵就可定义为

$$\boldsymbol{G}^{\mathrm{T}}=\begin{bmatrix}\boldsymbol{I}\\\boldsymbol{P}\end{bmatrix}=\begin{bmatrix}\boldsymbol{I}\\\boldsymbol{C}_2^{-1}\boldsymbol{C}_1\end{bmatrix} \tag{3-16}$$

$\boldsymbol{A}$ 可按如下步骤得到:

(1)初始化一个全 0 的矩阵 $\boldsymbol{A}$,每一列中放置 w_c 个 1。

(2)调整 1 的位置使得每一行中 1 的个数尽量一致。

(3)调整 1 的位置使得任意两列中在相同位置出现 1 的次数不超过 1。

(4)进一步对 $\boldsymbol{A}$ 进行调整,使其相应的双向图具有较大周长。

(5)对 $\boldsymbol{A}$ 进行列置换使其具有形式 $\boldsymbol{A}=[\boldsymbol{C}_1|\boldsymbol{C}_2]$,$\boldsymbol{C}_2$ 为一个可逆矩阵。

3. 随机 LDPC 码的简化编码复杂度构造

无论是 Gallager 还是 MacKay 等都是用随机方法构造 LDPC 码,其编码复杂度与码长平方成正比,本小节给出随机 LDPC 码校验矩阵下三角形式和类三角形式的简化编码方法。

1)下三角形式校验矩阵的 LDPC 码编码

设 LDPC 码的校验矩阵 $\boldsymbol{H}$ 为 $m\times n$ 的,且行满秩。GF(q)上的 LDPC 码字向量 $\boldsymbol{x}$ 满足 $\boldsymbol{H}\,\boldsymbol{x}^{\mathrm{T}}=\boldsymbol{0}$。利用具有下三角结构的校验矩阵进行 LDPC 码编码的方法是:先用高斯消元法将校验矩阵化成如图 3-15 所示的下三角矩阵;然后将码字向量 $\boldsymbol{x}$ 分成两部分,一部分是信息位 $\boldsymbol{s}$,$\boldsymbol{s}\in q^{n-m}$,另一部分是校验位 $\boldsymbol{p}$,$\boldsymbol{p}\in q^{m}$,$\boldsymbol{x}=(\boldsymbol{s},\boldsymbol{p})$。按照以下步骤可以构造一个系统编码器:

(1)将 $n-m$ 个信息位作为向量 $\boldsymbol{s}$ 的分量。

(2)利用式(3-17)的递归方式计算校验位 $\boldsymbol{p}_l$:

$$\boldsymbol{p}_l=\sum_{j=1}^{n-m}h_{l,j}s_j+\sum_{j=1}^{l-1}h_{l,j+n-m}p_j \tag{3-17}$$

其中,$h_{l,j}$ 是校验矩阵 $\boldsymbol{H}$ 的第(l,j)个元素。

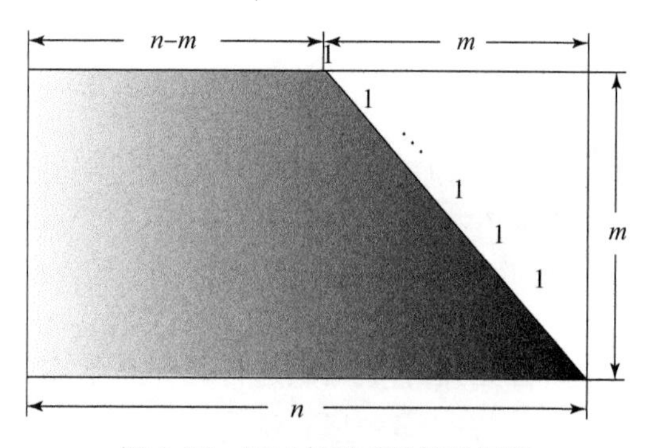

图 3-15 下三角形式的校验矩阵

将校验矩阵化成下三角形式后进行编码,复杂度计算包括两部分:①校验矩阵高斯消元运算复杂度为 $o(n^3)$;②编码复杂度为 $o(n^2)$。实际上,稀疏校验矩阵化成下三角形式后往往不满足稀疏特性,编码时需要 $n^2R(1-R)/2$ 次运算,R 是码率。如果直接构造出下三角形式的稀疏校验矩阵,则可实现线性编码,但这样设计的码在性能上会有所损失,有时甚至会非常糟糕。

2)类下三角形式校验矩阵的 LDPC 码编码

类下三角形式将校验矩阵进行行列变换,变成如图 3-16 所示的结构。在矩阵

变换中只有行列变换，因此变换后的校验矩阵仍然是稀疏矩阵，设新的校验矩阵为

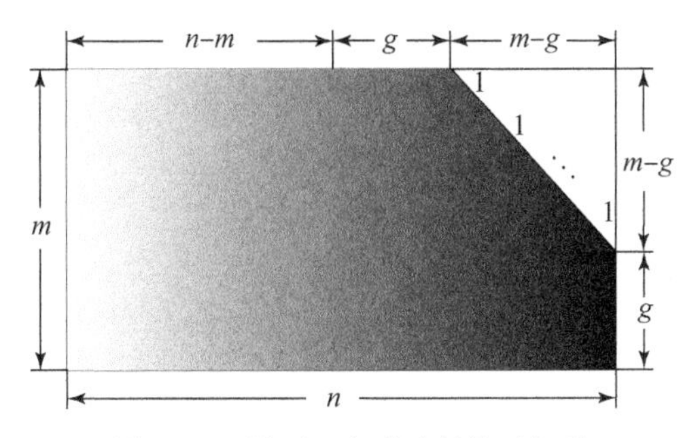

图 3-16 类下三角形式的校验矩阵

$$\boldsymbol{H}=\begin{bmatrix}\boldsymbol{A} & \boldsymbol{B} & \boldsymbol{T}\\ \boldsymbol{C} & \boldsymbol{D} & \boldsymbol{E}\end{bmatrix} \tag{3-18}$$

$\boldsymbol{A}$、$\boldsymbol{B}$、$\boldsymbol{C}$、$\boldsymbol{D}$、$\boldsymbol{E}$、$\boldsymbol{T}$ 分别是 $(m-g)\times(n-m)$、$(m-g)\times g$、$g\times(n-m)$、$g\times g$、$g\times(m-g)$、$(m-g)\times(m-g)$ 矩阵。$\boldsymbol{H}$ 中所有的子矩阵均是稀疏矩阵，并且 $\boldsymbol{T}$ 是下三角矩阵。矩阵 $\boldsymbol{H}$ 左乘一个矩阵得

$$\begin{bmatrix}\boldsymbol{I} & \boldsymbol{0}\\ -\boldsymbol{E}\boldsymbol{T}^{\mathrm{T}} & \boldsymbol{I}\end{bmatrix}\boldsymbol{H}=\begin{bmatrix}\boldsymbol{A} & \boldsymbol{B} & \boldsymbol{T}\\ -\boldsymbol{E}\boldsymbol{T}^{\mathrm{T}}\boldsymbol{A}+\boldsymbol{C} & -\boldsymbol{E}\boldsymbol{T}^{\mathrm{T}}\boldsymbol{B}+\boldsymbol{D} & \boldsymbol{0}\end{bmatrix} \tag{3-19}$$

码字向量 $\boldsymbol{x}$ 写成三部分 $\boldsymbol{x}=(\boldsymbol{s},\boldsymbol{p}_1,\boldsymbol{p}_2)$，$\boldsymbol{s}$ 定义为信息向量，$\boldsymbol{p}_1$、$\boldsymbol{p}_2$ 分别定义为一个校验向量，$\boldsymbol{s}$ 长为 $n-m$，$\boldsymbol{p}_1$ 长为 g，$\boldsymbol{p}_2$ 长为 $m-g$。由 $\boldsymbol{H}\boldsymbol{x}^{\mathrm{T}}=\boldsymbol{0}$ 可得

$$\boldsymbol{A}\boldsymbol{s}^{\mathrm{T}}+\boldsymbol{B}\boldsymbol{p}_1^{\mathrm{T}}+\boldsymbol{T}\boldsymbol{p}_2=\boldsymbol{0} \tag{3-20}$$

$$(-\boldsymbol{E}\boldsymbol{T}^{-1}\boldsymbol{A}+\boldsymbol{C})\boldsymbol{s}^{\mathrm{T}}+(-\boldsymbol{E}\boldsymbol{T}^{-1}\boldsymbol{B}+\boldsymbol{D})\boldsymbol{p}_1^{\mathrm{T}}=\boldsymbol{0} \tag{3-21}$$

设 $-\boldsymbol{E}\boldsymbol{T}^{-1}\boldsymbol{B}+\boldsymbol{D}$ 可逆，令 $\boldsymbol{\varphi}=-\boldsymbol{E}\boldsymbol{T}^{-1}\boldsymbol{B}+\boldsymbol{D}$，则 $\boldsymbol{p}_1^{\mathrm{T}}=\boldsymbol{\varphi}^{-1}(-\boldsymbol{E}\boldsymbol{T}^{-1}\boldsymbol{A}+\boldsymbol{C})\boldsymbol{s}^{\mathrm{T}}$。求出 $\boldsymbol{\varphi}^{-1}(-\boldsymbol{E}\boldsymbol{T}^{-1}\boldsymbol{A}+\boldsymbol{C})$ 后可得第一个校验向量 $\boldsymbol{p}_1$。再根据式(3-20)，求出第二个校验向量为 $\boldsymbol{p}_2^{\mathrm{T}}=-\boldsymbol{T}^{\mathrm{T}}(\boldsymbol{A}\boldsymbol{s}^{\mathrm{T}}+\boldsymbol{B}\boldsymbol{p}_1^{\mathrm{T}})$。为降低计算复杂度，这里并不求出 $\boldsymbol{\varphi}^{-1}(-\boldsymbol{E}\boldsymbol{T}^{-1}\boldsymbol{A}+\boldsymbol{C})\boldsymbol{s}^{\mathrm{T}}$，而是将求 $\boldsymbol{p}_1^{\mathrm{T}}$ 的计算分解成几步进行，如表 3-1 所示。第 1、2、4 步是稀疏矩阵与向量相乘，计算复杂度为 $o(n)$，第 5 步是向量加，计算复杂度也为 $o(n)$，第 3 步中由于 $\boldsymbol{T}^{-1}\boldsymbol{A}\boldsymbol{s}^{\mathrm{T}}=\boldsymbol{y}^{\mathrm{T}}\Leftrightarrow\boldsymbol{A}\boldsymbol{s}^{\mathrm{T}}=\boldsymbol{T}\boldsymbol{y}^{\mathrm{T}}$，$\boldsymbol{T}$ 为下三角稀疏矩阵，可以利用回归算法求得 $\boldsymbol{y}^{\mathrm{T}}$，其计算复杂度仍为 $o(n)$，只有第 6 步中 $\boldsymbol{\varphi}^{-1}$ 是一个 $g\times g$ 高密度矩阵，计算复杂度为 $o(g^2)$，故 $\boldsymbol{p}_1^{\mathrm{T}}$ 的总计算复杂度为 $o(n+g^2)$。同理，$\boldsymbol{p}_2$ 的计算复杂度如表 3-2 所示。

表 3-1 $\boldsymbol{p}_1^{\mathrm{T}}$ 的计算复杂度

操作步骤	计算复杂度	注释
1. $\boldsymbol{C}\boldsymbol{s}^{\mathrm{T}}$	$o(n)$	稀疏矩阵向量相乘

续表

操作步骤	计算复杂度	注释
2. $\boldsymbol{A}\boldsymbol{s}^{\mathrm{T}}$	$o(n)$	稀疏矩阵向量相乘
3. $\boldsymbol{T}^{-1}\boldsymbol{A}\boldsymbol{s}^{\mathrm{T}}$	$o(n)$	$\boldsymbol{T}^{-1}\boldsymbol{A}\boldsymbol{s}^{\mathrm{T}}=\boldsymbol{y}^{\mathrm{T}}\Leftrightarrow\boldsymbol{A}\boldsymbol{s}^{\mathrm{T}}=\boldsymbol{T}\boldsymbol{y}^{\mathrm{T}}$
4. $-\boldsymbol{E}(\boldsymbol{T}^{-1}\boldsymbol{A}\boldsymbol{s}^{\mathrm{T}})$	$o(n)$	稀疏矩阵向量相乘
5. $-\boldsymbol{E}(\boldsymbol{T}^{-1}\boldsymbol{A}\boldsymbol{s}^{\mathrm{T}})+\boldsymbol{C}\boldsymbol{s}^{\mathrm{T}}$	$o(n)$	向量加
6. $\boldsymbol{\varphi}^{-1}[-\boldsymbol{E}(\boldsymbol{T}^{-1}\boldsymbol{A}\boldsymbol{s}^{\mathrm{T}})+\boldsymbol{C}\boldsymbol{s}^{\mathrm{T}}]$	$o(g^2)$	$g\times g$ 高密度矩阵和向量乘

表 3-2 $\boldsymbol{p}_2$ 的计算复杂度

操作步骤	计算复杂度	注释
1. $\boldsymbol{A}\boldsymbol{s}^{\mathrm{T}}$	$o(n)$	稀疏矩阵向量相乘
2. $\boldsymbol{B}\boldsymbol{p}_1^{\mathrm{T}}$	$o(n)$	稀疏矩阵向量相乘
3. $\boldsymbol{A}\boldsymbol{s}^{\mathrm{T}}+\boldsymbol{B}\boldsymbol{p}_1^{\mathrm{T}}$	$o(n)$	向量加
4. $-\boldsymbol{T}^{-1}(\boldsymbol{A}\boldsymbol{s}^{\mathrm{T}}+\boldsymbol{B}\boldsymbol{p}_1^{\mathrm{T}})$	$o(n)$	$-\boldsymbol{T}^{-1}(\boldsymbol{A}\boldsymbol{s}^{\mathrm{T}}+\boldsymbol{B}\boldsymbol{p}_1^{\mathrm{T}})=\boldsymbol{y}^{\mathrm{T}}\Leftrightarrow-\boldsymbol{A}\boldsymbol{s}^{\mathrm{T}}+\boldsymbol{B}\boldsymbol{p}_1^{\mathrm{T}}=\boldsymbol{T}\boldsymbol{y}^{\mathrm{T}}$

利用 LDPC 码校验矩阵的类三角结构进行编码是首先对校验矩阵进行行列变换后得到等价矩阵，应该满足 g 尽可能小，且 $\boldsymbol{\varphi}=-\boldsymbol{E}\boldsymbol{T}^{-1}\boldsymbol{B}+\boldsymbol{D}$ 可逆。然后计算式(3-19)，再根据表中的计算方法求$\boldsymbol{p}_1$ 和$\boldsymbol{p}_2$。最后求得发送码字向量 $\boldsymbol{x}=(\boldsymbol{s},\boldsymbol{p}_1,\boldsymbol{p}_2)$。

无论是 Gallager 还是 MacKay 等都是用随机方法构造 LDPC 码，用随机方法构造的 LDPC 码的码字参数选择灵活，但对于高码率、中短长度的 LDPC 码用随机法进行构造，要避免双向图中的四线循环是困难的，其没有一定的码结构，编码复杂度高。用 3.5.3 小节介绍的下三角形式法和类下三角形式法，可在一定程度上减少编码复杂度，但不能保证构造码的性能。代数法构造的 LDPC 码具有循环或准循环结构，编码非常简单；码字对应的双向图中没有四线循环，代数法构造的 LDPC 码用置信传播迭代译码进行仿真在 AWGN 信道下显示了良好的性能。本书将在第 5 章详细介绍 LDPC 码的代数构造。

3.6 二元 LDPC 码的译码

3.6.1 硬判决译码

比特翻转(bit flipping,BF)算法适合硬判决译码和快速译码。硬判决译码算法有一步大数逻辑(one-step majority-logic,OSMLG)译码算法[3,4]、比特翻转算法[4~6]等。

3.6.2 软判决译码

对数似然比(log-likelihood ratio,LLR)域与和积(sum-product,SP)算法是LDPC码的经典软判决译码算法[4~6]。基于图模型[7,8]的SP算法,可看成人工智能理论中贝叶斯网络上的Pearl置信传播(belief propagation,BP)算法在有环图上的应用[9,10],因此,SP算法也称为BP算法。无环条件下的BP算法在有限次迭代后可趋于逐符号最大后验概率(maximum a posterior probability,MAP)译码[11,12]。

对BP算法的几种典型的改进方案包括基于振荡处理的算法[13]、退火修正算法[12]、概率迭代算法[14]和排序统计译码(ordered statistics decoding,OSD)算法[15]等。此外,基于最优化理论得出的线性规划(linear programming,LP)算法[16]开拓了新的译码思路。相关学者对BP算法的其他改进研究可参考文献[17]~文献[19]。

在概率域和LLR域内对校验节点的消息更新进行简化的典型是文献[20]和文献[21]。相关学者在研究中注意到,将Turbo码的最大对数最大后验概率(max-log maximum a posteriori probability,max-log MAP)算法思想应用到和积译码算法中,可以得到适用于LDPC码的最小和(min sum,MS)算法[22]。

相比于BP算法,MS算法中校验节点传递给信息节点的信息可靠度的幅度有所增大[23,24]。归一化MS(normalized MS,NMS)算法和偏移MS(offset MS,OMS)算法是采用不同途径对外信息的幅度进行削弱处理得到的改进算法[23,24]。

Massey[3]提出的MAP算法可看成是对信息传递方式在列方向上的简化处理。更多相关研究可参考文献[25]~文献[27]。

3.6.3 混合译码算法

混合译码算法是对比特翻转算法和软判决译码算法的折中考虑。比较典型的包括加权一步大数逻辑(weighted one-step majority-logic,WMLG)算法[3,4]、加权比特翻转(weighted bit flipping,WBF)算法[4],以及它们的各种改进形式[28~38]。

3.7 深空通信中的LDPC码

CCSDS[39]建议的LDPC码是基于原模图的累积重复4锯齿累积(accumulate repeat-4 jagged-accumulate,AR4JA)码,如图3-17所示。图中信息节点由实心圆圈表示,校验节点由方框表示,删截的信息节点由空心圆圈表示,对应校验矩阵的第5列。原模图中允许存在并行边。

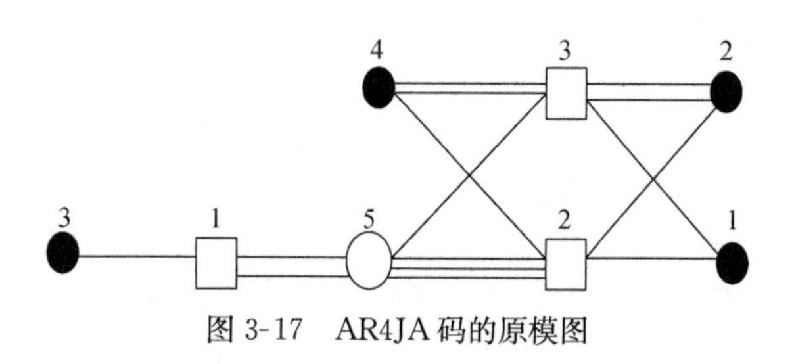

图 3-17　AR4JA 码的原模图

如图 3-17 所示的原模图构造的校验矩阵为

$$\boldsymbol{H}_{\text{base}}=\begin{bmatrix}0 & 1 & 1\\ 1 & 1 & 0\\ 1 & 2 & 0\end{bmatrix} \tag{3-22}$$

通过对原模图的扩展和置换就可得到不同码率和码长的码。CCSDS 给出了 9 种不同的 LDPC 码,分别适用于不同性能要求的场合,如表 3-3 所示。CCSDS 给出的 3 种不同码率的码的校验矩阵分别为

$$\boldsymbol{H}_{1/2}=\begin{bmatrix}\boldsymbol{0}_M & \boldsymbol{0}_M & \boldsymbol{I}_M & \boldsymbol{0}_M & \boldsymbol{I}_M\oplus\boldsymbol{\Pi}_1\\ \boldsymbol{I}_M & \boldsymbol{I}_M & \boldsymbol{0}_M & \boldsymbol{I}_M & \boldsymbol{\Pi}_2\oplus\boldsymbol{\Pi}_3\oplus\boldsymbol{\Pi}_4\\ \boldsymbol{I}_M & \boldsymbol{\Pi}_5\oplus\boldsymbol{\Pi}_6 & \boldsymbol{0}_M & \boldsymbol{\Pi}_7\oplus\boldsymbol{\Pi}_8 & \boldsymbol{I}_M\end{bmatrix} \tag{3-23}$$

$$\boldsymbol{H}_{2/3}=\begin{bmatrix}\boldsymbol{0}_M & \boldsymbol{0}_M & \\ \boldsymbol{\Pi}_9\oplus\boldsymbol{\Pi}_{10}\oplus\boldsymbol{\Pi}_{11} & \boldsymbol{I}_M & \boldsymbol{H}_{1/2}\\ \boldsymbol{I}_M & \boldsymbol{\Pi}_{12}\oplus\boldsymbol{\Pi}_{13}\oplus\boldsymbol{\Pi}_{44} & \end{bmatrix} \tag{3-24}$$

$$\boldsymbol{H}_{4/5}=\begin{bmatrix}\boldsymbol{0}_M & \boldsymbol{0}_M & \\ \boldsymbol{\Pi}_{21}\oplus\boldsymbol{\Pi}_{22}\oplus\boldsymbol{\Pi}_{23} & \boldsymbol{I}_M & \boldsymbol{H}_{3/4}\\ \boldsymbol{I}_M\,\boldsymbol{\Pi}_{24}\oplus\boldsymbol{\Pi}_{25}\oplus\boldsymbol{\Pi}_{26} & & \end{bmatrix} \tag{3-25}$$

$$\boldsymbol{H}_{3/4}=\begin{bmatrix}\boldsymbol{0}_M & \boldsymbol{0}_M & \\ \boldsymbol{\Pi}_{15}\oplus\boldsymbol{\Pi}_{16}\oplus\boldsymbol{\Pi}_{17} & \boldsymbol{I}_M & \boldsymbol{H}_{2/3}\\ \boldsymbol{I}_M & \boldsymbol{\Pi}_{18}\oplus\boldsymbol{\Pi}_{19}\oplus & \boldsymbol{\Pi}_{20}\end{bmatrix} \tag{3-26}$$

其中,$\boldsymbol{I}_M$ 和$\boldsymbol{0}_M$ 分别是大小为 M 的单位矩阵和零矩阵;$\boldsymbol{\Pi}_k$($k=1,2,\cdots,26$)是置换矩阵。转置矩阵$\boldsymbol{\Pi}_k$ 在行 i 和列 $\pi_k(i)$的位置上有非零元素,$\pi_k(i)$按式(3-27)计算:

$$\pi_k(i)=\frac{M}{4}\bmod\left(\theta_k+\left[\frac{4i}{M}\right],4\right)+\bmod\left(\varphi_k\left(\left[\frac{4i}{M}\right],M\right)+I,\frac{M}{4}\right),\quad i\in\{0,1,\cdots,M-1\} \tag{3-27}$$

其中,$\bmod(x,n)$表示 $x\bmod n$;θ_k 和 φ_k 需通过查对应的函数表得到[39]。码率为 4/5 时校验矩阵需要由 3/4 码率的校验矩阵延扩得到,这时一并给出。

表 3-3　CCSDS 给出的 9 种不同 LDPC 码参数[39]

信息位长	码长		
	码率 1/2	码率 2/3	码率 4/5
1024	2048	1536	1280
4096	8192	6144	5120
16384	32768	24576	20480

表 3-3 给出各个码的码长，表 3-4 给出各个码的度分布，表 3-5 给出构造(2048,1024)AR4JA 码时所需的 θ_k 和 φ_k。图 3-18～图 3-20 为 3 种不同码的校验矩阵，图中的点表示矩阵中的非零元素对应的位置，最后 M 列需要删截。

表 3-4　CCSDS 给出的 LDPC 码度分布特性[39]

码率	行重分布(前 M 行，后 $2M$ 行)	列重分布以 M 列为子块，从左至右
1/2	(3,6)	2,3,1,3,6
2/3	(3,10)	4,4,2,3,1,3,6
4/5	(3,18)	4,4,4,4,4,4,2,3,1,3,6

表 3-5　构造(2048,1024)AR4JA 码时函数 θ_k 和 φ_k 的取值[39]

k	θ_k	$\varphi_k(0,512)$	$\varphi_k(1,512)$	$\varphi_k(2,512)$	$\varphi_k(3,512)$
1	3	16	0	0	0
2	0	103	53	8	35
3	1	105	74	119	97
4	2	0	45	89	112
5	2	50	47	31	64
6	3	29	0	122	93
7	0	115	59	1	99
8	1	30	102	69	94

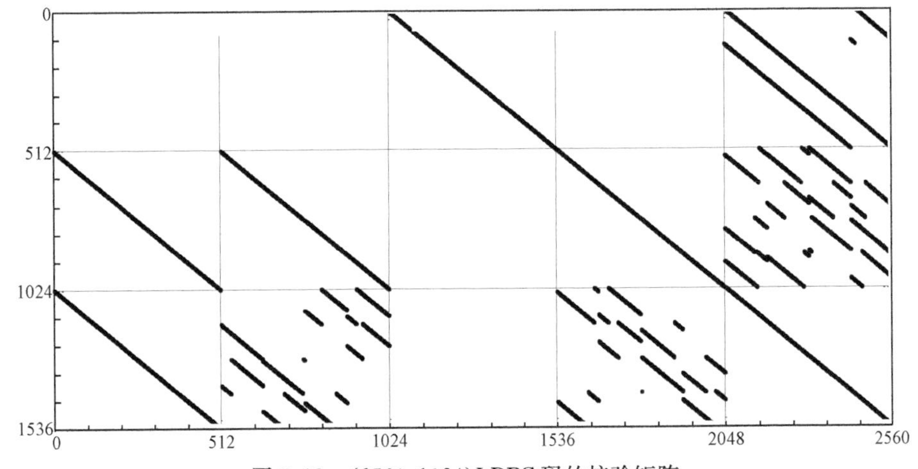

图 3-18　(2560,1024)LDPC 码的校验矩阵

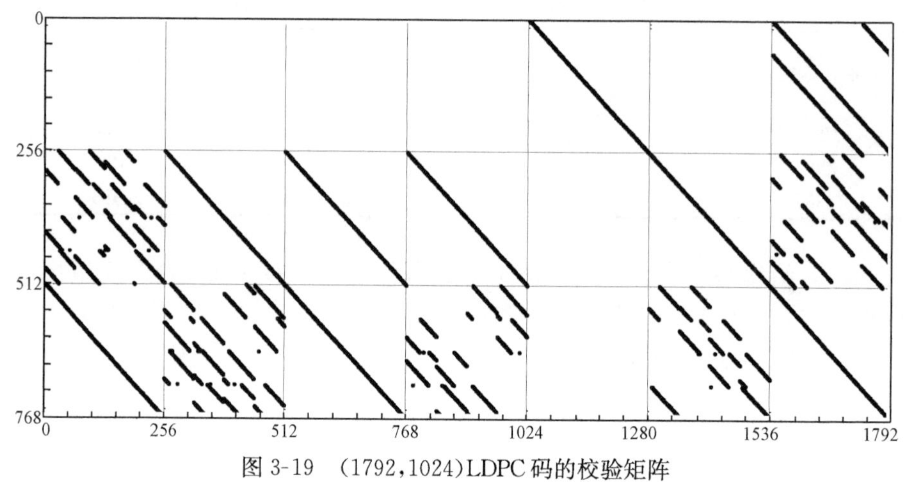

图 3-19　(1792,1024)LDPC 码的校验矩阵

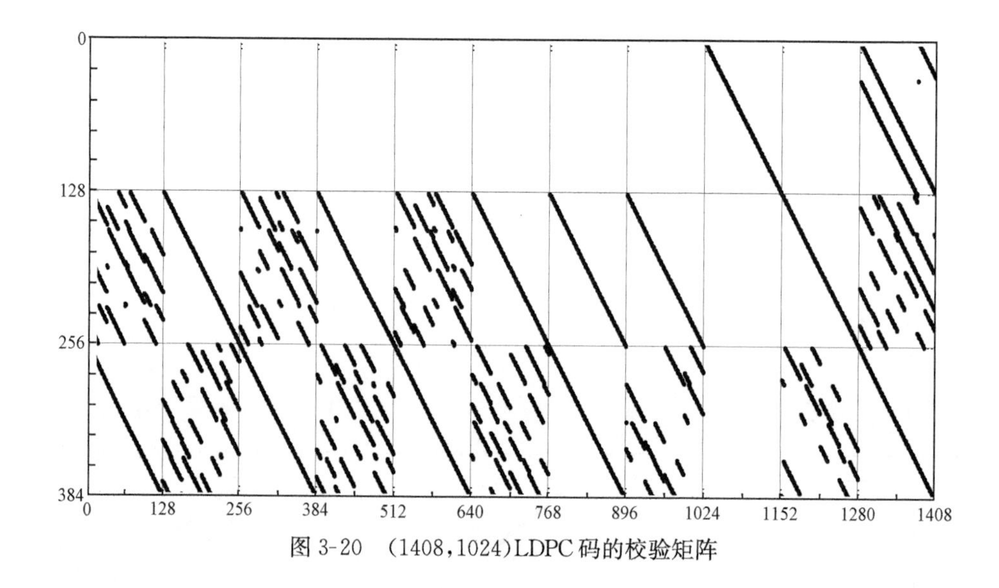

图 3-20　(1408,1024)LDPC 码的校验矩阵

3.8　级联编码和编码调制

比特交织编码调制(bit-interleaved coded modulation,BICM)系统结合 LDPC 码后,整个编码调制系统的传输性能和鲁棒性能都得到显著提高,且系统结构还能进一步简化。因此,LDPC-BICM 系统的交织器可与编码联合设计而被省略[40,41]。

此外,在 LDPC 码的译码更新过程中,信息节点 v 从校验节点获得的消息只与校验节点 c 相连的那些信息节点有关。校验矩阵的稀疏性使得与信息节点 v 相关的其他信息节点在矩阵中处于v的相邻位置的可能性非常小，因此，当信息节点v受较大衰落干扰时，与之相关的其他信息节点同时遭遇较大衰落的可能性非常小。这一特性常称为LDPC码的内交织特性[1]。

因此，虽然一般BICM系统在高斯信道下性能劣于经典网格编码调制（trellis coded modulation，TCM）系统，但是对LDPC-BICM加入迭代（iterative）解映射方式后形成的比特交织编码调制-迭代译码（bit-interleaved coded modulation with iterative decoding，BICM-ID）[42,43]系统的性能大大优于经典TCM系统和BICM系统。

3.9 本章小结

LDPC码可用二分图来直观描述。二分图包含信息节点集合、校验节点集合和边集合。当且仅当信息节点被校验节点校验约束时，二者间有边连接。二分图对于分析LDPC码的置信传播算法具有十分重要的作用。如果LDPC码所对应的二分图为规则双向图，则此码称为规则LDPC码，否则称为非规则LDPC码。另外，如果按照每个码元取值来分，可分为二元LDPC码和多元LDPC码。多元LDPC码优于二元LDPC码，但译码实现过程十分复杂，目前还未大规模应用。硬判决译码、软判决译码和混合译码是LDPC码的三大类常用译码算法。

参考文献

[1] 文红，符初生，周亮．LDPC码原理与应用[M]．成都：电子科技大学出版社，2006.

[2] Chung S Y，Forney G D，Richardson T J，et al. On the design of low-density parity-check codes within 0.0045dB of the Shannon limit[J]. IEEE Communications Letters，2001，5(2)：58-60.

[3] Massey J L. Threshold Decoding[M]. Cambridge：MIT Press，1963.

[4] Lin S，Costello Jr D J. Error Control Coding：Fundamentals and Application[M]. Englewood Cliffs：Prentice-Hall，1983.

[5] Gallager R G. Low-density parity-check codes[J]. IRE Transactions on Information Theory，1962，8(1)：21-28.

[6] Kou Y，Lin S，Fossorier M P C. Low-density parity-check codes based on finite geometries：A rediscovery and new results[J]. IEEE Transactions on Information Theory，2001，47(7)：2711-2736.

[7] Wiberg N. Codes and Decoding on General Graph[D]. Linköping：Linköping University，1996.

[8] Tanner R M. A recursive approach to low complexity codes[J]. IEEE Transactions on Information Theory，1981，27(5)：533-547.

[9] McEliece R J，MacKay D J C，Cheng J F. Turbo decoding as an instance of Pearl's 'belief

propagation' algorithm[J]. IEEE Journal on Selected Areas in Communications, 1998, 16(2): 140-152.

[10] Pearl J. Probabilistic Reasoning in Intelligent Systems: Networks of Plausible Inference [M]. San Francisco: Morgan Kaufmann Publishers, 1988.

[11] MacKay D J C, Near R M. Near Shannon limit performance of low-density parity-check codes[J]. Electronics Letters, 1997, 33(6): 457-458.

[12] Yazdani M R, Hemati S, Banihashemi A. Improving belief propagation on graphs with cycles[J]. IEEE Communications Letters, 2004, 8(1): 57-59.

[13] Gounai S, Ohtsuki T. Decoding algorithms based on oscillation for low-density parity-check codes[J]. IEICE Transactions on Fundamentals of Electronics Communications and Computer Sciences, 2005, 88(8): 2216-2226.

[14] Mao Y Y, Banihashemi A H. Decoding low-density parity-check codes with probabilistic scheduling[J]. IEEE Communications Letters, 2001, 5(10): 414-416.

[15] Fossorier M P C. Iterative reliability-based decoding of low-density parity check codes[J]. IEEE Journal on Selected Areas in Communications, 2001, 19(5): 908-917.

[16] Feldman J. Decoding Error-Correcting Codes via Linear Programming[D]. Cambridge: MIT, 2003.

[17] Yedidia J S, Freeman W T, Weiss Y. Constructing free-energy approximations and generalized belief propagation propagation algorithms [J]. IEEE Transactions on Information Theory, 2005, 51(7): 2282-2312.

[18] Xiao H, Banihashemi A H. Comments on successive relaxation for decoding of LDPC codes [J]. IEEE Transactions on Communications, 2009, 57(10): 2846-2848.

[19] Planjery S K. Iterative Decoding Beyond Belief Propagation of Low-Density Parity-Check Codes[D]. Tucson: The University of Arizona, 2013.

[20] Fossorier M P C, Mihaljevic M, Imai H. Reduced complexity iterative decoding low density parity-check codes based on belief propagation[J]. IEEE Transactions on Communications, 1999, 47(5): 673-680.

[21] Eleftheriou E, Mittelholzer T, Dholakia A. Reduced-complexity decoding algorithm for low-density parity-check codes[J]. Electronics Letters, 2001, 37(2): 102-104.

[22] Wei X, Akansu A N. Density evolution for low-density parity-check codes under max-log-MAP decoding[J]. Electronics Letters, 2001, 37(18): 1125-1126.

[23] Chen J H, Fossorier M P C. Near optimum universal belief propagation based on decoding of low-density parity-check codes[J]. IEEE Transactions on Communications, 2002, 50(3): 406-414.

[24] Chen J H, Dholakia A, Eleftheriou E, et al. Reduced-complexity decoding of LDPC codes [J]. IEEE Transactions on Communications, 2005, 53(8): 1288-1299.

[25] Zarkeshvari F, Banihashemi A H. On implementation of min sum algorithm for decoding low-density parity-check (LDPC) codes [C]//Global Telecommunications Conference,

Taipei,2002: 1349-1353.

[26] Darabiha A, Carusone A C, Kschischang F R. A bit-serial approximate min-sum LDPC decoder and FPGA implementation[C]//2006 IEEE International Symposium on Circuits and Systems, Island of Kos, 2006:149-152.

[27] Wu X F, Song Y, Jiang M, et al. Adaptive-normalized/offset min-sum algorithm[J]. IEEE Communications Letters, 2010, 14(7): 667-669.

[28] Guo F, Hanzo L. Reliability ratio based weighted bit-flipping decoding for low-density parity-check codes [J]. Electronics Letters, 2004, 40(21): 1356-1358.

[29] Jiang M, Zhao C M, Shi Z H, et al. An improvement on the modified weighted bit flipping decoding algorithm for LDPC codes [J]. IEEE Communications Letters, 2005, 9 (9): 814-816.

[30] Liu Z Y, Pados D A. A decoding algorithm for finite-geometry LDPC codes[J]. IEEE Transactions on Communications, 2005, 53(3): 415-421.

[31] Lee C H, Wolf W. Implementation-efficient reliability ratio based weighted bit-flipping decoding for LDPC codes[J]. Electronics Letters, 2005, 41(13): 755-757.

[32] Mobini N, Banihashemi A H, Hemati S. A differential binary message-passing LDPC decoder[J]. IEEE Transactions on Communications, 2009, 57(9): 2518-2523.

[33] Huang Q, Kang J Y, Zhang L, et al. Two reliability-based iterative majority-logic decoding algorithms for LDPC codes [J]. IEEE Transactions on Communications, 2009, 57(12): 3597-3606.

[34] Wadayama T, Nakamura K, Yagita M, et al. Gradient descent bit flipping algorithms for decoding LDPC codes [J]. IEEE Transactions on Communications, 2010, 58 (6): 1610-1614.

[35] 张立军,刘明华,卢萌. 低密度奇偶校验码加权大数逻辑译码研究[J]. 西安交通大学学报,2013,47(4): 35-38,50.

[36] Ngatched T M N, Bossert M, Fahrner A, et al. Two bit-flipping decoding algorithms for low-density parity-check codes[J]. IEEE Transactions on Communications, 2009, 57(3): 591-596.

[37] Ngatched T M N, Takawira F, Bossert M. An improved decoding algorithm for finite-geometry LDPC codes[J]. IEEE Transactions on Communications, 2009, 57(2): 302-306.

[38] Webber J, Nishimura T, Ohgane T, et al. Performance investigation of reduced complexity bit-flipping using variable thresholds and noise perturbation[C]//International Conference on Advanced Communication Technology, PyeongChang, 2014:206-213.

[39] The Consultative Committee for Space Data Systems. BB131. 0-B-2. TM Synchronization and Channel Coding[S]. Reston: CCSDS Press, 2013.

[40] Caire G, Taricco G, Biglieri E. Bit-interleaved code modulation[J]. IEEE Transactions on Information Theory, 1998, 44(3): 927-946.

[41] Brink S T, Kamer G, Ashikhmin A. Design of low-density parity-check codes for

modulation and detection [J]. IEEE Transactions on Communications, 2004, 52(4): 670-678.

[42] Brink S T, Speidel J, Han R H. Iterative demapping for QPSK modulation[J]. Electronics Letters, 1998, 34(15): 1459-1460.

[43] Li X D, Ritcey J A. Bit-interleaved coded modulation with iterative decoding using soft feedback[J]. Electronics Letters, 1998, 34(10): 942-943.

第 4 章　LDPC 码软判决译码算法

4.1 引　　言

本章重点阐述二元 LDPC 码的软判决译码算法。首先给出置信传播算法及多种简化算法，然后阐述这些算法间行列更新过程中的内在联系，接着给出对 LDPC 码译码性能进行评估的分析工具，最后对多元 LDPC 码的译码算法进行描述。本章重点论述二元 LDPC 码的置信传播算法与最小和算法行更新过程的内在联系，并给出一种低复杂度译码算法。

4.2 对数域译码算法

LDPC 码作为(N,K)线性分组码由$M(\geqslant N-K)$行N列的稀疏校验矩阵$\boldsymbol{H}=[h_{mn}]$确定。对于二元规则 LDPC 码，$\boldsymbol{H}$ 的每一行中“1”的数量恒定为 d_c，并记$\boldsymbol{A}(m)=\{n:h_{mn}=1\}$；$\boldsymbol{H}$ 的每一列中“1”的数量恒定为 d_v，并记 $\boldsymbol{B}(n)=\{m:h_{mn}=1\}$。码字 $\boldsymbol{w}=(w_1,w_2,\cdots,w_n,\cdots,w_N)$满足 $\boldsymbol{w}\boldsymbol{H}^T=(0,0,\cdots,0)$。记二元符号 w_n 为数值符号 w_n，则码字 $\boldsymbol{w}$ 的 BPSK 调制信号为 $\widetilde{\boldsymbol{w}}=(1-2w_1,\cdots,1-2w_n,\cdots,1-2w_N)$。$\widetilde{\boldsymbol{w}}$ 经 AWGN 信道传输后输出为 $\boldsymbol{r}=(r_1,r_2,\cdots,r_n,\cdots,r_N)$，$r_n=(1-2w_n)+\eta_n$，$\eta_n$ 为高斯白噪声。

译码的目的是通过 $\boldsymbol{r}$ 在码字空间 $\boldsymbol{C}(N,K)$中求得 $\boldsymbol{w}$ 的估值 $\hat{\boldsymbol{w}}$，则条件译码错误概率为[1~3]

$$P(\text{error}|\boldsymbol{r})=P(\boldsymbol{w}\neq\hat{\boldsymbol{w}}|\boldsymbol{r}) \tag{4-1}$$

译码的码字错误概率为[1~3]

$$P(\text{word})=\sum_{r}P(\boldsymbol{r})P(\boldsymbol{w}\neq\hat{\boldsymbol{w}}\mid\boldsymbol{r}) \tag{4-2}$$

由于 $P(\boldsymbol{r})$与噪声信道的统计特性有关，而与译码算法无关，故有[1~3]

$$\min P(\text{word})\Leftrightarrow\min_{\hat{\boldsymbol{w}}\in\boldsymbol{C}}P(\boldsymbol{w}\neq\hat{\boldsymbol{w}}|\boldsymbol{r})\Leftrightarrow\max_{\hat{\boldsymbol{w}}\in\boldsymbol{C}}P(\boldsymbol{w}=\hat{\boldsymbol{w}}|\boldsymbol{r}) \tag{4-3}$$

使得 $P(\boldsymbol{w}=\hat{\boldsymbol{w}}|\boldsymbol{r})$最大的译码就是 MAP 译码[1~3]。

由贝叶斯公式有

$$P(\boldsymbol{w}=\hat{\boldsymbol{w}}|\boldsymbol{r})=P(\boldsymbol{w})P(\boldsymbol{r}|\boldsymbol{w})/P(\boldsymbol{r}) \tag{4-4}$$

如果假设码字等概发送，MAP 译码等效于最大似然译码（maximum likelihood

decoding,MLD)[1~3]。

记错误图样为 $\boldsymbol{e}=(e_1,e_2,\cdots,e_n,\cdots,e_N)$，则信道硬判决输出 $\boldsymbol{x}=(x_1,x_2,\cdots,x_n,\cdots,x_N)$，满足 $x_n=w_n\oplus e_n=(w_n+e_n)\bmod 2$。伴随式记为 $\boldsymbol{s}=\boldsymbol{x}\boldsymbol{H}^{\mathrm{T}}=(s_1,s_2,\cdots,s_m,\cdots,s_M)$。比特后验概率对数似然比定义为

$$L_n=\ln\frac{P(w_n=0\mid r_n)}{P(w_n=1\mid r_n)}=\frac{4}{N_0}r_n \tag{4-5}$$

4.2.1 对数域 BP 算法

维特比算法和 BCJR(Bahl,Cocke,Jelinek,Raviv)算法的提出都得益于用网格图描述卷积码[2]。LDPC 码可用 Tanner 图(也称为二分图)来直观描述[2]。Tanner 图包含信息节点集合、校验节点集合和边集合。当且仅当信息节点被校验节点校验约束时,二者由边连接。BP 算法是基于 Tanner 图的逐符号、软输入软输出(soft input soft output,SISO)MAP 译码算法[2]。图 4-1为(7,3)规则 LDPC 码的校验矩阵和对应的 Tanner 图[2]。

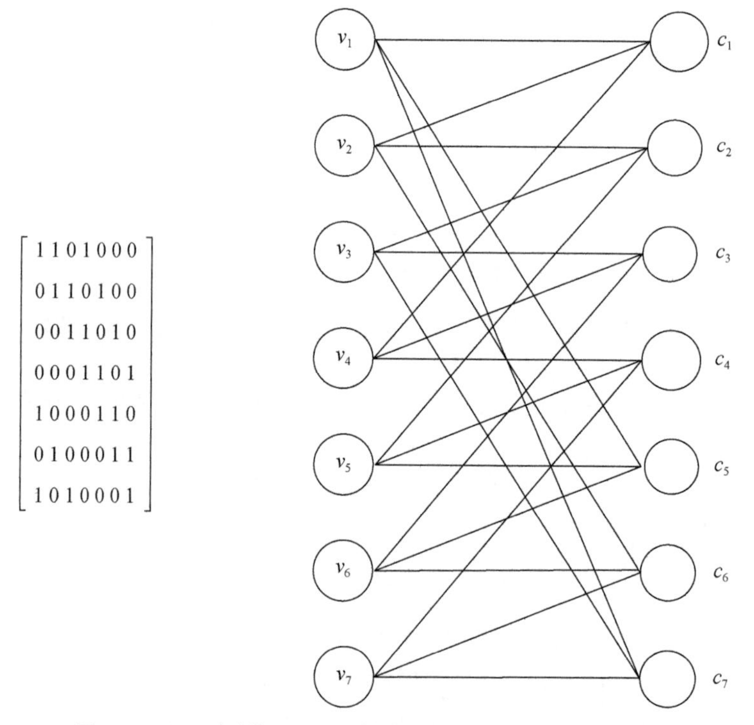

图 4-1　(7,3)规则 LDPC 码的校验矩阵和对应的 Tanner 图

Tanner 图不仅能直观描述码元与校验元间的约束关系，而且能清晰展示 BP 算法的核心思想：可靠度信息在节点间沿边双向传递。图 4-2 给出 LLR 域 BP 算法中，基于局部 Tanner 图的信息更新过程。在图 4-2 中，每个信息节点同时被 d_v 个校验节点约束，每个校验节点同时校验 d_c 个信息节点。

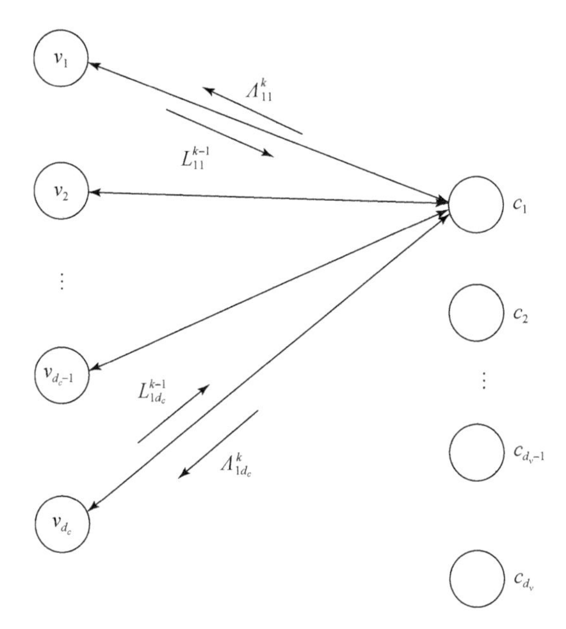

(a)基于局部Tanner图的校验节点信息更新过程

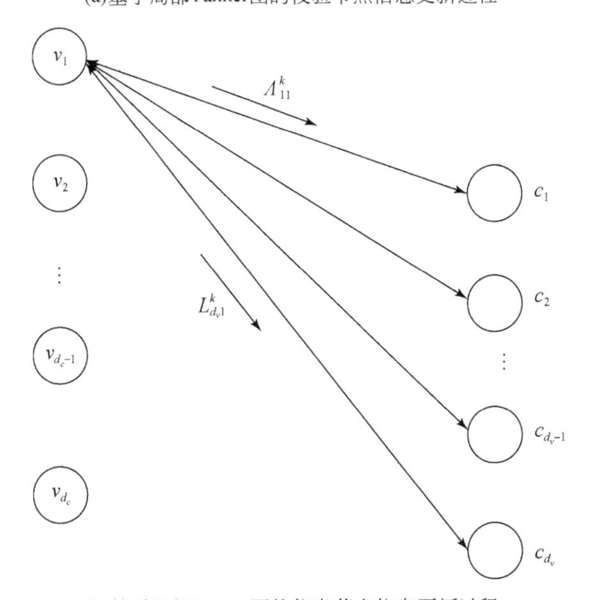

(b)基于局部Tanner图的信息节点信息更新过程

图 4-2　LLR 域 BP 算法基于局部 Tanner 图的信息更新过程

LLR 域 BP 算法的译码步骤如下[3,4]。

步骤 1: 设定迭代次数 k 的初值为 1,最大值为 $K_{\max}$。v_n 的初始 LLR 值 L_n^0 为 L_n,v_n 传递给 c_m 的初始可靠度信息 L_{mn}^0 为 L_n^0。

步骤 2: 更新 c_m 向 v_n 传递的信息 Λ_{mn}^k 为

$$\Lambda_{mn}^k = 2\operatorname{artanh} \prod_{n' \in \boldsymbol{A}(m)\backslash n} \tanh(L_{mn'}^{k-1}/2) \tag{4-6}$$

步骤 3: 更新 v_n 的 LLR 值 L_n^k 和 v_n 传递给 c_m 的信息 L_{mn}^k 分别为

$$L_n^k = L_n + \sum_{m \in \boldsymbol{B}(n)} \Lambda_{mn}^k \tag{4-7}$$

$$L_{mn}^k = L_n + \sum_{m' \in \boldsymbol{B}(n)\backslash m} \Lambda_{m'n}^k \tag{4-8}$$

步骤 4: 若 $L_n^k \geqslant 0$,则 $x_n=0$;若 $L_n^k<0$,则 $x_n=1$。利用 $\boldsymbol{x}$ 计算 $\boldsymbol{s}$,如果 $\boldsymbol{s}$ 全零,那么终止迭代,输出 $\boldsymbol{x}$;如果 $\boldsymbol{s}$ 不全为零,但 $k>K_{\max}$,那么也终止迭代,输出 $\boldsymbol{x}$。否则,$k=k+1$,跳至步骤 2。

依据 Tanh 准则[5],式(4-6)可变为

$$\Lambda_{mn}^k = \prod_{n' \in \boldsymbol{A}(m)\backslash n} \operatorname{sign}(L_{mn'}^{k-1}) 2\operatorname{artanh}\left[\prod_{n' \in \boldsymbol{A}(m)\backslash n} \tanh(|L_{mn'}^{k-1}|/2)\right] \tag{4-9}$$

Gallager 函数[6]或对合变换(involution transform,IT)函数[4]定义为

$$\Phi(x) = \ln \frac{\exp(x)+1}{\exp(x)-1} \tag{4-10}$$

则 $\Phi(x) = -\ln\left[\tanh\left(\frac{1}{2}x\right)\right]$,$\Phi^{-1}[\Phi(x)]=x$,$\Phi^{-1}(x)=\Phi(x)$。从而有

$$\begin{aligned}
|\Lambda_{mn}^k| &= 2\operatorname{artanh} \prod_{n' \in \boldsymbol{A}(m)\backslash n} \tanh(|L_{mn'}^{k-1}|/2) \\
&= 2\operatorname{artanh}\left(\exp\left\{\ln\left[\prod_{n' \in \boldsymbol{A}(m)\backslash n} \tanh(|L_{mn'}^{k-1}|/2)\right]\right\}\right) \\
&= 2\operatorname{artanh}\left(\exp\left\{\sum_{n' \in \boldsymbol{A}(m)\backslash n} ln\left[\tanh(|L_{mn'}^{k-1}|/2)\right]\right\}\right) \\
&= \Phi^{-1}\left[\sum_{n' \in \boldsymbol{A}(m)\backslash n} \Phi(|\mathrm{L}_{mn'}^{k-1}|)\right] = \Phi\left[\sum_{n' \in \boldsymbol{A}(m)\backslash n} \Phi(|\mathrm{L}_{mn'}^{k-1}|)\right]
\end{aligned} \tag{4-11}$$

由式(4-11)可得[4]

$$\Lambda_{mn}^k = \prod_{n' \in \boldsymbol{A}(m)\backslash n} \operatorname{sign}(L_{mn'}^{k-1}) \Phi^{-1}\left[\sum_{n' \in \boldsymbol{A}(m)\backslash n} \Phi(|L_{mn'}^{k-1}|)\right] \tag{4-12}$$

此外,式(4-6)又可等价描述为[2,5,7]

$$\begin{aligned}
\Lambda_{mn}^k &= \ln \frac{1+\prod_{n' \in \boldsymbol{A}(m)\backslash n} (\tanh L_{mn'}^{k-1}/2)}{1-\prod_{n' \in \boldsymbol{A}(m)\backslash n} (\tanh L_{mn'}^{k-1}/2)} \\
&= \ln \frac{\prod_{n' \in \boldsymbol{A}(m)\backslash n} [\exp(L_{mn'}^{k-1})+1] + \prod_{n' \in \boldsymbol{A}(m)\backslash n} [\exp(L_{mn'}^{k-1})-1]}{\prod_{n' \in \boldsymbol{A}(m)\backslash n} [\exp(L_{mn'}^{k-1})+1] - \prod_{n' \in \boldsymbol{A}(m)\backslash n} [\exp(L_{mn'}^{k-1})-1]}
\end{aligned} \tag{4-13}$$

BP 算法的计算复杂度与 Tanner 图中边的数量呈线性增长关系[2,7]。边的数量即为 $\boldsymbol{H}$ 中非零元素的数量，而非零元素的数量与码长 N 呈线性增长关系[6,7]，故 BP 算法的计算复杂度与码长 N 呈线性增长关系。

4.2.2 归一化和偏移 BP 算法

如果二分图能表示成树结构（二分图无环），则沿边双向传递的可靠度信息相互独立。经有限次（二分图直径的 1/2）迭代后，BP 算法能得到信息节点的精确后验 LLR 值[2,5,8]，从而收敛于逐符号 MAP 算法。

码长 N 趋于无穷大能保证二分图无环。有限长 LDPC 码不可避免地存在一定数量的短环[2]。短环的存在使得边信息独立传递的假设在一定迭代次数（二分图周长的 1/2）后被破坏，BP 算法变为次优算法[9]。次优算法必然带来信息节点平均不确定度的降低[9]。图 4-3 给出"外信息"幅度 $|L_{mn}^k|$ 与平均不确定度的关系曲线[9]。

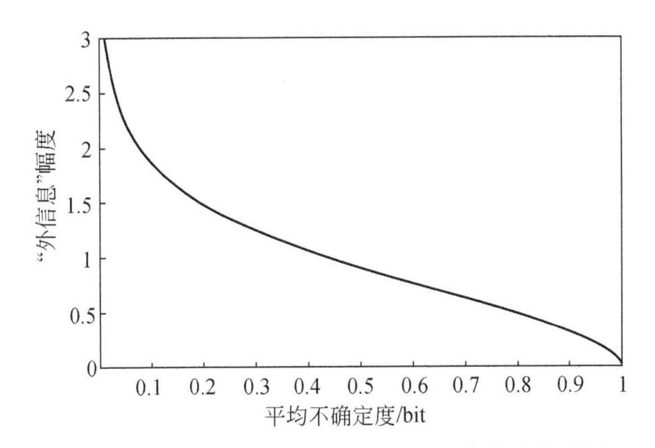

图 4-3　"外信息"幅度 $|L_{mn}^k|$ 与平均不确定度关系图

由图 4-3 可知，v_n 传递给 c_m 的"外信息"幅度 $|L_{mn}^k|$ 是平均不确定度的单调递减函数[9]，则互信息 $I(|L_{mn}^k|, v_n)$ 是 $|L_{mn}^k|$ 的单调递增函数[10]。"外信息"幅度 $|L_{mn}^k|$ 被"过估计"(overestimation)是次优算法的特性之一。线性加权或偏移修正处理能实现退火修正。因此，文献[9]提出了归一化置信传播（normalized belief propagation，NBP）算法和偏移置信传播（offset belief propagation，OBP）算法。此时有

$$L_{mn}^k = \alpha L_{mn}^k$$

$$L_{mn}^k = \begin{cases} \operatorname{sign}(L_{mn}^k)(|L_{mn}^k| - \beta), & |L_{mn}^k| > \beta \\ L_{mn'}^k, & |L_{mn}^k| \leqslant \beta \end{cases}$$

其中，$\alpha(0<\alpha\leqslant 1)$ 和 $\beta(\beta\geqslant 0)$ 分别为待优化的归一化因子和偏移因子[9]。

归一化处理同样适用于软输出维特比算法[11]（soft output Viterbi algorithm，SOVA）。Turbo 码的最优译码是对整个码采用 MLD[2]。整个码的状态转移较

多，MLD 计算复杂度极高。实际应用中，低复杂度次优译码方案作为首选：每个分量译码器采用 SISO 译码，且把输出的“外信息”作为其他译码器的先验信息[12,13]。此时，每个分量译码器得到的信息幅度被“过估计”，归一化和偏移修正处理能改善译码性能[14]。

4.3 低复杂度的 LDPC 码译码算法

由式(4-6)可知，BP 算法涉及大量指数运算和对数运算，当采用洪水机制进行信息更新时，复杂度相对较高。

众多学者对性能和计算复杂度进行合理折中，得到多种典型的低复杂度算法[4,15~17]。其中，BP-based 算法和 MS 算法虽然描述形式不同[4]，但二者等价。

4.3.1 迭代 log-MAP 算法

若记 x_n 发生错误的初始概率为 q_n，则 $q_n=P(e_n=1|r_n)=P(w_n\neq x_n|r_n)$。若记 x_n 发生错误的后验概率(a posteriori probability，APP)为q_n[15]，对于 log-MAP 算法有[16~18]

$$\begin{aligned}\ln\left(\frac{q_n}{1-q_n}\right)&=\ln\left[\frac{P(e_n=1|\boldsymbol{s}_{mn},\boldsymbol{r})}{P(e_n=0|\boldsymbol{s}_{mn},\boldsymbol{r})}\right]\\&=\ln\left[\frac{P(\boldsymbol{s}_{mn}|e_n=1,\boldsymbol{r})}{P(\boldsymbol{s}_{mn}|e_n=0,\boldsymbol{r})}\right]+\ln\left(\frac{q_n}{1-q_n}\right)\\&=(2s_m-1)\sum_{m\in\boldsymbol{B}(n)}\ln\left(\frac{1-\tau_{mn}}{\tau_{mn}}\right)-\frac{4}{N_0}|r_n|\end{aligned}\tag{4-14}$$

其中，$\boldsymbol{s}_{mn}$表示与 v_n 相关的伴随式；τ_{mn} 表示$\{\boldsymbol{v}_{mn}\backslash v_n\}$中有奇数个错误的概率；$\boldsymbol{v}_{mn}$表示 c_m 校验的信息节点。

由文献[15]可知：

$$\begin{cases}\tau_{mn}=\dfrac{1}{2}\left[1-\prod\limits_{n'\in\boldsymbol{A}(m)\backslash n}(1-2q_{mn'})\right]\\1-\tau_{mn}=\dfrac{1}{2}\left[1+\prod\limits_{n'\in\boldsymbol{A}(m)\backslash n}(1-2q_{mn'})\right]\end{cases}\tag{4-15}$$

则有

$$\ln\left(\frac{1-\tau_{mn}}{\tau_{mn}}\right)=2\operatorname{artanh}\prod_{n'\in\boldsymbol{A}(m)\backslash n}\tanh(|L_{mn'}|/2)\tag{4-16}$$

式(4-16)还可等价描述为

$$\ln\left(\frac{1-\tau_{mn}}{\tau_{mn}}\right)=\Phi^{-1}\left[\sum_{n'\in\boldsymbol{A}(m)\backslash n}\Phi(|L_{mn'}|)\right]\tag{4-17}$$

迭代 log-MAP 算法的实现步骤如下[18]。

步骤1:设定迭代次数 k 的初始值为1,最大值为 $K_{\max}$。v_n 的初始信息 L_n^0 设定为 $|L_n|$,v_n 传递给 c_m 的初始可靠度信息 L_{mn}^0 设定为 L_n^0。硬判决序列初始化为 x。

步骤2:对每个 c_m 计算

$$\begin{cases} s_m = \sum_{n \in \boldsymbol{A}(m)} x_{mn} \bmod 2 \\ \ln\left(\frac{1-\tau_{mn}}{\tau_{mn}}\right) = 2\operatorname{artanh} \prod_{n' \in \boldsymbol{A}(m) \setminus n} \tanh(|L_{mn'}|/2) \end{cases} \tag{4-18}$$

步骤3:对每个 v_n 计算

$$z_n = \sum_{m \in \boldsymbol{B}(n)} (2s_m - 1)\ln\left(\frac{1-\tau_{mn}}{\tau_{mn}}\right) - L_n^0 \tag{4-19}$$

步骤4:判决和可靠度信息更新传递。

(1)如果 $z_n > 0$,则 $x_n = (x_n + 1) \bmod 2$。

(2)对所有的 n,令 $L_{mn}^k = |z_n|$。

步骤5:用步骤4得到的 $\boldsymbol{x}$ 计算 $\boldsymbol{s}$,若 $\boldsymbol{s}$ 为全零,则终止迭代,输出 $\boldsymbol{x}$;若 $\boldsymbol{s}$ 不为全零,但 $k > K_{\max}$,也终止迭代,输出 $\boldsymbol{x}$。否则 $k = k+1$,跳至步骤2。

log-MAP算法可看成文献[17]中算法的循环形式。log-MAP算法与BP算法的不同之处有两点:①c_m 传递给 v_n 的信息形式不同,前者是 e_n 的LLR值,后者是 v_n 的LLR值;②前者的 v_n 传递给每个 c_m 的信息相同,后者传递的是“外信息”[8],即log-MAP算法的“列更新”过程更加简单。

4.3.2 基于APP的简化算法

由式(4-19)可知,log-MAP算法涉及大量指数和对数运算,计算复杂度较高。作为log-MAP算法的简化形式,基于APP的(APP-based)简化算法对log-MAP算法的“行更新”过程进行近似,计算复杂度大大降低。

图4-4给出 $x > 0$ 时的 $\Phi(x)$ 示意图。由图4-4可知,$\Phi(x)$ 和 x 成反比,且随着 x 的减小,$\Phi(x)$ 迅速增大,则对 $\sum_{n' \in \boldsymbol{A}(m) \setminus n} \Phi(L_{mn'})$ 起最大作用的是 $\Phi(\min_{n' \in \boldsymbol{A}(m) \setminus n} \{L_{mn'}\})$,故有

$$\ln\left(\frac{1-\tau_{mn}}{\tau_{mn}}\right) = \Phi^{-1}\left[\sum_{n' \in \boldsymbol{A}(m) \setminus n} \Phi(L_{mn'}^{k-1})\right] \approx \min_{n' \in \boldsymbol{A}(m) \setminus n} \{L_{mn'}\} = \frac{4}{N_0} \min_{n' \in \boldsymbol{A}(m) \setminus n} \{|r_{mn'}|\} \tag{4-20}$$

式(4-20)称为Tanh准则的简化形式[8]。由式(4-20)可知,式(4-19)可变为

$$\ln\left(\frac{q_n}{1-q_n}\right) = (2s_m - 1)\frac{4}{N_0} \sum_{m \in \boldsymbol{B}(n)} \min_{n' \in \boldsymbol{A}(m) \setminus n} \{|r_{mn'}|\} - \frac{4}{N_0}|r_n| \tag{4-21}$$

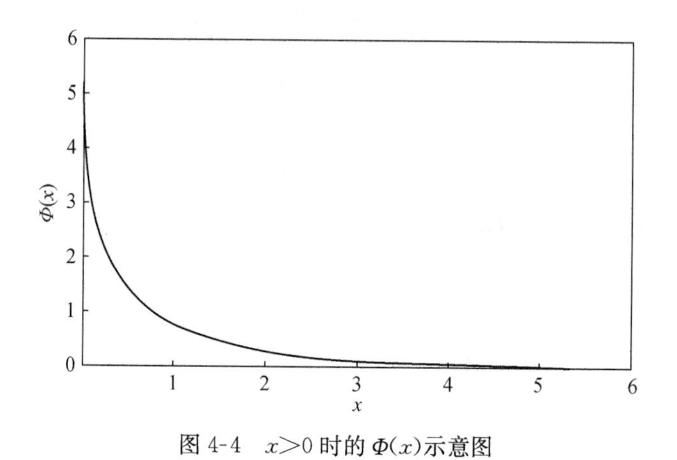

图 4-4 $x>0$ 时的 $\Phi(x)$ 示意图

每次迭代的判决结果由式(4-21)的符号决定，故信道可靠度信息项 $4/N_0$ 并不影响判决结果，因此在第 1 次迭代后，式(4-21)可变为

$$\ln\left(\frac{q_n}{1-q_n}\right)'=(2s_m-1)\sum_{m\in\boldsymbol{B}(n)}\min_{n'\in\boldsymbol{A}(m)\backslash n}\{|r_{mn'}|\}-|r_n| \tag{4-22}$$

简化后的信息更新过程不涉及非线性运算，因此用式(4-22)取代式(4-21)不会对随后的迭代过程产生任何影响。由此得到 APP-based 算法。此时式(4-18)和式(4-19)分别变为

$$\begin{cases}s_m=\sum\limits_{n\in\boldsymbol{A}(m)}x_{mn}\bmod 2\\ \ln\left(\dfrac{1-\tau_{mn}}{\tau_{mn}}\right)=\min\limits_{n'\in\boldsymbol{A}(m)\backslash n}\{|r_{mn'}|\}\end{cases} \tag{4-23}$$

$$z_n=(2s_m-1)\sum_{m\in\boldsymbol{B}(n)}\min_{n'\in\boldsymbol{A}(m)\backslash n}\{|r_{mn'}|\}-|r_n| \tag{4-24}$$

归一化 APP-based 算法[16]则是将式(4-24)用式(4-25)代替：

$$z_n=\alpha\sum_{m\in\boldsymbol{B}(n)}(2s_m-1)\min_{n'\in\boldsymbol{A}(m)\backslash n}\{|r_{mn'}|\}-|r_n| \tag{4-25}$$

其中，$\alpha(0<\alpha\leqslant 1)$为归一化因子。

对于码长为 N、列重为 J、行重为 $2J$ 的规则二元 LDPC 码，概率域 BP 算法每次迭代共需 $11J-9N$ 次乘法运算、$N(J+1)$次除法运算和 $N(3J+1)$次加法运算[15]。APP-based 算法则只涉及加法运算，且至多需要 $2NJ+N/2\lceil\log_2 2J\rceil-N$ 次加法运算，其中，$\lceil\cdot\rceil$为向上取整函数。

4.3.3 基于 BP 的简化算法

在基于 APP 的简化算法中，v_n 传递给每个 c_m 的信息相同，故 s_m 由以下步骤 4 中的判决结果决定。在 BP 算法中，v_n 将“外信息”传递给 c_m，c_m 根据得到的“外信

息”进行“行更新”。根据此种信息传递策略可得到基于 BP 的(BP-based)简化算法。

BP-based 算法步骤可描述如下[15]。

步骤 1:设定迭代次数 k 的初值为 1,终值为 $K_{\max}$。v_n 初始信息 L_n^0 设定为 $|r_n|$,v_n 传递给 c_m 的初始信息 z_{mn} 设定为 r_n。硬判决序列 $\boldsymbol{x}^0=(x_1^0,x_2^0,\cdots,x_n^0,\cdots,x_N^0)$ 初始化为 $\boldsymbol{x}$。c_m 校验约束的信息节点 $\{x_{mn}\mid n\in\boldsymbol{A}(m)\}$ 也由 $\boldsymbol{x}$ 初始化。

步骤 2:对每个 c_m 计算

$$\begin{cases} s_{mn}=x_n^0\oplus\left(\sum\limits_{n'\in\boldsymbol{A}(m)\backslash n}x_{mn'}\bmod 2\right) \\ \ln\left(\dfrac{1-\tau_{mn}}{\tau_{mn}}\right)=\min\limits_{n'\in\boldsymbol{A}(m)\backslash n}\{|z_{mn'}|\} \end{cases} \tag{4-26}$$

步骤 3:对每个 v_n 计算

$$z_n=\sum_{m\in\boldsymbol{B}(n)}(2s_{mn}-1)\min_{n'\in\boldsymbol{A}(m)\backslash n}\{|z_{mn'}|\}-L_n^0 \tag{4-27}$$

$$z_{mn}=\sum_{m'\in\boldsymbol{B}(n)\backslash m}(2s_{m'n}-1)\min_{n'\in\boldsymbol{A}(m)\backslash n}\{|z_{m'n'}|\}-L_n^0 \tag{4-28}$$

步骤 4:判决和可靠度信息的传递。

(1)若 $z_n>0$,则 $x_n=(x_n^0+1)\bmod 2$,v_n 向 c_m 传递可靠度信息 z_{mn}。

(2)若 $z_{mn}\leqslant 0$,则 $x_{mn}=x_n^0$,否则 $x_{mn}=(x_n^0+1)\bmod 2$。

步骤 5:用步骤 4 得到的 $\boldsymbol{x}$ 计算 $\boldsymbol{s}$,若 $\boldsymbol{s}$ 全零,则终止迭代,输出 $\boldsymbol{x}$;若 $\boldsymbol{s}$ 非全零,但 $k>K_{\max}$,则也终止迭代,输出 $\boldsymbol{x}$。否则 $k=k+1$,跳至步骤 2。

类似于 APP-based 算法,BP-based 算法只涉及加法运算,每次迭代至多需要 $4N(J-1)+N/2\lceil\log_2 2J\rceil$ 次加法运算[15]。再结合 4.3.2 小节的分析可知,BP-based 算法的计算复杂度约为 APP-based 算法的两倍[15]。

4.3.4 MS 算法

BP-based 算法得出 e_n 的 LLR 值,MS 算法是 BP-based 算法的一种等价描述形式[4]。

当 c_m 收到的多个输入信息满足统计独立条件时,LLR 域相加运算定义为[8]

$$L(L_{m1}^k\oplus L_{m2}^k\oplus\cdots\oplus L_{mQ}^k)=\prod_{n=1}^{Q}\operatorname{sign}(L_{mn}^k)2\operatorname{artanh}\left[\prod_{n=1}^{Q}\tanh(|L_{mn}^k|/2)\right] \tag{4-29}$$

对于两输入的 LLR 域相加运算有[5]

$$\begin{aligned} &L(L_{m1}^k\oplus L_{m2}^k) \\ =&\operatorname{sign}(L_{m1}^k)\operatorname{sign}(L_{m2}^k)\min(|L_{m1}^k|,|L_{m2}^k|) \\ &+\ln\{1+\exp[-(|L_{m1}^k+L_{m2}^k|)]\}-\ln\{1+\exp[-(|L_{m1}^k-L_{m2}^k|)]\} \end{aligned}$$

高信噪比条件下，有近似关系[8]：

$$L(L_{m1}^k \oplus L_{m2}^k) \approx \mathrm{sign}(L_{m1}^k)\,\mathrm{sign}(L_{m2}^k)\min(|L_{m1}^k|,|L_{m2}^k|)$$

多输入时的近似关系为

$$L(L_{m1}^k \oplus L_{m2}^k \oplus \cdots \oplus L_{mQ}^k) \approx \prod_{n=1}^{Q} \mathrm{sign}(L_{mn}^k) \min_{n=1,2,\cdots,Q}\{|L_{mn}^k|\} \tag{4-30}$$

故式(4-6)可变为

$$\Lambda_{mn}^k \approx \prod_{n' \in \boldsymbol{A}(m)\backslash n} \mathrm{sign}(L_{mn'}^{k-1}) \min_{n' \in \boldsymbol{A}(m)\backslash n}\{|L_{mn'}^{k-1}|\} \tag{4-31}$$

将式(4-6)用式(4-31)代替，即得到 MS 算法。MS 算法也称为一致最优(uniformly most powerful, UMP) BP-based 算法[15]。

考虑 $\Phi^{-1}[\Phi(x)]=x$，则式(4-31)可变为[4]

$$\Lambda_{mn}^k \approx \prod_{n' \in \boldsymbol{A}(m)\backslash n} \mathrm{sign}(L_{mn'}^{k-1})\Phi^{-1}[\Phi(\min_{n' \in \boldsymbol{A}(m)\backslash n}\{|L_{mn'}^{k-1}|\})]$$

式(4-12)可表示为

$$\Lambda_{mn}^k = \prod_{n' \in \boldsymbol{A}(m)\backslash n} \mathrm{sign}(L_{mn'}^{k-1})\Phi^{-1}[\Phi(\min_{n' \in \boldsymbol{A}(m)\backslash n}\{|L_{mn'}^{k-1}|\})+\Theta]$$

其中，$\Theta = \sum_{n' \in \boldsymbol{A}(m)\backslash n} \Phi(|L_{mn'}^{k-1}|) - \Phi(\min_{n' \in \boldsymbol{A}(m)\backslash n}(|L_{mn'}^{k-1}|))$。

由 $\Phi^{-1}[\Phi(x)]=x$ 可知 $\Phi^{-1}(x)$ 在 $x>0$ 时为单调递减函数。

显然，有

$$\Phi(\min_{n' \in \boldsymbol{A}(m)\backslash n}\{|L_{mn'}^{k-1}|\})+\Theta \geqslant \Phi(\min_{n' \in \boldsymbol{A}(m)\backslash n}\{|L_{mn'}^{k-1}|\})$$

故有

$$\Phi^{-1}[\Phi(\min_{n' \in \boldsymbol{A}(m)\backslash n}\{|L_{mn'}^{k-1}|\})+\Theta] \leqslant \Phi^{-1}[\Phi(\min_{n' \in \boldsymbol{A}(m)\backslash n}\{|L_{mn'}^{k-1}|\})]$$

由上述分析可知，MS 算法中的 $|\Lambda_{mn}^k|$ 不小于 BP 算法中的 $|\Lambda_{mn}^k|$，需对其进行归一化或偏移修正处理[4]。

4.4 各译码算法间的内在联系

4.4.1 从 log-MAP 算法到基于 APP 的算法

问题的关键是如何从式(4-14)得到式(4-22)。文献[15]和文献[18]给出两种不同的证明方法，后者的证明过程较为烦琐，本小节从另一角度给出证明过程。

由 τ_{mn} 的定义有

$$\ln\left(\frac{1-\tau_{mn}}{\tau_{mn}}\right) = \ln \frac{\sum_{n' \in \boldsymbol{A}(m)\backslash n} e_{mn'} \bmod 2 = 0}{\sum_{n' \in \boldsymbol{A}(m)\backslash n} e_{mn'} \bmod 2 = 1} \tag{4-32}$$

由文献[8]可得

$$\ln\frac{\sum\limits_{n'\in \boldsymbol{A}(m)\backslash n} e_{mn'} \bmod 2=0}{\sum\limits_{n'\in \boldsymbol{A}(m)\backslash n} e_{mn'} \bmod 2=1}=\ln\frac{1+\prod\limits_{n'\in \boldsymbol{A}(m)\backslash n}\tanh\left(\frac{L_{mn'}}{2}\right)}{1-\prod\limits_{n'\in \boldsymbol{A}(m)\backslash n}\tanh\left(\frac{L_{mn'}}{2}\right)}$$

$$=2\operatorname{artanh}\left[\prod_{n'\in \boldsymbol{A}(m)\backslash n}\tanh\left(\frac{L_{mn'}}{2}\right)\right] \tag{4-33}$$

由于

$$2\operatorname{artanh}\left[\prod_{n'\in \boldsymbol{A}(m)\backslash n}\tanh\left(\frac{L_{mn'}}{2}\right)\right]\approx\prod_{n'\in \boldsymbol{A}(m)\backslash n}\operatorname{sign}(L_{mn'})\min_{n'\in \boldsymbol{A}(m)\backslash n}\{L_{mn'}\}$$

$$=\min_{n'\in \boldsymbol{A}(m)\backslash n}\{L_{mn'}\} \tag{4-34}$$

故有

$$\ln\left(\frac{1-\tau_{mn}}{\tau_{mn}}\right)\approx\min_{n'\in \boldsymbol{A}(m)\backslash n}\{L_{mn'}\}=\frac{4}{N_0}\min_{n'\in \boldsymbol{A}(m)\backslash n}\{|r_{mn'}|\} \tag{4-35}$$

则式(4-14)变为

$$\ln\left(\frac{\tilde{q}_n}{1-\tilde{q}_n}\right)=(2s_m-1)\frac{4}{N_0}\cdot\sum_{m\in \boldsymbol{B}(n)}\min_{n'\in \boldsymbol{A}(m)\backslash n}\{|r_{mn'}|\}-\frac{4}{N_0}|r_n| \tag{4-36}$$

忽略不影响译码结果的 $4/N_0$ 项，式(4-36)变为式(4-22)。

4.4.2　从 BP 算法到 MS 算法

由式(4-5)可得

$$\begin{cases}P(v_n=0)=\dfrac{\exp(L_n)}{1+\exp(L_n)}\\[2ex] P(v_n=1)=\dfrac{1}{1+\exp(L_n)}=\dfrac{\exp(0)}{1+\exp(L_n)}\end{cases} \tag{4-37}$$

在 BP 算法的第 k 次迭代中有

$$L_n^k=\ln\left[\frac{P(v_n=0\mid \boldsymbol{s}_{mn}=0,\boldsymbol{r})}{P(v_n=1\mid \boldsymbol{s}_{mn}=0,\boldsymbol{r})}\right]$$

$$=\ln\left[\frac{P(\boldsymbol{s}_{mn}=0\mid v_n=0,\boldsymbol{r})}{P(\boldsymbol{s}_{mn}=0\mid v_n=1,\boldsymbol{r})}\right]+\ln\left(\frac{v_n=0}{v_n=1}\right)$$

$$=L_n+\ln\left[\frac{P(\boldsymbol{s}_{mn}=0\mid v_n=0,\boldsymbol{r})}{P(\boldsymbol{s}_{mn}=0\mid v_n=1,\boldsymbol{r})}\right]$$

$$=L_n+\ln\left[\prod_{m\in \boldsymbol{B}(n)}\frac{P(s_m=0\mid v_n=0,\boldsymbol{r})}{P(s_m=0\mid v_n=1,\boldsymbol{r})}\right]$$

$$=L_n+\sum_{m\in \boldsymbol{B}(n)}\ln\left[\frac{P(s_m=0\mid v_n=0,\boldsymbol{r})}{P(s_m=0\mid v_n=1,\boldsymbol{r})}\right] \tag{4-38}$$

故有 $\Lambda_{mn}^k=\ln\left[\frac{P(s_m=0|v_n=0,\boldsymbol{r})}{P(s_m=0|v_n=1,\boldsymbol{r})}\right]$。证明的关键在于如何对 Λ_{mn}^k 简化得到式(4-31)。

记$\boldsymbol{v}_{mn'}=\{v_{mn'}\mid n'\in\boldsymbol{A}(m)\backslash n\}$，$\boldsymbol{v}_{mn'}$包含$d_c-1$个分量，故$\boldsymbol{v}_{mn'}$有$2^{d_c-1}$种取值情况。记$\boldsymbol{v}_{mn'}$发生的概率为$P(\boldsymbol{v}_{mn'})$，则有

$$P(\boldsymbol{v}_{mn'})=\prod_{n'\in\boldsymbol{A}(m)\backslash n}\frac{\exp(f_{mn'})}{[1+\exp(L_{mn'}^{k-1})]}=\frac{\exp(\sum\limits_{n'\in\boldsymbol{A}(m)\backslash n}f_{mn'})}{\prod\limits_{n'\in\boldsymbol{A}(m)\backslash n}[1+\exp(L_{mn'}^{k-1})]}\tag{4-39}$$

由式(4-37)可知，式(4-39)中的$f_{mn'}$满足：若$v_{mn'}=0$，则$f_{mn'}=L_{mn'}^{k-1}$；若$v_{mn'}=1$，则$f_{mn'}=0$。故对于不同的$v_{mn'}$，$P(\boldsymbol{v}_{mn'})$的分母相同，分子不同，即式(4-39)的分子唯一决定$P(\boldsymbol{v}_{mn'})$的大小。

用$\boldsymbol{v}_{mn'}^1=\{\boldsymbol{v}_{mn'}^1\mid n'\in\boldsymbol{A}(m)\backslash n\}$表示$\{\boldsymbol{v}_{mn'}^i\mid i\in[1,2^{d_c-1}]\}$中发生概率最大的元素，则使式(4-39)分子最大的序列即为$v_{mn'}^1$。继而有以下第1组结论。

(1)$\{\boldsymbol{v}_{mn'}^1\mid v_{mn'}^1=[1-\text{sign}(L_{mn'}^{k-1})]/2\}$，即对$\{L_{mn'}^{k-1}\mid n'\in\boldsymbol{A}(m)\backslash n\}$进行硬判决可得到$v_{mn'}^1$。若$\prod\limits_{n'\in\boldsymbol{A}(m)\backslash n}\text{sign}(L_{mn'}^{k-1})>0$，则$\boldsymbol{v}_{mn'}^1$中有偶数个1；反之，$\boldsymbol{v}_{mn'}^1$中有奇数个1。

(2)由结论(1)可知$f_{mn'}$满足关系：

$$f_{mn'}=\begin{cases}L_{mn'}^{k-1}, & L_{mn'}^{k-1}>0\\0, & L_{mn'}^{k-1}<0\end{cases}$$

(3)$\boldsymbol{v}_{mn'}^1$发生的概率可表示为

$$\begin{aligned}P(\boldsymbol{v}_{mn'}^1)\overset{\text{def}}{=\!=}p_{\max1}&=\frac{\exp(\sum\limits_{n'\in\boldsymbol{A}(m)\backslash n}f_{mn'})}{\prod\limits_{n'\in\boldsymbol{A}(m)\backslash n}[1+\exp(L_{mn'}^{k-1})]}\\&=\frac{\exp\left[\sum\limits_{n'\in\boldsymbol{A}(m)\backslash n}\text{sign}(L_{mn'}^{k-1})\cdot L_{mn'}^{k-1}\right]}{\prod\limits_{n'\in\boldsymbol{A}(m)\backslash n}\{1+\exp[\text{sign}(L_{mn'}^{k-1})\cdot L_{nm'}^{k-1}]\}}\\&=\frac{\exp(\sum\limits_{n'\in\boldsymbol{A}(m)\backslash n}\mid L_{mn'}^{k-1}\mid)}{\prod\limits_{n'\in\boldsymbol{A}(m)\backslash n}[1+\exp(\mid L_{mn'}^{k-1}\mid)]}\end{aligned}\tag{4-40}$$

(4)对于$\boldsymbol{v}_{mn'}^1$，其包含的每个信息节点取值的概率都不小于1/2，即

$$P(v_{mn'}^1)=\frac{\exp(f_{mn'})}{1+\exp(L_{mn'}^{k-1})}=\frac{\exp[\text{sign}(L_{mn'}^{k-1})(L_{mn'}^{k-1})]}{1+\exp[\text{sign}(L_{mn'}^{k-1})(L_{mn'}^{k-1})]}=\frac{\exp(|L_{mn'}^{k-1}|)}{1+\exp(|L_{mn'}^{k-1}|)}\geqslant\frac{1}{2}\tag{4-41}$$

当$|L_{mn'}^{k-1}|=0$时，$P(v_{mn'}^1)=\dfrac{1}{2}$。

再记$\{\boldsymbol{v}_{mn'}^i\mid i\in[1,2^{d_c-1}]\}$中发生概率仅比$\boldsymbol{v}_{mn'}^1$小(即发生概率次最大)的序列为$\boldsymbol{v}_{mn'}^2$，则有以下第2组结论。

(1)$\boldsymbol{v}_{mn'}^1$和$\boldsymbol{v}_{mn'}^2$满足关系：$\boldsymbol{v}_{mn'}^2=(v_{mn'}^1+1)\bmod 2$，其中，$n'=\arg\{\min\limits_{n'\in\boldsymbol{A}(m)\backslash n}\{|L_{mn'}^{k-1}|\}\}$，即将$\boldsymbol{v}_{mn'}^1$中发生概率最小的比特翻转后可得到$\boldsymbol{v}_{mn'}^2$。

(2)进一步地,对$\boldsymbol{v}_{mn'}^1$中发生概率次最小的比特翻转,就得到发生概率第 3 大的序列$\boldsymbol{v}_{mn'}^3$。依次类推,可得到发生概率最大的前 $k(k\leqslant d_c-1)$个序列构成的集合$\boldsymbol{v}_{mn'}^1,\boldsymbol{v}_{mn'}^2,\cdots,\boldsymbol{v}_{mn'}^k$。$\boldsymbol{v}_{mn'}^2,\boldsymbol{v}_{mn'}^3,\cdots,\boldsymbol{v}_{mn'}^k$由$\boldsymbol{v}_{mn'}^1$翻转单个比特得到。

(3)由式(4-37)可知,$\boldsymbol{v}_{mn'}^2$发生的概率为

$$P(\boldsymbol{v}_{mn'}^2)\overset{\text{def}}{=}p_{\max 2}=\frac{\exp\left(\sum\limits_{n'\in\mathbf{A}(m)\backslash n}|L_{mn'}^{k-1}|-\min\limits_{n'\in\mathbf{A}(m)\backslash n}\{|L_{mn'}^{k-1}|\}\right)}{\prod\limits_{n'\in\mathbf{A}(m)\backslash n}[1+\exp(|L_{mn'}^{k-1}|)]}\tag{4-42}$$

(4)将$\boldsymbol{v}_{mn'}^1$中的一个比特翻转后得到$\boldsymbol{v}_{mn'}^i(i=2,3,\cdots,d_c-1)$。若$\boldsymbol{v}_{mn'}^1$中有偶数个 1,则$\boldsymbol{v}_{mn'}^i(i=2,3,\cdots,d_c-1)$中必有奇数个 1;若$\boldsymbol{v}_{mn'}^1$中有奇数个 1,则$\boldsymbol{v}_{mn'}^i(i=2,3,\cdots,d_c-1)$中必有偶数个 1。若对$\boldsymbol{v}_{mn'}^1$中发生概率最小的 2 个比特翻转,则得到的序列同时满足“所含 1 的数量的奇偶性与$\boldsymbol{v}_{mn'}^1$相同”和“发生概率仅小于$\boldsymbol{v}_{mn'}^1$”2 个条件。

(5)$\ln\dfrac{P(\boldsymbol{v}_{mn'}^1)}{P(\boldsymbol{v}_{mn'}^2)}=\ln\dfrac{p_{\max 1}}{p_{\max 2}}=\min\limits_{n'\in\mathbf{A}(m)\backslash n}\{|L_{mn'}^{k-1}|\}$。

将集合$\{\boldsymbol{v}_{mn'}^i\mid i\in[1,2^{d_c-1}]\}$中的元素重新划分为两个集合:$\boldsymbol{v}_{mn'}^i$中有偶数(包括 0)个 1 的情况构成集合 Ω 和有奇数个 1 的情况构成集合 Z,则有

$$\begin{aligned}
\Lambda_{mn}^k&=\ln\left[\frac{P(s_m=0\mid v_n=0,\boldsymbol{r})}{P(s_m=0\mid v_n=1,\boldsymbol{r})}\right]=\ln\frac{\sum\limits_{v_{mn'}\in\Omega}P(\boldsymbol{v}_{mn'})}{\sum\limits_{v_{mn'}\in Z}P(\boldsymbol{v}_{mn'})}\\
&=\ln\frac{\sum\limits_{v_{mn'}\in\Omega}\left\{\dfrac{\exp\left(\sum\limits_{n'\in\mathbf{A}(m)\backslash n}f_{mn'}\right)}{\prod\limits_{n'\in\mathbf{A}(m)\backslash n}[1+\exp(L_{mn'})]}\right\}}{\sum\limits_{v_{mn'}\in Z}\left\{\dfrac{\exp\left(\sum\limits_{n'\in\mathbf{A}(m)\backslash n}f_{mn'}\right)}{\prod\limits_{n'\in\mathbf{A}(m)\backslash n}[1+\exp(L_{mn'})]}\right\}}\\
&=\ln\frac{\sum\limits_{v_{mn'}\in\Omega}\left[\exp\left(\sum\limits_{n'\in\mathbf{A}(m)\backslash n}f_{mn'}\right)\right]}{\sum\limits_{v_{mn'}\in Z}\left[\exp\left(\sum\limits_{n'\in\mathbf{A}(m)\backslash n}f_{mn'}\right)\right]}
\end{aligned}$$

若 $\prod\limits_{n'\in\mathbf{A}(m)\backslash n}\operatorname{sign}(L_{mn'}^{k-1})>0$,则 $\sum\limits_{v_{mn'}\in\Omega}P(\boldsymbol{v}_{mn'})>\sum\limits_{v_{mn'}\in Z}P(\boldsymbol{v}_{mn'})$。由第 2 组结论中的(1)和(4)可知,$\boldsymbol{v}_{mn'}^1\in\Omega,\boldsymbol{v}_{mn'}^2\in Z$,则有

$$\Lambda_{mn}^k=\ln\frac{\sum\limits_{v_{mn'}\in\Omega}P(\boldsymbol{v}_{mn'})}{\sum\limits_{v_{mn'}\in Z}P(\boldsymbol{v}_{mn'})}=\ln\frac{p_{\max 1}+\theta_1}{p_{\max 2}+\theta_2}=\prod_{n'\in\mathbf{A}(m)\backslash n}\operatorname{sign}(L_{mn'}^{k-1})\ln\frac{p_{\max 1}+\theta_1}{p_{\max 2}+\theta_2}\tag{4-43}$$

若 $\prod_{n'\in\boldsymbol{A}(m)\backslash n}\operatorname{sign}(L_{mn'}^{k-1})<0$，则 $\sum_{v_{mn'}\in\Omega}P(\boldsymbol{v}_{mn'})<\sum_{v_{mn'}\in Z}P(\boldsymbol{v}_{mn'})$，此时 $\boldsymbol{v}_{mn'}^{1}\in Z,\boldsymbol{v}_{mn'}^{2}\in\Omega$。则有

$$\Lambda_{mn}^{k}=\ln\frac{\sum_{v_{mn'}\in\Omega}P(\boldsymbol{v}_{mn'})}{\sum_{v_{mn'}\in Z}P(\boldsymbol{v}_{mn'})}=\ln\frac{p_{\max2}+\theta_2}{p_{\max1}+\theta_1}=\prod_{n'\in\boldsymbol{A}(m)\backslash n}\operatorname{sign}(L_{mn'}^{k-1})\ln\frac{p_{\max1}+\theta_1}{p_{\max2}+\theta_2}\tag{4-44}$$

若 $\boldsymbol{v}_{mn'}^{1}$ 中含有偶数个 1，则 θ_1 表示 $\{\Omega\backslash\boldsymbol{v}_{mn'}^{1}\}$ 发生的概率，θ_2 表示 $\{Z\backslash\boldsymbol{v}_{mn'}^{2}\}$ 发生的概率。类似地，若 $\boldsymbol{v}_{mn'}^{1}$ 中含有奇数个 1，则 θ_1 表示 $\{Z\backslash\boldsymbol{v}_{mn'}^{1}\}$ 发生的概率，θ_2 表示 $\{\Omega\backslash\boldsymbol{v}_{mn'}^{2}\}$ 发生的概率。

综上所述，第 1 次迭代后可得

$$\Lambda_{mn}^{1}=\prod_{n'\in\boldsymbol{A}(m)\backslash n}\operatorname{sign}(L_{mn'}^{0})\ln\frac{p_{\max1}+\theta_1}{p_{\max2}+\theta_2}\tag{4-45}$$

由于[4]

$$\begin{aligned}\ln[\exp(\delta_1)+\exp(\delta_2)+\cdots+\exp(\delta_J)]&\approx\max(\delta_1,\delta_2,\cdots,\delta_J)\\&=\max(\ln\exp(\delta_1),\ln\exp(\delta_2),\cdots,\ln\exp(\delta_J))\\&=\ln(\max(\exp(\delta_1),\exp(\delta_2),\cdots,\exp(\delta_J)))\end{aligned}$$

因此，式(4-45)变为

$$\begin{aligned}\Lambda_{mn}^{1}&\approx\prod_{n'\in\boldsymbol{A}(m)\backslash n}\operatorname{sign}(L_{mn'}^{0})\ln\frac{p_{\max1}}{p_{\max2}}=\prod_{n'\in\boldsymbol{A}(m)\backslash n}\operatorname{sign}(L_{mn'}^{0})\min_{n'\in\boldsymbol{A}(m)\backslash n}\{|L_{mn'}^{0}|\}\\&=\frac{4}{N_0}\sum_{m\in\boldsymbol{B}(n)}\prod_{n'\in\boldsymbol{A}(m)\backslash n}\operatorname{sign}(L_{mn'}^{0})\min_{n'\in\boldsymbol{A}(m)\backslash n}\{|r_{mn'}|\}\end{aligned}\tag{4-46}$$

从而 BP 算法第 1 次迭代后有

$$\begin{aligned}L_{n}^{1}&=L_n+\sum_{m\in\boldsymbol{B}(n)}\Lambda_{mn}^{1}\\&=\frac{4}{N_0}r_n+\frac{4}{N_0}\sum_{m\in\boldsymbol{B}(n)}\prod_{n'\in\boldsymbol{A}(m)\backslash n}\operatorname{sign}(L_{mn'}^{0})\min_{n'\in\boldsymbol{A}(m)\backslash n}\{|r_{mn'}|\}\end{aligned}\tag{4-47}$$

$$\begin{aligned}L_{mn}^{1}&=L_n+\sum_{m'\in\boldsymbol{B}(n)\backslash m}\Lambda_{m'n}^{1}\\&=\frac{4}{N_0}r_n+\frac{4}{N_0}\sum_{m'\in\boldsymbol{B}(n)\backslash m}\prod_{n'\in\boldsymbol{A}(m')\backslash n}\operatorname{sign}(L_{m'n'}^{0})\min_{n'\in\boldsymbol{A}(m')\backslash n}\{|r_{m'n'}|\}\end{aligned}\tag{4-48}$$

忽略式(4-46)～式(4-48)中的 $4/N_0$ 项不会对后续迭代译码过程产生影响。由式(4-46)可知，MS 算法是基于 max-log MAP 准则的算法。

式(4-43)和式(4-44)表明，若 $\prod_{n'\in\boldsymbol{A}(m)\backslash n}\operatorname{sign}(L_{mn'}^{k-1})>0$，则 $v_n=0$ 能使 $v_n\oplus\boldsymbol{v}_{mn'}^{1}=0$ 成立，即 $v_n=0$ 能使该校验方程满足校验；若 $\prod_{n'\in\boldsymbol{A}(m)\backslash n}\operatorname{sign}(L_{mn'}^{k-1})<0$，则 $v_n=1$ 能使 $v_n\oplus\boldsymbol{v}_{mn'}^{1}=0$ 成立。

由 $\{L_{mn}^{k-1} \mid n \in \boldsymbol{A}(m)\}$ 判决得到的信息节点构成的集合记为 $\boldsymbol{v}_{mn}^1 = \{v_{mn}^1 \mid n \in \boldsymbol{A}(m)\}$，则有 $v_{mn}^1 = \dfrac{1-\mathrm{sign}(L_{mn}^{k-1})}{2}$，$\boldsymbol{v}_{mn'}^1 = \{\boldsymbol{v}_{mn}^1 \setminus v_{mn}^1\}$。

若 v_{mn}^1 和 $\boldsymbol{v}_{mn'}^1$ 匹配(match)，则有

$$\begin{cases} v_{mn}^1 \oplus \boldsymbol{v}_{mn'}^1 = \sum \boldsymbol{v}_{mn}^1 \bmod 2 = 0 \\ \prod\limits_{n' \in \boldsymbol{A}(m)\setminus n} \mathrm{sign}(L_{mn'}^{k-1}) = 1 - 2v_{mn}^1 \end{cases}$$

若 v_{mn}^1 和 $\boldsymbol{v}_{mn'}^1$ 不匹配(mismatch)，则有

$$\begin{cases} v_{mn}^1 \oplus \boldsymbol{v}_{mn'}^1 = \sum \boldsymbol{v}_{mn}^1 \bmod 2 = 1 \\ \prod\limits_{n' \in \boldsymbol{A}(m)\setminus n} \mathrm{sign}(L_{mn'}^{k-1}) = 2v_{mn}^1 - 1 \end{cases}$$

由此可得 BP 算法 Λ_{mn}^k 的一种等价表示形式为

$$\Lambda_{mn}^k = \begin{cases} (1-2v_{mn}^1)\Phi^{-1}\Big[\sum\limits_{n' \in \boldsymbol{A}(m)\setminus n} \Phi(|L_{mn'}^{k-1}|)\Big], & \sum \boldsymbol{v}_{mn}^1 \bmod 2 = 0 \\ (2v_{mn}^1-1)\Phi^{-1}\Big[\sum\limits_{n' \in \boldsymbol{A}(m)\setminus n} \Phi(|L_{mn'}^{k-1}|)\Big], & \sum \boldsymbol{v}_{mn}^1 \bmod 2 = 1 \end{cases} \tag{4-49}$$

由于 $v_{mn}^1 = \dfrac{1-\mathrm{sign}(L_{mn}^{k-1})}{2}$，有

$$\Lambda_{mn}^k = \begin{cases} \mathrm{sign}(L_{mn}^{k-1})\Phi^{-1}\Big[\sum\limits_{n' \in \boldsymbol{A}(m)\setminus n} \Phi(|L_{mn'}^{k-1}|)\Big], & \sum \boldsymbol{v}_{mn}^1 \bmod 2 = 0 \\ \mathrm{sign}(L_{mn}^{k-1})\Phi^{-1}\Big[\sum\limits_{n' \in \boldsymbol{A}(m)\setminus n} \Phi(|L_{mn'}^{k-1}|)\Big], & \sum \boldsymbol{v}_{mn}^1 \bmod 2 = 1 \end{cases} \tag{4-50}$$

在 BP 算法的行更新过程中，校验节点传递给信息节点的信息包含“符号信息”和“幅度信息”两部分。从上述推导过程可看出，若第 m 个校验方程满足校验，则 c_m 传递给信息节点的信息为：符号与 L_{mn}^{k-1} 一致，幅度信息为 $\Phi^{-1}\Big[\sum\limits_{n' \in \boldsymbol{A}(m)\setminus n} \Phi(|L_{mn'}^{k-1}|)\Big]$。若第 m 个校验方程不满足校验，则 c_m 传递给信息节点的信息为：符号与 L_{mn}^{k-1} 相反，幅度信息同样为 $\Phi^{-1}\Big[\sum\limits_{n' \in \boldsymbol{A}(m)\setminus n} \Phi(|L_{mn'}^{k-1}|)\Big]$。

4.4.3　NMS 算法和 OMS 算法的等价描述

为分析方便，仍考虑 $4/N_0$ 项。令 $\mathrm{MAX} = \sum\limits_{n' \in \boldsymbol{A}(m)\setminus n} |L_{mn'}^{k-1}|$，$\lambda_1 = \min\limits_{n' \in \boldsymbol{A}(m)\setminus n}(|L_{mn'}^{k-1}|)$，则有

$$\begin{aligned} \Lambda_{mn}^k &\approx \prod_{n' \in \boldsymbol{A}(m)\setminus n} \mathrm{sign}(L_{mn'}^{k-1}) \ln \frac{p_{\max 1}}{p_{\max 2}} \\ &= \prod_{n' \in \boldsymbol{A}(m)\setminus n} \mathrm{sign}(L_{mn'}^{k-1}) \ln \frac{\exp(\mathrm{MAX})}{\exp(\mathrm{MAX}-\lambda_1)} \end{aligned}$$

$$
\begin{aligned}
&= \prod_{n' \in \boldsymbol{A}(m) \backslash n} \operatorname{sign}(L_{mn'}^{k-1}) \lambda_1 \\
&= \prod_{n' \in \boldsymbol{A}(m) \backslash n} \operatorname{sign}(L_{mn'}^{k-1}) \Phi^{-1}[\Phi(\lambda_1)]
\end{aligned} \tag{4-51}
$$

由 4.3.2 小节的分析和式(4-51)可知，如果将式(4-12)中的 $\sum_{n' \in \boldsymbol{A}(m) \backslash n} \Phi(|L_{mn'}^{k-1}|)$ 用 $\Phi(\lambda_1)$ 近似，则 BP 算法变为 MS 算法。

由于 $\Phi(\lambda_1) \leqslant \sum_{n' \in \boldsymbol{A}(m) \backslash n} \Phi(|L_{mn'}^{k-1}|)$，而 $\Phi^{-1}(x) = \Phi(x)$ 在 $x>0$ 时为单调递减函数，则有 $\Phi^{-1}[\Phi(\lambda_1)] \geqslant \Phi^{-1}(\sum_{n' \in \boldsymbol{A}(m) \backslash n} \Phi(|L_{mn'}^{k-1}|))$，因此 $\lambda_1 \geqslant \Phi^{-1}(\sum_{n' \in \boldsymbol{A}(m) \backslash n} \Phi(|L_{mn'}^{k-1}|))$。则 MS 算法中的 $|\Lambda_{mn}^k|$ 大于 BP 算法中的 $|\Lambda_{mn}^k|$。为削弱 MS 算法对 $|\Lambda_{mn}^k|$ 的“过估计”现象，NMS 算法和 OMS 算法[18]被提出。

NMS 算法的行更新过程等价于

$$
\begin{aligned}
\Lambda_{mn}^k &= \prod_{n' \in \boldsymbol{A}(m) \backslash n} \operatorname{sign}(L_{mn'}^{k-1}) \alpha \lambda_1 \\
&= \prod_{n' \in \boldsymbol{A}(m) \backslash n} \operatorname{sign}(L_{mn'}^{k-1}) \alpha \ln \frac{p_{\max 1}}{p_{\max 2}} \\
&= \prod_{n' \in \boldsymbol{A}(m) \backslash n} \operatorname{sign}(L_{mn'}^{k-1}) \ln \left(\frac{p_{\max 1}}{p_{\max 2}}\right)^{\alpha} \\
&= \prod_{n' \in \boldsymbol{A}(m) \backslash n} \operatorname{sign}(L_{mn'}^{k-1}) \ln \left[\frac{\exp(\mathrm{MAX})}{\exp(\mathrm{MAX} - \lambda_1)}\right]^{\alpha}
\end{aligned} \tag{4-52}
$$

OMS 算法的行更新过程等价于

$$
\begin{aligned}
\Lambda_{mn}^k &= \prod_{n' \in \boldsymbol{A}(m) \backslash n} \operatorname{sign}(L_{mn'}^{k-1}) \max(\lambda_1 - \beta, 0) \\
&= \prod_{n' \in \boldsymbol{A}(m) \backslash n} \operatorname{sign}(L_{mn'}^{k-1}) \max\left(\ln \frac{p_{\max 1}}{p_{\max 2}} - \beta, 0\right) \\
&= \prod_{n' \in \boldsymbol{A}(m) \backslash n} \operatorname{sign}(L_{mn'}^{k-1}) \max\left(\ln \frac{p_{\max 1}}{\exp(\beta) \cdot p_{\max 2}}, 0\right) \\
&= \prod_{n' \in \boldsymbol{A}(m) \backslash n} \operatorname{sign}(L_{mn'}^{k-1}) \max\left(\ln \frac{\exp(\mathrm{MAX})}{\exp(\mathrm{MAX} + \beta - \lambda_1)}, 0\right) \\
&= \prod_{n' \in \boldsymbol{A}(m) \backslash n} \operatorname{sign}(L_{mn'}^{k-1}) \max\left(\ln \frac{\exp(\mathrm{MAX} - \beta)}{\exp(\mathrm{MAX} - \lambda_1)}, 0\right)
\end{aligned} \tag{4-53}
$$

式(4-52)和式(4-53)给出只有 λ_1 参与运算时，削弱 $|\Lambda_{mn}^k|$ 的方法，本质上是通过减小对数运算的真数来实现的。在对数运算 $\log_a b$ 中，a 称为底数，b 称为真数。

4.5 基于有限项求和的改进算法

4.5.1 理论分析

传统的 MS 算法、NMS 算法和 OMS 算法在行更新过程中都只对最小值 λ_1 运算。一种直观上改善 MS 算法校验节点计算精度的方法是将式(4-46)对数运算的分子和分母用更多的项表示，此时更多的信息节点的幅度信息参与计算。

对 v_n 而言，设 $\{\lambda_1,\lambda_2,\cdots,\lambda_{d_c-1}\}$ 是对 $\{|L_{mn'}^{k-1}|\,|n'\in \boldsymbol{A}(m)\backslash n\}$ 的升序排列，即 $\lambda_1\leqslant\lambda_2\leqslant\cdots\leqslant\lambda_{d_c-1}$。

首先，考虑用 $\{\lambda_1,\lambda_2\}$ 对 $|\Lambda_{mn}^k|$ 进行近似计算。对于不同的计算方法，Λ_{mn}^k 的符号都是相同的，仅是 $|\Lambda_{mn}^k|$ 不同。$|\Lambda_{mn}^k|$ 的一种计算形式为

$$\begin{aligned}|\Lambda_{mn}^k| &\approx \ln\frac{\exp(\mathrm{MAX})+\sum\limits_{i,j\in[1,2],i\neq j}\exp[\mathrm{MAX}-(\lambda_i+\lambda_j)]}{\sum\limits_{i\in[1,2]}\exp(\mathrm{MAX}-\lambda_i)}\\ &=\ln\frac{\exp(\mathrm{MAX})+\exp(\mathrm{MAX}-\lambda_1-\lambda_2)}{\exp(\mathrm{MAX}-\lambda_1)+\exp(\mathrm{MAX}-\lambda_2)}\\ &=\ln\frac{1+\exp(\lambda_1+\lambda_2)}{\exp(\lambda_1)+\exp(\lambda_2)}\\ &=\Phi^{-1}[\Phi(\lambda_1)+\Phi(\lambda_2)]\\ &=2\,\mathrm{artanh}\left[\tanh\left(\frac{\lambda_1}{2}\right)\tanh\left(\frac{\lambda_2}{2}\right)\right]\\ &=\ln\frac{1+\prod\limits_{i\in[1,2]}\tanh\left(\frac{\lambda_i}{2}\right)}{1-\prod\limits_{i\in[1,2]}\tanh\left(\frac{\lambda_i}{2}\right)}\\ &=\ln\frac{\prod\limits_{i\in[1,2]}[\exp(\lambda_i)+1]+\prod\limits_{i\in[1,2]}[\exp(\lambda_i)-1]}{\prod\limits_{i\in[1,2]}[\exp(\lambda_i)+1]-\prod\limits_{i\in[1,2]}[\exp(\lambda_i)-1]}\end{aligned}\tag{4-54}$$

如果将式(4-54)约等号后分式的分子去掉最小的一项，可得一种表示形式为

$$\begin{aligned}|\Lambda_{mn}^k| &\approx \ln\frac{\exp(\mathrm{MAX})}{\exp(\mathrm{MAX}-\lambda_1)+\exp(\mathrm{MAX}-\lambda_2)}\\ &=\ln\frac{\exp(\lambda_2)}{1+\exp(\lambda_2-\lambda_1)}\\ &=\lambda_2-\ln[1+\exp(\lambda_2-\lambda_1)]\\ &=\lambda_1-\ln[1+\exp(\lambda_1-\lambda_2)]\end{aligned}\tag{4-55}$$

对于式(4-54)和式(4-55)，有如下结论：

(1)式(4-55)在满足 $\exp(\lambda_2)\geqslant 1+\exp(\lambda_2-\lambda_1)$ 的条件下才成立，而式(4-54)的成立不受任何条件限制。考虑到这种情况，式(4-55)可变为

$$\begin{aligned}|\Lambda_{mn}^k| &=\max\left(\ln\frac{\exp(\lambda_2)}{1+\exp(\lambda_2-\lambda_1)},0\right)\\ &=\max(\lambda_1-\ln[1+\exp(\lambda_1-\lambda_2)],0)\end{aligned}\tag{4-56}$$

(2)在 $\exp(\lambda_2)\geqslant 1+\exp(\lambda_2-\lambda_1)$ 成立时，式(4-55)得到的 $|\Lambda_{mn}^k|$ 不大于式

(4-54)得到的$|\Lambda_{mn}^k|$。而二者得到的$|\Lambda_{mn}^k|$都不大于 MS 算法得到的$|\Lambda_{mn}^k|$。

(3)由结论(2)可知,式(4-54)和式(4-53)对λ_1起到归一化或者偏移修正的效果,这点和 NMS 算法和 OMS 算法类似。

类似地,当$\{\lambda_1,\lambda_2,\lambda_3\}$参与运算时,$|\Lambda_{mn}^k|$的一种有效计算形式为

$$
\begin{aligned}
|\Lambda_{mn}^k| &\approx \ln \frac{\exp(\mathrm{MAX}) + \sum\limits_{i,j\in[1,3],i\neq j} \exp[\mathrm{MAX}-(\lambda_i+\lambda_j)]}{\sum\limits_{i\in[1,3]} \exp(\mathrm{MAX}-\lambda_i) + \sum\limits_{i,j,l\in[1,3],i\neq j\neq l} \exp[\mathrm{MAX}-(\lambda_i+\lambda_j+\lambda_l)]} \\
&= \ln \frac{\exp(\mathrm{MAX})+\exp(\mathrm{MAX}-\lambda_1-\lambda_2)+\exp(\mathrm{MAX}-\lambda_1-\lambda_3)+\exp(\mathrm{MAX}-\lambda_2-\lambda_3)}{\exp(\mathrm{MAX}-\lambda_1)+\exp(\mathrm{MAX}-\lambda_2)+\exp(\mathrm{MAX}-\lambda_3)+\exp(\mathrm{MAX}-\lambda_1-\lambda_2-\lambda_3)} \\
&= \ln \frac{\exp(\lambda_1+\lambda_2+\lambda_3)+\exp(\lambda_3)+\exp(\lambda_2)+\exp(\lambda_1)}{\exp(\lambda_1+\lambda_2)+\exp(\lambda_2+\lambda_3)+\exp(\lambda_1+\lambda_3)+1} \\
&= \Phi^{-1}[\Phi(\lambda_1)+\Phi(\lambda_2)+\Phi(\lambda_3)] \\
&= 2\operatorname{artanh}\left[\tanh\left(\frac{\lambda_1}{2}\right)\tanh\left(\frac{\lambda_2}{2}\right)\tanh\left(\frac{\lambda_3}{2}\right)\right] \\
&= \ln \frac{1+\prod\limits_{i\in[1,3]}\tanh\left(\frac{\lambda_i}{2}\right)}{1-\prod\limits_{i\in[1,3]}\tanh\left(\frac{\lambda_i}{2}\right)} \\
&= \ln \frac{\prod\limits_{i\in[1,3]}[\exp(\lambda_i)+1]+\prod\limits_{i\in[1,3]}[\exp(\lambda_i)-1]}{\prod\limits_{i\in[1,3]}[\exp(\lambda_i)+1]-\prod\limits_{i\in[1,3]}[\exp(\lambda_i)-1]}
\end{aligned}
\tag{4-57}
$$

当式(4-57)约等号后分式的分母保持不变,分子减去一定的项,或分子和分母同时减去一定的项时,可得到几种其他的表示形式为

$$
\begin{aligned}
|\Lambda_{mn}^k| &\approx \ln \frac{\exp(\mathrm{MAX})+\exp(\mathrm{MAX}-\lambda_1-\lambda_2)+\exp(\mathrm{MAX}-\lambda_1-\lambda_3)}{\exp(\mathrm{MAX}-\lambda_1)+\exp(\mathrm{MAX}-\lambda_2)+\exp(\mathrm{MAX}-\lambda_3)+\exp(\mathrm{MAX}-\lambda_1-\lambda_2-\lambda_3)} \\
&= \ln \frac{\exp(\lambda_1+\lambda_2+\lambda_3)+\exp(\lambda_3)+\exp(\lambda_2)}{\exp(\lambda_1+\lambda_2)+\exp(\lambda_2+\lambda_3)+\exp(\lambda_1+\lambda_3)+1}
\end{aligned}
\tag{4-58}
$$

$$
\begin{aligned}
|\Lambda_{mn}^k| &\approx \ln \frac{\exp(\mathrm{MAX})+\exp(\mathrm{MAX}-\lambda_1-\lambda_2)+\exp(\mathrm{MAX}-\lambda_1-\lambda_3)}{\exp(\mathrm{MAX}-\lambda_1)+\exp(\mathrm{MAX}-\lambda_2)+\exp(\mathrm{MAX}-\lambda_3)} \\
&= \ln \frac{\exp(\lambda_1+\lambda_3)+\exp(\lambda_3-\lambda_2)+1}{\exp(\lambda_1)+\exp(\lambda_1+\lambda_3-\lambda_2)+\exp(\lambda_3)}
\end{aligned}
\tag{4-59}
$$

$$
\begin{aligned}
|\Lambda_{mn}^k| &\approx \ln \frac{\exp(\mathrm{MAX})+\exp(\mathrm{MAX}-\lambda_1-\lambda_2)+\exp(\mathrm{MAX}-\lambda_2-\lambda_3)}{\exp(\mathrm{MAX}-\lambda_1)+\exp(\mathrm{MAX}-\lambda_2)+\exp(\mathrm{MAX}-\lambda_3)} \\
&= \ln \frac{\exp(\lambda_2+\lambda_3)+\exp(\lambda_3-\lambda_1)+1}{\exp(\lambda_2)+\exp(\lambda_2+\lambda_3-\lambda_1)+\exp(\lambda_3)}
\end{aligned}
\tag{4-60}
$$

当$\{\lambda_1,\lambda_2,\lambda_3,\lambda_4\}$参与运算时,$|\Lambda_{mn}^k|$可表示为

$$
\begin{aligned}
|\Lambda_{mn}^{k}| &\approx \ln \frac{\exp(\mathrm{MAX})+\sum\limits_{i,j\in[1,4],i\neq j}\exp[\mathrm{MAX}-(\lambda_i+\lambda_j)]+\exp(\mathrm{MAX}-\sum\limits_{i\in[1,4]}\lambda_i)}{\sum\limits_{i\in[1,4]}\exp(\mathrm{MAX}-\lambda_i)+\sum\limits_{i,j,l\in[1,4],i\neq j\neq l}\exp[\mathrm{MAX}-(\lambda_i+\lambda_j+\lambda_l)]} \\
&= \Phi^{-1}\Big[\sum_{i\in[1,4]}\Phi(\lambda_i)\Big] = 2\operatorname{artanh}\Big[\prod_{i\in[1,4]}\tanh\Big(\frac{\lambda_i}{2}\Big)\Big] = \ln\frac{1+\prod\limits_{i\in[1,4]}\tanh\Big(\frac{\lambda_i}{2}\Big)}{1-\prod\limits_{i\in[1,4]}\tanh\Big(\frac{\lambda_i}{2}\Big)} \\
&= \ln\frac{\prod\limits_{i\in[1,4]}[\exp(\lambda_i)+1]+\prod\limits_{i\in[1,4]}[\exp(\lambda_i)-1]}{\prod\limits_{i\in[1,4]}[\exp(\lambda_i)+1]-\prod\limits_{i\in[1,4]}[\exp(\lambda_i)-1]}
\end{aligned} \tag{4-61}
$$

对式(4-61)约等号后分式的分子或者分子和分母同时去掉一定的项，可以得到多种其他形式，这里不再列出。

类似于式(4-61)，当$\{\lambda_1,\lambda_2,\cdots,\lambda_{d_c-1}\}$同时参加运算时，$|\Lambda_{mn}^{k}|$的分子和分母由$2^{d_c-2}$项指数运算的和构成，由此得到精确表示形式的 BP 算法。本书将$\{\lambda_1,\lambda_2,\cdots,\lambda_j\}$($j<d_c-1$)参与运算的算法称为基于有限项求和的 BP(sum of the limited terms based BP，SLT-BP)算法。

文献[19]同样给出一种 BP 算法的简化形式，称为 L-Min 算法。该算法中Λ_{mn}^{k}的计算方法为

$$
\Lambda_{mn}^{k}=\prod_{n'\in \mathbf{A}(m)\backslash n}\operatorname{sign}(L_{mn'}^{k-1})\Phi^{-1}\Big[\sum_{i=1}^{L}\Phi(\lambda_i)\Big],\quad 2\leqslant L\leqslant d_c-1 \tag{4-62}
$$

在 L-Min 算法中，首先在$\{|L_{mn'}^{k-1}|\,|n'\in\mathbf{A}(m)\backslash n\}$中找出前$L$($2\leqslant L\leqslant d_c-1$)个最小值，然后将$\Phi^{-1}\Big[\sum\limits_{i=1}^{L}\Phi(\lambda_i)\Big]$传递给信息节点，即通过对前 L 个幅度最小的值的运算可以对$|\Lambda_{mn}^{k}|$进行更加精确的近似。

考虑到函数$\Phi(x)$的单调递减性，式(4-62)计算的结果必然不大于$\min\limits_{n'\in\mathbf{A}(m)\backslash n}\{|L_{mn'}^{k-1}|\}$，即式(4-62)对$\min\limits_{n'\in\mathbf{A}(m)\backslash n}\{|L_{mn'}^{k-1}|\}$起到归一化或者偏移修正的目的，作用类似于 NMS 算法和 OMS 算法。

当$L=1$时，$4/N_0$项可舍弃，此时得到 MS 算法；当$L=d_c-1$时，得到 BP 算法；当$L=2$时，式(4-55)和式(4-62)等价；当$L=3$时，式(4-57)和式(4-62)等价；当$L=4$时，式(4-61)和式(4-62)等价。

4.5.2　计算复杂度分析

在两个最小值参与运算的条件下，表 4-1 对三种算法的$|\Lambda_{mn}^{k}|$计算方法进行总结。此时的 SLT-BP 算法有两种计算方法，其中，一种与文献[19]中的方法等价，以式(4-54)为$|\Lambda_{mn}^{k}|$的计算方法。表 4-2 比较了 SLT-BP 算法和其他几种算法的实现复

杂度，其中，BP 算法的行更新过程采用式(4-12)计算。由表 4-2 可知，SLT-BP 算法比文献[19]中的算法少了一次加法运算而多了一次比较运算，若认为加法运算等同于比较运算，则二者的计算复杂度相同，但 SLT-BP 算法比文献[19]中的算法少一次指数运算，因此，SLT-BP 算法总体上的计算复杂度要略低于文献[19]中的算法。

表 4-1　不同算法的 $|\Lambda_{mn}^{k}|$ 计算方法比较

算法	1 项	2 项	2 项
MS	λ_1	—	—
2-Min	λ_1	$\Phi^{-1}\left[\sum_{i=1}^{2}\Phi(\lambda_i)\right]$	$\Phi^{-1}\left[\sum_{i=1}^{2}\Phi(\lambda_i)\right]$
SLT-BP	λ_1	式(4-54)	式(4-55)

表 4-2　不同算法的计算复杂度比较

算法	指数	对数	乘法	除法	加法	比较	取绝对值
BP	d_c	d_c	$2(d_c-2)$	d_c	$2d_c$	—	d_c-1
MS	—	—	—	—	—	d_c-1	1
2-Min	3	1	—	1	3	$2d_c-3$	2
SLT-BP	2	1	—	1	2	$2d_c-2$	2

4.5.3　仿真结果与统计分析

首先，选择列重为 3、行重为 6 的规则二元 LDPC 码，考虑通过外信息转移(extrinsic information transfer，EXIT)图[20～23]来比较 BP 算法与 SLT-BP 算法的收敛性。图 4-5 给出 E_b/N_0 为 1.11dB 时 BP 算法的 EXIT 图和 E_b/N_0 为 1.13dB 时 SLT-BP 算法的 EXIT 图。其次，选取列重为 4、行重为 8 的规则二元 LDPC 码，图 4-6 给出 E_b/N_0 为 1.50dB 时 BP 算法的 EXIT 图和 E_b/N_0 为 1.52dB 时 SLT-BP 算法的 EXIT 图。由图 4-5 和图 4-6 可知，SLT-BP 算法与 BP 算法的迭代收敛门限基本一致。

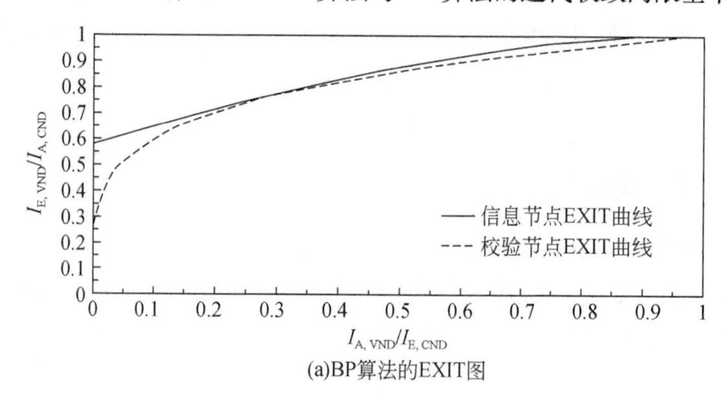

(a)BP算法的EXIT图

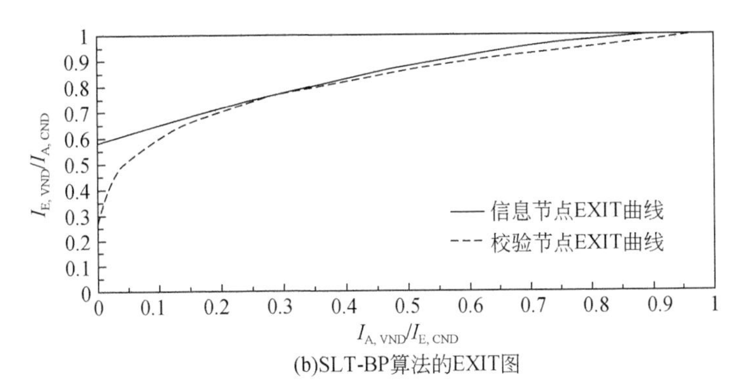

(b)SLT-BP算法的EXIT图

图 4-5　列重为 3、行重为 6 的规则二元 LDPC 码的 EXIT 图

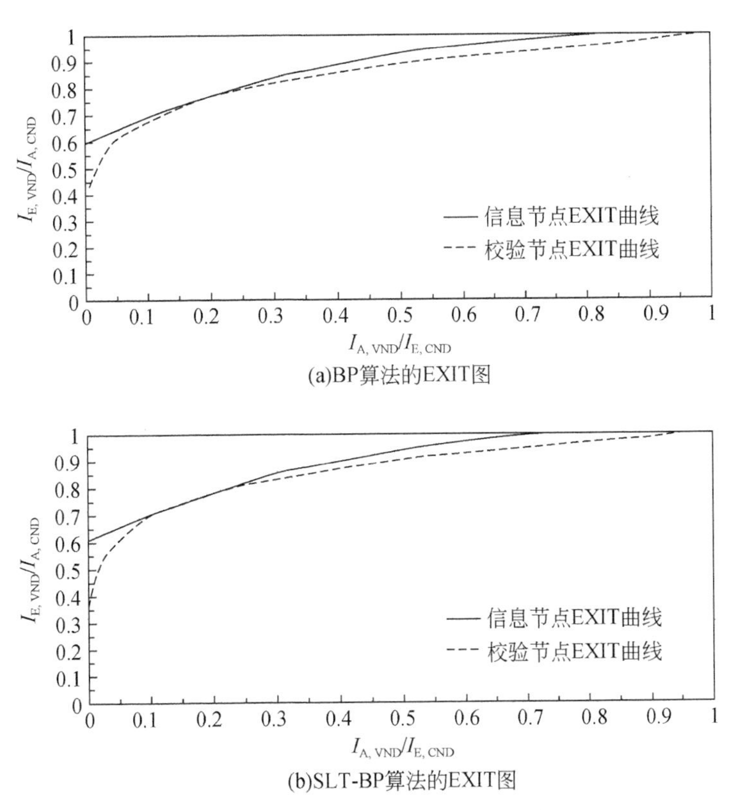

(b)SLT-BP算法的EXIT图

图 4-6　列重为 4、行重为 8 的规则二元 LDPC 码的 EXIT 图

本小节的仿真条件为：AWGN 信道，采用 BPSK 调制，在每个 E_b/N_0 下至少采集 1000 个错误。E_b/N_0 与信噪比的关系可描述为 $\text{SNR}=E_b/N_0+10\log_{10}(MR)$。

图 4-7 为不同信噪比条件下,(504,252)PEG-LDPC 码在 4 种不同算法下的 BER 仿真图,迭代次数设定为 15 次,图中 E_b/N_0 为 1dB 时对应的 SNR 约为-2dB;E_b/N_0 为 4dB 时对应的 SNR 约为 1dB。图 4-8 为(1008,504)PEG-LDPC 码在 3 种不同算法下的 BER 仿真图,迭代次数设定为 20 次。图 4-9 为 CCSDS 标准中的(2560,1024)LDPC 码和(1408,1024)LDPC 码在两种算法下的 BER 仿真图,迭代次数设定为 50 次。由图 4-7 和图 4-8 可知,SLT-BP 算法的性能与文献[20]和 BP 算法基本一致。由图 4-9 可知,在(2560,1024)LDPC 码条件下,SLT-BP 算法的性能要略好于 BP 算法。图 4-9 中 E_b/N_0 为 1dB 时对应的 SNR 约为-3dB;E_b/N_0 为 4dB 时对应的 SNR 约为 0dB。

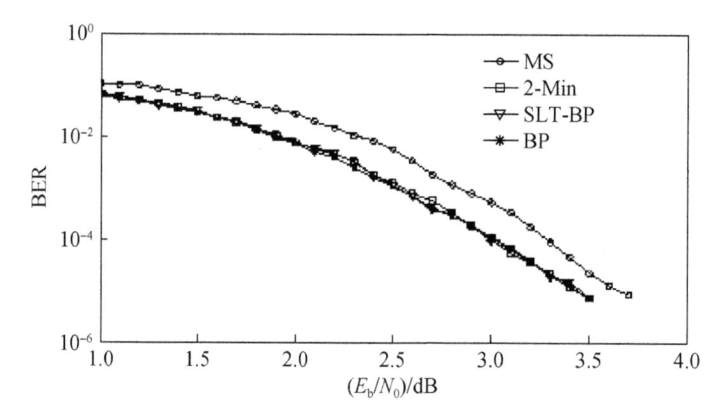

图 4-7　不同信噪比条件下(504,252)PEG-LDPC 码的译码性能

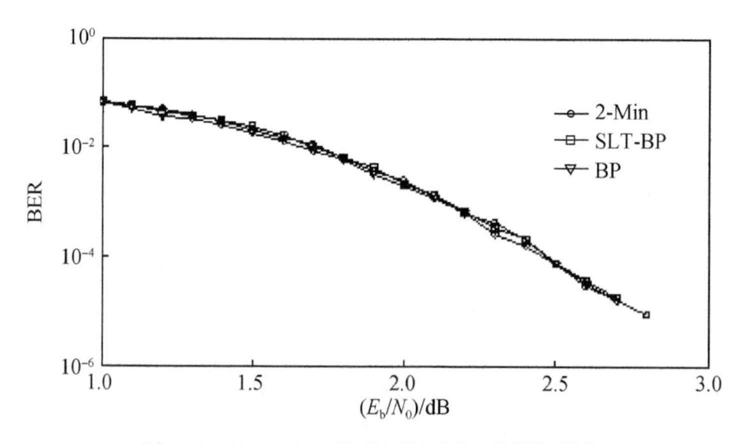

图 4-8　(1008,504)PEG-LDPC 码的译码性能

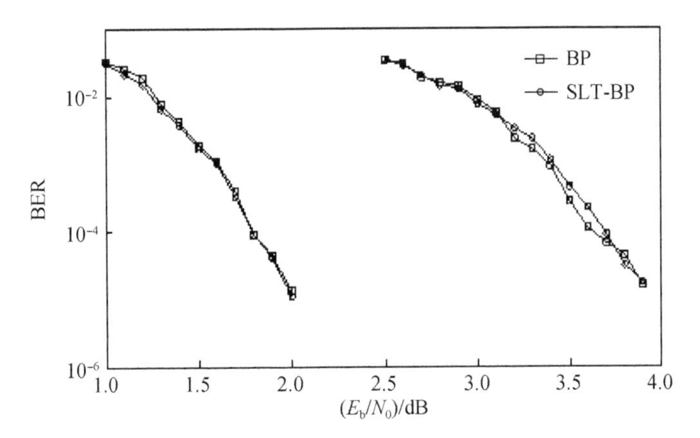

图 4-9　CCSDS 标准中的(2560,1024)LDPC 码和(1408,1024)LDPC 码的译码性能

4.6　LDPC 码的性能估计和分析

4.6.1　译码的错误概率分析

采用概率译码可能出现的译码错误概率在不同的信道环境下是不同的,下面简单地分析 BSC 的情况,给出一个译码错误的上限。

设 BSC 的转移概率为 p_0,LDPC 码的参数为(n,γ,ρ),每位码元包含 γ 个校验方程。假设树形结构中有 m 个满足相互独立的层,为了描述方便,可将最上层标为 0 层,而根节点为第 m 层。译码过程可描述为:从第 1 层某个节点出发的 $\gamma-1$ 个校验方程若都不满足,则翻转该节点,然后利用纠正后的第 1 层的节点来纠正第 2 层的节点,如此达到根节点。这个对 d 的译码过程是基于 m 层相关节点的,而概率译码经过 m 次迭代同样利用了 m 层相关节点,显然概率译码做出判断最为准确,而这种比特翻转算法错误可近似看成概率译码错误的一个上界。

下面来计算第 1 层的出错概率。第 1 层某节点被误传的概率为 p_0,从这一节点出发到 0 层的一个校验方程中,如果其他 $\rho-1$ 个节点还有偶数个错误,整个校验方程就不会满足,如果 $\gamma-1$ 个校验方程都不满足,那么这个节点就会被纠正,这个概率为

$$p=p_0\left[\frac{1+(1-2p_0)^{\rho-1}}{2}\right]^{\gamma-1} \tag{4-63}$$

还应考虑该节点正确接收,而由其他相关 0 层节点造成的校验方程不满足,从而该节点被改错,这时的概率为

$$p=(1-p_0)\left[\frac{1-(1-2p_0)^{\rho-1}}{2}\right]^{\gamma-1} \tag{4-64}$$

那么经过这个译码过程，第 1 层中节点出错的概率 p_1 为

$$p_1=p_0-p_0\left[\frac{1+(1-2p_0)^{\rho-1}}{2}\right]^{\gamma-1}+(1-p_0)\left[\frac{1+(1-2p_0)^{\rho-1}}{2}\right]^{\gamma-1} \tag{4-65}$$

依次类推，若第 i 层出错的概率为 p_i，则第 $i+1$ 层节点的错误概率为

$$p_{i+1}=p_0-p_0\left[\frac{1+(1-2p_i)^{\rho-1}}{2}\right]^{\gamma-1}+(1-p_0)\left[\frac{1+(1-2p_i)^{\rho-1}}{2}\right]^{\gamma-1} \tag{4-66}$$

对于足够小的 p_0，随着 i 的增大，p_i 会收敛至 0。而对于实际的信道和确定的码参数，保证 p_i 收敛至 0 的 p_0 取值有一定范围。表 4-3 为 Gallager 给出的不同码条件下，p_i 收敛时，p_0 的最大许可取值。

表 4-3 译码错误概率收敛时 p_0 的最大许可值

j	k	码率	p_0
3	6	0.5	0.04
3	5	0.4	0.061
4	6	0.333	0.075
3	4	0.25	0.106

上述判断条件较为苛刻，称为 Gallager A 算法。为了加快 p_i 的收敛，减少计算量，需对算法进行改进。实际上，当每一位码元参与 3 个以上的校验方程时，可以适当选择参数 b，一个码元参与的校验方程不满足个数有 b 个或更多时，则翻转该比特，这种改进的算法称为 Gallager B 算法。此时，第 $i+1$ 层节点的错误概率为

$$\begin{aligned}p_{i+1}&=p_0-p_0\sum_{l=b}^{\lambda-1}\binom{\lambda-1}{l}\left[\frac{1+(1-2p_i)^{\rho-1}}{2}\right]\left[\frac{1-(1-2p_i)^{\rho-1}}{2}\right]^{\lambda-1-l}\\&\quad+(1-p_0)\sum_{l=b}^{\lambda-1}\binom{\lambda-1}{l}\left[\frac{1+(1-2p_i)^{\rho-1}}{2}\right]\left[\frac{1-(1-2p_i)^{\rho-1}}{2}\right]^{\lambda-1-l}\end{aligned} \tag{4-67}$$

参数 b 的选择应该使 p_{i+1} 最小，可由满足不等式(4-68)的最小整数得

$$\frac{(1-p_0)}{p_0}\geqslant\left[\frac{1+(1-2p_i)^{\rho-1}}{1-(1-2p_i)^{\rho-1}}\right]^{2b-\lambda+1} \tag{4-68}$$

4.6.2 概率密度进化理论

在 BP 算法迭代过程中，传递的消息是随机变量。如果每一轮迭代中，每个节点接到消息之间是统计独立的，那么迭代方程基于观察值就能够正确计算相应的似然比，整个译码过程可看成是求解一个以多个随机变量为自变量的复杂函数，在译码过程中跟踪消息的概率密度变化可以很好地反映出译码器所处的状态。这种方法，称为密度进化理论(density evolution theory)，是分析 LDPC 码很好的理论工具。密度进化理论可以计算阈值，分析置信传播算法的纠错性能，而且可以指导非规则 LDPC 码的最优度序列的设计，使得阈值最大，获得最佳译码性能。

先定义一个辅助函数为一个从实数域$(-\infty,+\infty)$到域$F_2\times[0,+\infty)$上的映射，该映射定义如下：

$$\lambda(x)\equiv[\text{sign}(x),-\ln\tanh(|x|/2)] \tag{4-69}$$

其中，$\text{sign}(x)=\begin{cases}1, & x<0\\ 0, & x\geqslant 0\end{cases}$，且定义$-\ln 0=+\infty$。

$\lambda(x)$是一个双射函数，故逆函数$\gamma^{-1}(x)$存在，且当$x\in GF(2)$，$y\in[0,+\infty)$（或$x\in[0,+\infty)$，$y\in GF(2)$）时，满足$\lambda(xy)=\lambda(x)+\lambda(y)$，则校验节点行更新过程可写为

$$u_{i,j}(t)=\lambda^{-1}\Big\{\sum_{k\in N(i)\backslash j}\lambda[v_{i,k}(t)]\Big\} \tag{4-70}$$

设$v_{i,1}$，$v_{i,2}$，…，$v_{i,d}$为某个加群G中的d个独立随机变量，其概率密度函数均为f，则$v_{i,1}+v_{i,2}\cdots+v_{i,d}$的联合概率密度函数应为$f$的$d$次卷积，记成$f^{\otimes d}$。

设f、g_t和h_t分别为初始消息f_j、消息$u_{i,j}(t)$和$v_{i,j}(t)$的概率密度函数，并设信息节点j的度数为d，则由式(4-64)可得到第$t+1$轮信息节点j传递给校验节点i的消息$v_{i,j}(t+1)$的概率密度函数为

$$h_{t+1}=f\otimes g_t^{\otimes(d-t)} \tag{4-71}$$

为了简化计算，对式(4-71)进行傅里叶变换，有

$$F(h_{t+1})=F(f)\times F(g_t)^{d-1}$$

这时，卷积运算转化成乘积运算，再作傅里叶逆变换即可。

对于一般非规则 LDPC 码，以式(3-8)和式(3-9)定义度分布函数，对应的双向图通常是随机构造的，设双向图中每条边与度为d的信息节点相连的概率为γ_d，与度为d的校验节点相连的概率为ρ_d，则消息$v_{i,j}(t)$的期望概率密度函数应为

$$h_{t+1}=f\otimes\lambda(g_t)=f\otimes\Big(\sum_d\gamma_d g_t^{\otimes(d-t)}\Big) \tag{4-72}$$

对于计算校验节点消息$u_{i,j}(t)$的密度进化，需要使用函数$\lambda(x)$，设x域$(-\infty,+\infty)$上的随机变量，其概率密度函数为F，$\Gamma(F)$为随机变量函数$\lambda(x)$的概率密度函数，则消息$u_{i,j}(t)$的期望概率密度函数应为

$$g_t=\Gamma^{-1}\{\rho[\Gamma(f_t)]\}=\Gamma^{-1}\Big\{\sum_d\rho_d[\Gamma(f_t)]^{\otimes(d-1)}\Big\} \tag{4-73}$$

综合式(4-72)和式(4-73)，得

$$h_{t+1}=f\otimes\lambda(\Gamma^{-1}\{\rho[\Gamma(f_t)]\})$$

BP 算法的收敛性反映了消息空间分布密度向正确消息集中。随着迭代次数的增加，每轮迭代后图中传播的不正确信息节点消息的比例应该逐渐趋于 0，使译码器以高概率正确译码。许多信道模型可以用一个特征参数来描述，如 BSC 为信道转移概率p，AWGN 信道一般采用σ（噪声功率谱密度）。

先验概率密度是信道特征参数的函数，直接影响着密度进化。对于一个给定

(n,γ,ρ)的 LDPC 码,密度函数是信道特征参数的单调增函数,存在一个极值 a^*,当信道特征参数 $a \leqslant a^*$ 时,算法高概率收敛。极值 a^* 定义为置信传播算法的阈值(threshold)。给定信道特征参数 a,译码器阈值也是编码参数的函数。表 4-4 给出了几种规则二元 LDPC 码在 BSC 下不同译码算法收敛阈值。

表 4-4 规则二元 LDPC 码在 BSC 不同译码算法收敛阈值

λ	ρ	码率	$\rho^*(A)$	$\rho^*(B)$
3	6	0.5	0.04	0.04
4	8	0.5	0.047	0.051
5	10	0.5	0.027	0.041
3	5	0.4	0.061	0.061
4	6	0.333	0.066	0.074
3	4	0.25	0.106	0.143

上述消息密度的分析基于无环路径的树图,实际情况下只要保证前 t 次迭代过程中,消息统计独立就可以了,此时可获得深度为 t 的树。当 t 足够大时,译码的统计平均性能一致收敛于译码算法的阈值。一方面,若信道参数 $a \leqslant a^*$,给定足够大的码长,当迭代次数趋于无穷时,任意(n,γ,ρ)LDPC 码均可以实现信息的可靠传输。另一方面,设定预期译码错误概率,经过相应的迭代次数后,当码长 n 较大时,任意(n,γ,ρ)LDPC 码的性能按码长 n 指数渐近地依概率 1 界定在该译码错误概率内。给定码率 R_c,使信道容量 $C=R_c$ 的信道特征参数上限 a^c 就是该码率下的香农限。译码器容量 a^* 与信道特征参数具有相同的量纲,它与上限 a^c 之间的差异能够体现出设计的码性能与香农限之间的距离。

设 $N_0=2\sigma_c^2$ 为零均值 AWGN 信道的单边噪声功率谱密度,调制幅度为 $x_0 \in \{+1,-1\}$,则信噪比的香农限为 $E_b/N_0=x_0^2/(2R_c\sigma_c^2)$。译码器阈值 σ^* 与极限参数 σ_c 之间的距离定义为 $\Delta_s=20\lg(\sigma_c/\sigma^*)$dB。表 4-5 给出了几种规则 LDPC 码的 BP 译码器阈值及其与香农限的距离。

表 4-5 几种规则 LDPC 码的 BP 译码器阈值及其与香农限的距离

d_v	d_c	R_c	σ^*	σ_c	(E_b/N_0)/dB	Δ_s/dB
3	6	0.5	0.88	0.979	0.184	0.926
4	8	0.5	0.83	0.979	0.184	1.434
5	10	0.5	0.79	0.979	0.184	1.863
3	5	0.4	1.00	1.148	−0.230	1.199
4	6	0.333	1.01	1.295	−0.484	2.159
3	4	0.25	1.26	1.549	−0.790	1.794

4.6.3　LDPC 码的高斯估计

高斯估计最初用来研究 Turbo 码的性能，Chung 将高斯估计理论引入 LDPC 码中，是一类比较准确的性能估计方法。

和积译码过程中，第 t 次迭代信息节点传递给相邻校验节点的更新消息 $v_{i,j}(t)$ 是关于其相邻校验节点传递给信息节点更新消息组 $\{u_{1,j},u_{2,j},\cdots,u_{d_v,j}\}$ 的函数，称为信息函数(或消息函数)。第 t 次迭代校验节点传递给相邻信息节点的更新消息 $u_{i,j}(t)$ 是关于其相邻信息节点传递给校验节点更新消息组 $\{v_{1,j},v_{2,j},\cdots,v_{d_c,j}\}$ 的函数，称为校验节点函数。

根据概率的中心极限定理可知，假设校验消息函数和变量消息函数均符合高斯分布，且高斯分布的概率分布取决于参数均值和方差，说明跟踪了译码过程中更新消息的均值和方差，这就确定了消息的概率密度，也就等于跟踪了 LDPC 码的译码特性。这种方法是建立在密度进化理论基础上的，并对密度进化理论进行了简化。

下面具体考虑在 AWGN 信道中使用高斯估计的过程，不失一般性地，给出如下假设：①假设传输的全 1 码字，经过 BPSK 调制，1 变成双极性“+1”；②假设信道信噪比 E_b/N_0 是确定的；③译码算法采用和积算法，且和积算法的消息度量采用对数似然比；④信道满足对称条件和独立性假设。

1. 规则码的高斯估计

根据前面的假设和通信原理的基本理论，在 AWGN 信道中，接收信号噪声的方差为 σ^2，输入信号为 ± 1 序列，信道接收到的信号为 $y_i(i=1,2,\cdots,N)$，$u_i(0)$ 为基于对数似然比的初始消息，由式(4-5)计算。

由于传输的码字为全 1 码，经过 BPSK 双极性传输后为“+1”，根据概率密度理论，则 $u_i(0)$ 概率密度为 $f[u_i(0)]=\sqrt{\dfrac{\sigma^2}{8\pi}}\exp\left\{-\dfrac{\left[u_i(0)-\dfrac{2}{\sigma^2}\right]^2\sigma^2}{8}\right\}$，从而 $u_i(0)$ 服从均值为 $m=2/\sigma^2$，方差为 $\tilde{\sigma}^2=4/\sigma^2$ 的高斯分布，且 $\tilde{\sigma}^2=2m$。

根据独立性假设，在 LDPC 码的迭代译码过程中，消息函数是初始消息函数与校验消息函数之和。根据概率论知识，如果校验消息函数满足高斯分布，那么消息函数也满足高斯分布；当校验消息函数不满足高斯分布时，根据中心极限定理，消息函数同样是一个逼近高斯分布的随机变量。

规则 LDPC 码，即满足任意信息节点与 d_v 个校验节点相连，任意校验节点与 d_c 个信息节点相连。假设在 LDPC 码的迭代译码过程中，第 t 次迭代的所有信息函数和校验消息函数分别为

$$v_i(t),\quad i=1,2,\cdots,N$$
$$u_j(t),\quad j=1,2,\cdots,M$$

假设 $v_i(t)$、$u_j(t)$分别满足高斯分布 $N[m_v(t),2m_v(t)]$、$N[m_u(t),2m_u(t)]$，根据式(4-70)，再由高斯分布的性质得

$$m_v(t)=m_0+(d_v-1)m_u(t) \tag{4-74}$$

而且

$$\tanh\frac{u_j}{2}=\prod_{i=1}^{d_c-1}\tanh\left(\frac{v_i}{2}\right) \tag{4-75}$$

则

$$E\left(\tanh\frac{u_j}{2}\right)=E\left[\prod_{i=1}^{d_c-1}\tanh\left(\frac{v_i}{2}\right)\right] \tag{4-76}$$

根据独立性假设，可知信息为独立同分布的，所以有

$$E\left(\tanh\frac{u_j}{2}\right)=E\left[\tanh\left(\frac{v_i}{2}\right)\right]^{d_c-1} \tag{4-77}$$

根据高斯过程的期望公式，有

$$E\left[\tanh\frac{u_j(t)}{2}\right]=\frac{1}{\sqrt{4\pi m_v(t)}}\int_R \tanh\frac{u_j(t)}{2}\exp\left\{-\frac{[u_j(t)-m_u(t)]}{4m_u(t)}\right\}\mathrm{d}u \tag{4-78}$$

定义如下函数：

$$\varphi(x)=\begin{cases}1-\dfrac{1}{\sqrt{4\pi x}}\displaystyle\int_R \tanh\frac{u}{2}\exp\left[-\frac{(u-x)}{4m_u(t)}\right]\mathrm{d}u, & x>0\\ 1, & x=0\end{cases} \tag{4-79}$$

联立式(4-78)和式(4-79)，得

$$1-\varphi[m_u(t)]=\{1-\varphi[m_0+(d_v-1)m_u(t)]\}^{d_c-1} \tag{4-80}$$

从而有

$$m_u(t)=\varphi^{-1}\{1-(1-\varphi[m_0+(d_v-1)m_u(t)])^{d_c-1}\} \tag{4-81}$$

其中，$\varphi^{-1}(x)$是 $\varphi(x)$的反函数，同时 Chung 等还给出了 $\varphi(x)$近似公式为

$$\varphi(x)=\begin{cases}\dfrac{1}{2}\sqrt{\dfrac{\pi}{4}}\exp\left(-\dfrac{x}{4}\right)\left(2-\dfrac{20}{7x}\right), & x\geqslant 10\\ \exp(-0.4527x^{0.86}+0.0218), & 0<x<10\end{cases} \tag{4-82}$$

根据式(4-81)和式(4-82)就可以得出规则 LDPC 码的阈值。

2. 非规则码的高斯估计

同样，对非规则码也可以跟踪阈值，设节点度数分布多项式为 $\gamma(x)$和 $\rho(x)$，分别由式(3-8)和式(3-9)给出。根据式(4-81)得出第 t 次迭代，度数为 i 的校验节点

输出的消息均值 $m_{u,i}(t)$ 为

$$m_{u,i}(t)=\varphi^{-1}\left(1-E\left\{\tanh\left[\frac{v(t-1)}{2}\right]\right\}^{(i-1)}\right) \tag{4-83}$$

设一个度数为 j 的信息节点输出的高斯消息均值为 $m_{v,j}(t)$，不同度数信息节点输出的高斯消息经过混合，形成均值 $m_v(t)=\sum_j \gamma_j m_{v,j}(t)$ 的独立同分布高斯混合消息，进入校验节点。不同度数校验节点输出的高斯消息经过混合，形成均值 $m_u(t)=\sum_i \rho_i m_{u,i}(t)$ 的独立同分布高斯混合消息，进入校验节点。从而 $E(\tanh\frac{v_j}{2})=1-\sum_j \gamma_j\varphi[m_{v,j}(t)]$，则式(4-83)成为

$$m_{u,i}(t)=\varphi^{-1}\left(1-\left\{1-\sum_j \gamma_j\varphi\left[m_{v,j}(t)\right]\right\}^{(i-1)}\right) \tag{4-84}$$

不同度数校验节点输出的高斯消息经过混合，形成均值为 $m_u(t)=\sum_i \rho_i m_{u,i}(t)$ 的独立同分布高斯混合消息，进入信息节点

$$m_{v,j}^{(l)}=m_0+(j-1)m_u^{(l)} \tag{4-85}$$

从而校验信息的均值进化公式为

$$m_u(t)=\sum_i \rho_i\varphi^{-1}\left(1-\left\{1-\sum_j \gamma_j\varphi\left[m_0+(j-1)m_u(t)\right]^{(i-1)}\right\}\right) \tag{4-86}$$

这就是非规则码的高斯估计公式。

事实上，任意给定一个规则码集合或者非规则码集合，AWGN 信道中高斯逼近的唯一启动值就是根据信道参数确定的 $m_0=\frac{2}{\sigma^2}$。当 $t\to\infty$ 时，$m_u(t)\to\infty$，m 或者 $m_v(t)\to\infty$ 成立的下确界，就是需要估计的阈值。

4.6.4　LDPC 码的 EXIT 图分析法

译码收敛性是指接收到的码字是否能够通过迭代方法接近正确码字，如果能够接近则说明收敛，EXIT 图是从互信息角度分析译码器的收敛性。

互信息(mutual information)可以充分反映译码器输入输出的相关性，它的特性有：①互信息是最准确的统计变量；②互信息也几乎是鲁棒性最好的统计变量，也就是说互信息不会随着信道、调制解调器等变化而有很大影响。

因此，采用互信息来观察密度进化过程，比采用其他参数跟踪密度进化过程要简单而且准确。通过后面的分析可以看出，EXIT 图分析得到的译码器阈值比高斯估计方法的性能更好。

1. EXIT 图的原理和译码器模型

典型的信道编译码模型如图 4-10 所示，该信道为广义信道，其中，信息序列 m

经过编码器输出为 x，再通过信道传输，输出为 y；通过译码器，判决输出为 $\hat{x}$。则它们有如下关系：$y=x+n$，其中，n 为噪声，这里只考虑加性噪声模型。假设译码器的输入 y 和输出 $\hat{x}$ 满足对应关系 $\hat{x}=f(y)$。考虑 y 与 $\hat{x}$ 和 y 与 x 之间的互信息，从信道方面说，y 与 x 间的互信息表示接收到的序列 y 从输入码字 x 那里获得的信息大小，称为信息函数 I_a，则 $I_a=H(X)-H(X|Y)$；同样 y 与 $\hat{x}$ 之间的互信息反映了译码器输出 $\hat{x}$ 根据校验关系和输入 y 获得附加的信息量，称为附加信息函数 I_e，则 $I_e=H(Y)-H(Y|\hat{X})$。

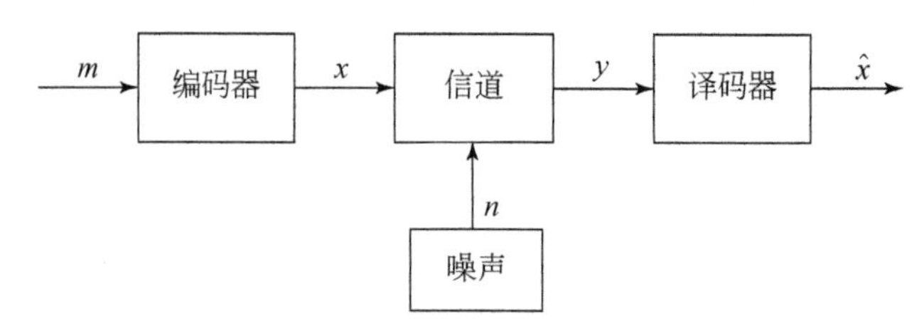

图 4-10　信道编译码模型

直观上讲，就是在传输过程中假如信道无损，则 $I_a=1$，但是传输中存在损失、噪声、干扰等影响，不确定因素增加，因此互信息减小。译码器的功能是将这个信道输出的信息量放大，从而使得最后输出的信息量接近先验信息量。因此，观察译码器的收敛性，也就是转化成观察附加信息将输入信息函数的放大情况，如果能够达到输入的先验信息量，那么就说明观察的译码器是收敛的，即译码错误在允许的范围内，否则称为译码器不收敛。

上面介绍了根据附加信息量判断译码器收敛的基本原理，下面具体讨论 EXIT 图观察收敛性的方法。EXIT 图基本上是对级联码来说的，它是通过观察级联码的子译码器之间的信息迭代，跟踪收敛性来实现的。这里为简化起见，讨论两级并行级联编码的译码器模型的情况，其译码器模型如图 4-11 所示。

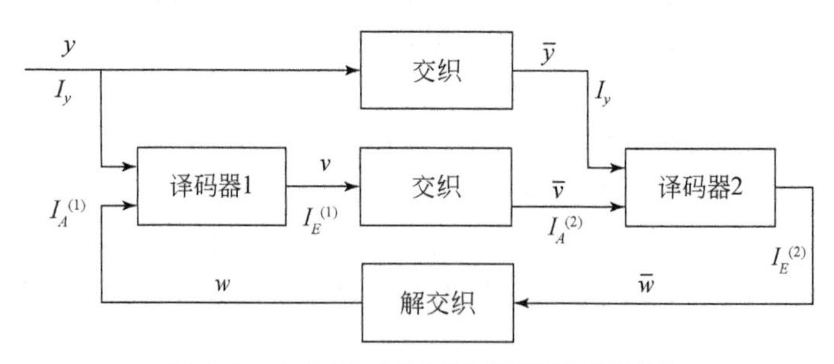

图 4-11　两级并行级联编码的译码器模型

不失一般性地，这里先不考虑交织器的影响，将交织与解交织等价到译码器 2

中,这样从统计的角度不会影响结果。

译码器 1 输入的信息为信道输出信息 I_y 和译码器 2 输出的信息 $I_A^{(1)}$。从译码器 1 输出的附加信息 $I_E^{(1)}$ 是关于 I_y 和 $I_A^{(1)}$ 的函数,设 $I_E^{(1)}=g(I_y,I_A^{(1)})$。同样译码器 2 的输出信息 $I_E^{(2)}$ 是关于 I_y 和 $I_A^{(2)}$ 函数,假设 $I_E^{(2)}=g(I_y,I_A^{(2)})$。联立 $I_E^{(2)}=g(I_y,I_A^{(2)})$,$I_E^{(1)}=g(I_y,I_A^{(1)})$得到的曲线称为 EXIT 曲线。如图 4-12 所示,就是一个典型的 EXIT 图。

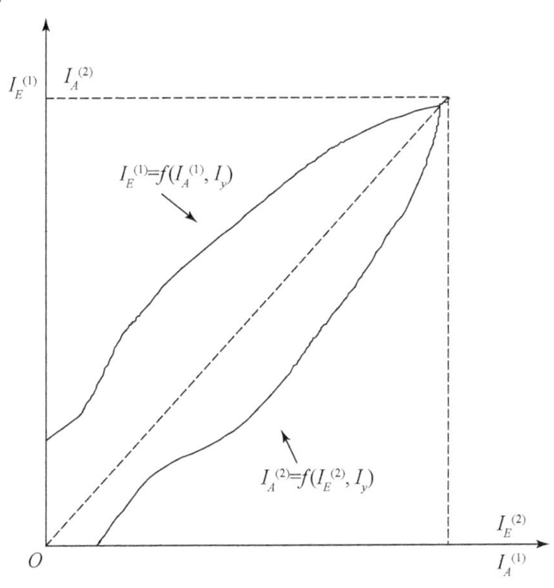

图 4-12　典型的 EXIT 图

上面已经说明一个译码器的信息函数和附加信息函数的关系。下面讨论级联译码器的情况,具体从直观的物理意义上分析,对于两个级联译码器来说,一次运算后,译码器 1 将运算得到的附加信息传递给译码器 2,然后,在译码器 2 中根据译码算法"放大"了译码器 1 传来的附加信息,译码器 1 获得译码器 2 的附加信息,进行"放大",如此交替迭代,直到互信息接近 1,这样,通过一定次数的迭代后,能够实现正确的译码,否则,说明无法实现正常译码。

下面具体分析 EXIT 曲线:

(1)若曲线相交,且交点的纵坐标为 1,则表示经过有限次迭代后,译码器能够输出正确的码字。

(2)若曲线相交,且交点的纵坐标小于 1,则表示经过有限次迭代后,译码器输出能够渐近地收敛至一个确定向量,但是不会收敛到正确的码字,可以据此来估计该译码器的译码平均错误概率。

(3)若曲线不相交,则译码器发散,表示译码器不收敛,也就是说无论多少次迭代也不会改善译码器的输出性能，这就说明了该译码器的性能无法预测。

目前 EXIT 曲线图分析法，是用来测度编码的一种重要标准，不仅限制在测度级联码的性能，并且已经推广至 LDPC 码、线性分组码。即能够使用迭代译码算法的码字基本上都可以使用 EXIT 图分析法。图 4-12 为典型的 EXIT 图。

2. EXIT 图的应用

虽然 LDPC 码的译码器表面上没有几个子译码器级联的情况，但是通过一定的转化，可以将 EXIT 曲线应用在 LDPC 码上，将 LDPC 码的译码器分成信息节点译码器（variable nodes decoder，VND）和校验节点译码器（check nodes decoder，CND）两部分，信息节点译码器可以视为一个重复码的译码器；校验节点译码器则看成一个单比特校验码的译码器，LDPC 码译码分为 M 个 CND 和 N 个 VND，它们之间通过边交织器连在一起，具体的模型如图 4-13 所示。下面以规则 LDPC 码为例，具体考虑附加信息的转移情况。LDPC 码分成多个子译码器，因此分析它们的信息转移情况可以从平均附加信息和平均先验信息着手。

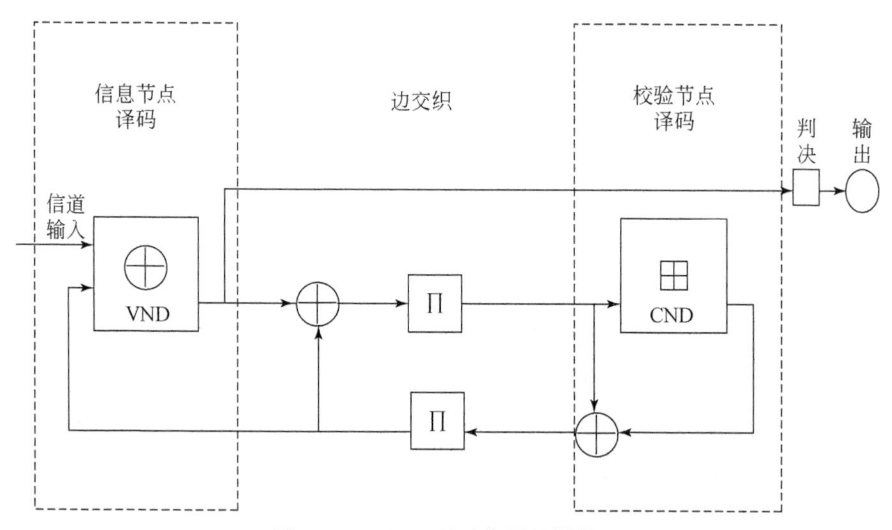

图 4-13　LDPC 码迭代译码器模型

平均附加信息：所有子译码器输出附加信息的平均值。

平均先验信息：所有子译码器输入先验信息的平均值。

对于规则 LDPC 码来说，各个校验节点和信息节点之间是等价的，假设它们独立同分布，则所有 VND 的附加信息相同，先验信息也相同；同样 CND 也是如此，因此，平均附加信息和平均先验信息就等于各个子译码器的附加信息和先验信息。在用 LLR 作为信息度量的情况下，和积算法中，信息节点和校验节点的更新消息 $v_{i,j}^{t}$ 和 $u_{i,j}^{t}$ 分别由式(4-6)和式(4-8)确定。

这里仅考虑在 AWGN 信道下的情况。

1)信息节点译码器

首先假设先验信息 $p(x=1)=p(x=-1)=0.5$,且假设 VND 输出每比特的附加信息为 $I_{E,\text{VND}}$,则有

$$I_{E,\text{VND}}=H(X)-H(x/v_{i,j}(t))$$
$$\begin{cases} p(x=1/v_{i,j}(t))=\begin{cases}1, & v_{i,j}(t)\geqslant 0\\ 0, & v_{i,j}(t)<0\end{cases} \\ p(x=-1/v_{i,j}(t))=\begin{cases}0, & v_{i,j}(t)\geqslant 0\\ 1, & v_{i,j}(t)<0\end{cases}\end{cases} \tag{4-87}$$

$H(x/v_{i,j}(t))$为

$$H(x/v_{i,j}(t))=\int_{-\infty}^{+\infty}\frac{e^{-\left(\frac{t-\frac{\delta^2}{2}}{2\delta^2}\right)^2}}{\sqrt{2\pi\delta^2}}\log_2[1+\exp(-t)]\,dt \tag{4-88}$$

令函数

$$J(\delta)=1-\int_{-\infty}^{+\infty}\frac{e^{-\left(\frac{t-\frac{\delta^2}{2}}{2\delta^2}\right)^2}}{\sqrt{2\pi\delta^2}}\log_2[1+\exp(-t)]\,dt$$

则

$$I_{E,\text{VND}}=J(\delta_{v_{i,j}})=J\sqrt{\frac{4}{\delta^2}+(d_v-1)\delta_u^2} \tag{4-89}$$

2)校验节点译码器

同理,CND 的附加信息函数为 $I_{E,\text{CND}}=J(\delta_u)=J\left(E\left\{2\text{artanh}\prod_{i=1}^{d_c}\tanh\left[\frac{v_{i,j}(t)}{2}\right]\right\}\right)$,由于两个译码器的信息互相迭代,则有 $I_{A,\text{VND}}=I_{E,\text{CND}}$,且 $\delta_u=J^{-1}(I_{A,\text{VND}})$。于是有

$$I_{E,\text{VND}}=J(\sqrt{\frac{4}{\delta^2}+(d_v-1)\,|\,J^{-1}(I_{A,\text{VND}})\,|^2}) \tag{4-90}$$

然而校验节点译码器的附加信息不容易通过表达式求出,模拟的结果为

$$I_{E,\text{VND}}\approx 1-I_{E,\text{VND}}(1-I_{A,\text{CND}})=1-J\left[\sqrt{d_c-1}\,J^{-1}(1-I_{A,\text{CND}})\right] \tag{4-91}$$

则

$$I_{A,\text{CND}}\approx 1-J\left[\frac{J^{-1}(1-I_E)}{\sqrt{d_c-1}}\right] \tag{4-92}$$

根据式(4-89)和式(4-92)就可得出 LDPC 码的 EXIT 图。图 4-14 和图 4-15 分别给出的是信噪比为 0.5dB 和 1.0dB 下,码率为 1/2,行、列中"1"个数为 6 和 3 的规则 LDPC 码的 EXIT 图。从图中很容易发现当信噪比为 0.5dB 时,LDPC 码的 EXIT 曲线相交点不在顶点,这时候 CND 的每次迭代能够提供给 VND 的信息量

很小,同样 VND 给 CND 的附加信息量也很小,因此,迭代到一定次数时就会出现不动点的情况,也就是无论再经过多少次迭代,译码性能也不会得到改善;当信噪比为 1.0dB 时,LDPC 码的 EXIT 曲线收敛在顶点,因此经过有限次迭代能够正确译码,也就是译码器最终能够实现无错误译码。EXIT 图给出了分析 LDPC 码性能的重要手段,是构造 LDPC 码的一个重要依据。

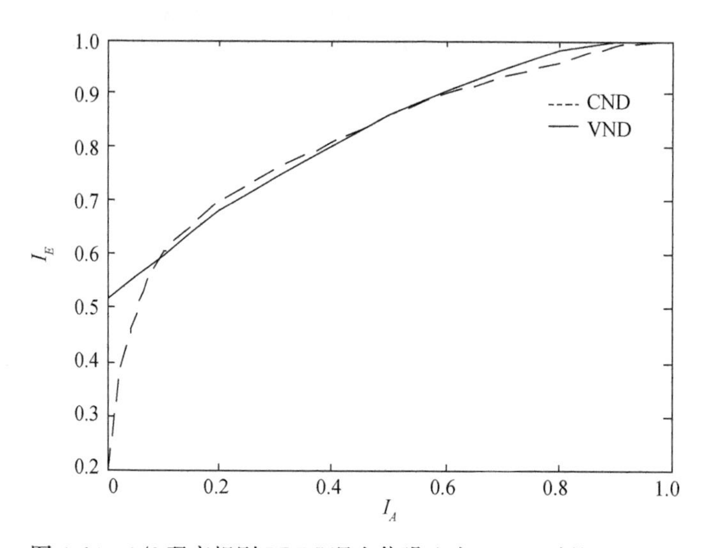

图 4-14　1/2 码率规则 LDPC 码在信噪比为 0.5dB 时的 EXIT 图

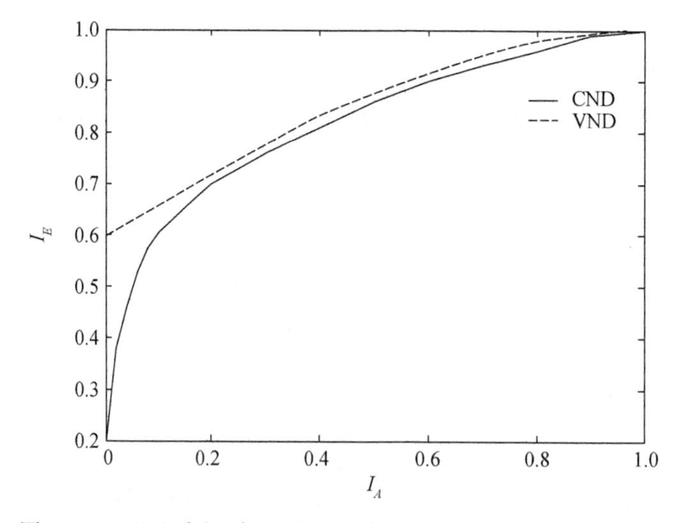

图 4-15　1/2 码率规则 LDPC 码在信噪比为 1.0dB 时的 EXIT 图

4.7　低密度校验码的迭代次数估计

4.6 节已经阐明 LDPC 码的每次迭代是节点信息的更新。在迭代过程中，附加信息转移过程如图 4-16 所示，译码器在迭代过程中先是 VND 将附加信息传送给 CND；然后 CND 将更新信息传送给 VND，如此信息迭代，最终完成译码过程。但是当每个译码器的信息量达到一定量后，每次迭代再转化的信息很少，对结果影响不是很大。只有迭代无穷次数才可能实现无错误译码(不过这个无错误译码需要满足一个条件，即噪声水平在香农限和 LDPC 码的阈值范围内)。

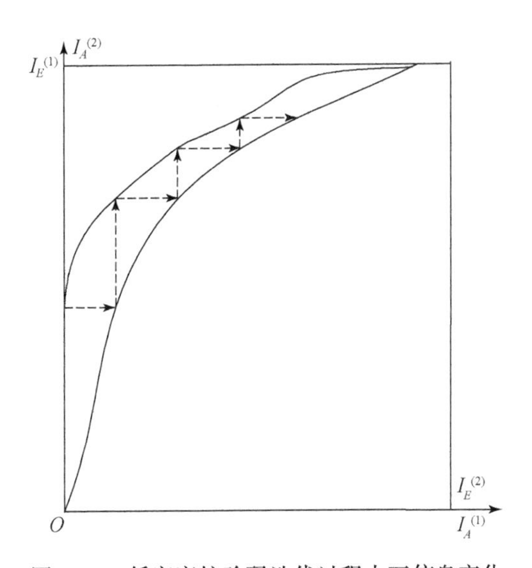

图 4-16　低密度校验码迭代过程中互信息变化

因此，估计迭代次数必须给定一个允许的误码率，即当误码率小于这个允许的误码率就视为无错误译码。设给定的误码率为 P_e，也就是当信息量大于等于 $I[1-H(P_e)]$时，就可以视为无错误译码。

下面具体给出规则 LDPC 码迭代次数估计过程：

(1)给出允许的误码率 P_e，计算信息量 $I=1-H(P_e)$，在译码过程中达到这个信息量才可以认为无错误译码。

(2)根据信道输出信息，计算 VND 的初始值 $I_{E,\mathrm{VND}}^{(0)}(I_{A,\mathrm{VND}}=0,I_\gamma)$，传递给 CND 得出第一次迭代的平均信息 $I_{E,\mathrm{CND}}^{(1)}[I_{E,\mathrm{VND}}^{(0)}(I_{A,\mathrm{VND}}=0,I_\gamma)]$，然后将得出的信息量传给 VND，得出 VND 的迭代一次的平均信息量为

$$I_{E,\mathrm{VND}}^{(1)}\{I_{E,\mathrm{CND}}^{(1)}[I_{E,\mathrm{VND}}^{(0)}(I_{A,VND}=0,I_\gamma)]\}$$

判断 $I_{E,\mathrm{VND}}^{(1)}$与 I 的大小，若 $I_{E,\mathrm{VND}}^{(1)}\geqslant I$，则表示实现无错误译码，终止迭代，得出

估计平均迭代次数为 1；当 $I_{E,\mathrm{VND}}^{(1)}<I$ 时，表示没有达到要求的信息量，重新迭代，直到得出 $I_{E,\mathrm{VND}}^{(t)}\geqslant I$，此时平均迭代次数为 t。

4.8 多进制 LDPC 码的译码

4.8.1 多进制 LDPC 码的迭代译码

有限域 GF(q)上的多进制 LDPC 码可以认为是二进制 LDPC 码的一般化。和积译码算法同样适用于多进制 LDPC 码。

平稳无记忆信道输出向量 $\boldsymbol{y}=(y_1,y_2,\cdots,y_N)$的似然函数为 $f(\boldsymbol{y}|\boldsymbol{x})=\prod_{j=1}^{N}f(y_j|x_j)$。设 a 为码元符号，$a\in\mathrm{GF}(q)$，迭代算法的初始消息 f_j^a 是 $x_j=a$ 的信道输出似然概率，由 $f(y_j|x_j)$计算，$R_{i,j}^a$ 为校验消息，$Q_{i,j}^a$ 为信息消息。同二进制 LDPC 码的译码相同，首先计算$\{f_j^a\}$和初始化$\{R_{i,j}^a\}$，然后在每次迭代中，每个 y_j 和 z_i 节点向其所有 x_j 父节点分别传递 f_j^a 和 $R_{i,j}^a$ 信息，然后每个 x_j 节点向其所有 z_i 子节点传递已更新的 $Q_{i,j}^a$ 消息，用以更新 $R_{i,j}^a$。每个 y_j 节点只向父节点 x_j 传递消息，但不接收消息。如果算法收敛，经过足够次数的迭代后，将渐近求出后验边界分布 $f(x_1|\boldsymbol{y}),f(x_2|\boldsymbol{y}),\cdots,f(x_N|\boldsymbol{y})$，实现逐符号最大后验概率译码。

令集合 $M(j)=\{i:h_{ij}=1\}$表示变量 x_j 参加的校验集，$M(j)\backslash i$ 表示 $M(j)$不包含 i 的子集；$N(i)=\{j:h_{ij}=1\}$表示校验 z_i 约束的局部码元信息集，$N(i)\backslash j$ 表示 $N(i)$不包含 j 的子集，消息更新规则为

$$Q_{i,j}^a=P[x_j=a|y_j,\{Z_k\},k\in M(j)\backslash i]=\alpha_{i,j}f_j^a\prod_{k\in M(j)\backslash i}R_{k,j}^a,\quad a\in\mathrm{GF}(q) \tag{4-93}$$

$$R_{i,j}^a=P(z_i|x_j=a)=\sum_{x:x_j=a}P(z_i|x)\prod_{k\in N(i)\backslash j}Q_{i,k}^{x_k},\quad a\in\mathrm{GF}(q) \tag{4-94}$$

式(4-93)中，$\alpha_{i,j}$是归一化因子。式(4-94)中，$P(z_i|x)$是表示校验 z_i 对码字 $\boldsymbol{x}$ 局部约束的特征函数，码字等概率发送时，可取局部指示(indicator)函数，即当 $\boldsymbol{x}$ 满足 z_i 局部限制时，指示函数取值为任意正常数，否则取值为 0，乘积项表示子集变量特定取值的联合概率。

设判决向量 $\hat{\boldsymbol{x}}=(\hat{x}_1,\hat{x}_2,\cdots,\hat{x}_N)$，逐符号判决准则为

$$\hat{x}_j=\mathrm{argmax}\left\{Q_j^a=\alpha f_j^a\prod_{i\in M(j)}R_{i,j}^a\right\} \tag{4-95}$$

但是对于多进制 LDPC 码，其译码算法的复杂度与 q^2 成比例。而采用傅里叶变换译码可降低译码算法的复杂性。式(4-94)还可写为

$$r_{i,j}^a=\sum_{X:x_n=a}\sigma\Big(\sum_{k\in N(m)}H_{i,k}x_k\Big)\prod_{k\in N(i)\backslash j}Q_{i,k}^{x_k} \tag{4-96}$$

式(4-96)表示对 $Q_{i,k}^{x_k}(k\in N(i))$做卷积，求和式可以用 $Q_{i,k}^{x_k}$在 $k\in N(i)\backslash j$ 上做傅里叶变换后的积，再做傅里叶逆变换来代替。在 GF(2)上，函数 f 的傅里叶变换 F 为 $F^0=f^0+f^1, F^1=f^0-f^1$。在 GF(2^p)上的傅里叶变换可视为 p 维空间上的一系列二进制变换，对 GF(4)有

$$\begin{aligned}F^0&=[f^0+f^1]+[f^2+f^3]\\F^1&=[f^0-f^1]+[f^2-f^3]\\F^2&=[f^0+f^1]-[f^2+f^3]\\F^3&=[f^0-f^1]-[f^2-f^3]\end{aligned}\tag{4-97}$$

令$(q_{i,k}^0, q_{i,k}^1, \cdots, q_{i,k}^{q-1})$表示矢量$(Q_{i,k}^0, Q_{i,k}^1, \cdots, Q_{i,k}^{q-1})$的傅里叶变换，现在 $R_{i,j}^a$ 是 $\left\{\left[\prod_{k\in N(i)\backslash j} q_{i,k}^0\right], \left[\prod_{k\in N(i)\backslash j} q_{i,k}^1\right], \cdots, \left[\prod_{k\in N(i)\backslash j} q_{i,k}^{q-1}\right]\right\}$ 的傅里叶逆变换的第 a 个分量。

4.8.2 多进制 LDPC 码的性能

图 4-17 是伴随 AWGN 的磁记录信道(magnetic recording channel, MRC)下 RS 码与多进制 LDPC 码的性能曲线对比。可以看到多进制 LDPC 码的性能明显好于 RS 码。

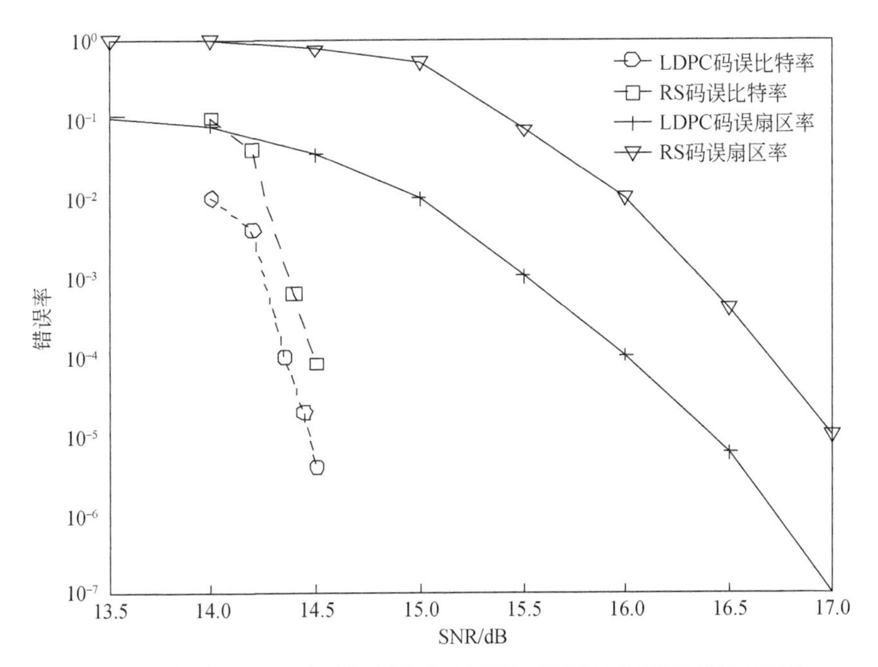

图 4-17　伴随 AWGN 的磁记录信息 RS 码与多进制 LDPC 码的性能对比

4.9 本章小结

二元 LDPC 码拥有多种软判决译码算法，它们具有不同计算复杂度，进而对应不同的译码性能。本章首先对这些算法行列更新过程间的内在联系进行了深入分析。然后以一种新的方式推导出 BP 算法的行更新过程，得出 MS 算法和 BP 算法行更新过程间的紧密联系，进一步得出归一化 MS 算法和偏移修正 MS 算法削弱校验节点传递给信息节点的可靠度信息幅度的本质是减小对数运算的真数。接着以详细的理论推导为基础，提出了基于有限项求和的简化算法。相对于传统的 BP 算法，新提出算法的行更新过程更加简单，且译码性能无损失。最后，为了方便对译码算法的性能进行理论分析，给出了高斯估计法和外信息转移曲线分析法等两种性能评估和分析方法。相对于二元 LDPC 码，多元 LDPC 码具有十分优异的性能，虽然计算复杂度相对较大，但其在新一代蜂窝移动通信系统中应用的趋势已经不可阻挡，本章最后对多元 LDPC 码的译码算法进行了简单描述。

参考文献

[1] 王新梅，肖国镇．纠错码——原理与方法[M]．修订版．西安：西安电子科技大学出版社，2001.

[2] Lin S, Costello Jr D J. Error Control Coding: Fundamentals and Application[M]. Englewood Cliffs: Prentice-Hall, 1983.

[3] 文红，符初生，周亮．LDPC 码原理与应用[M]．成都：电子科技大学出版社，2006.

[4] Chen J H, Dholakia A, Eleftheriou E, et al. Reduced-complexity decoding of LDPC codes[J]. IEEE Transactions on Communications, 2005, 53(8): 1288-1299.

[5] Hagenauer J, Offer E, Papke L. Iterative decoding of binary block and convolutional codes[J]. IEEE Transactions on Information Theory, 1996, 42(2): 429-445.

[6] Gallager R G. Low density parity check codes[J]. IRE Transactions on Information Theory, 1962, 8(1): 21-28.

[7] Lucas R, Fossorier M P C, Kou Y, et al. Iterative decoding of one-step majority logic deductible codes based on belief propagation[J]. IEEE Transactions on Communications, 2000, 48(6): 931-937.

[8] Fossorier M P C. Iterative reliability-based decoding of low-density parity checkcodes[J]. IEEE Journal on Selected Areas in Communications, 2001, 19(5): 908-917.

[9] Yazdani M R, Hemati S, Banihashemi A H. Improving belief propagation on graphs with cycles[J]. IEEE Communications Letters, 2004, 8(1): 57-59.

[10] Land I, Hoeher P A, Gligorevic S. Computation of symbol-wise mutual information in transmission systems with LogAPP decoders and application to EXIT charts[C]// Proceedings of the International ITG Conference on Source and Channel Coding, Erlangen,

2004:195-202.

[11] Huang C H. Improved SOVA and APP decoding algorithms for serial concatenated codes [C]//IEEE Global Telecommunications Conference, Dallas, 2004, (1): 189-193.

[12] Berrou C, Glavieux A, Thitimajshima P. Near Shannon limit error-correcting coding and decoding: Turbo-codes. 1 [C]//Proceedings of ICC'93- IEEE International Conference on Communications, Geneva, 1993: 1064-1070.

[13] Berrou C, Glavieux A. Near Shannon limit error-correcting coding and decoding: Turbo codes[J]. IEEE Transactions on Communications, 1996, 44(10): 1261-1271.

[14] Colavolpe G, Ferrari G, Raheli R. Extrinsic information in iterative decoding: A unified view [J]. IEEE Transactions on Communications, 2001, 49(12): 2088-2094.

[15] Fossorier M P C, Mihaljevic M, Imai H. Reduced complexity iterative decoding low-density parity check codes based on belief propagation[J]. IEEE Transactions on Information Theory, 1999, 47(5): 673-680.

[16] Chen J H, Fossorier M P C. Near optimum universal belief propagation based on decoding of low-density parity check codes[J]. IEEE Transactions on Communications, 2002, 50(3): 406-414.

[17] Massey J L. Threshold Decoding[M]. Cambridge: MIT Press, 1963.

[18] 张立军,刘明华,卢萌．低密度奇偶校验码加权大数逻辑译码研究[J]. 西安交通大学学报, 2013, 47(4): 35-38, 50.

[19] Guilloud F, Boutillon E, Danger J. λ-min decoding algorithm of regular and irregular LDPC codes[C]//Proceedings of International Symposium on Turbo Codes and Related Topics, Brest, 2003:451-454.

[20] Ashikhmin A, Kramer G, Brink S T. Extrinsic information transfer functions: Model and erasure channel properties[J]. IEEE Transactions on Information Theory, 2004, 50(11): 2657-2673.

[21] Hagenauer J. The EXIT chart-introduction to the extrinsic information transfer in iterative processing[C]//Proceedings of the 12th European Signal Processing Conference, Vienna, 2004:1541-1548.

[22] Brink S T, Kamer G, Ashikhmin A. Design of low-density parity-cheek codes for modulation and detection[J]. IEEE Transactions on Communications, 2004, 52: 670-678.

[23] Sharon E, Ashikllmin A, Litsyn S. Analysis of low-density parity-cheek codes based on EXIT functions[J]. IEEE Transactions on Communications, 2006, 54(8): 1407-1414.

第5章　基于可靠度软信息的BF算法

5.1　引　　言

本章介绍基于可靠度软信息的LDPC码比特翻转译码算法。首先给出两种基于幅度和的WBF算法。然后给出一种可靠度偏移修正方案。此方案也适用于已有的基于可靠度比率的WBF算法。本章还会对研究较少的梯度下降比特翻转算法进行性能和收敛速度的优化。

5.2　沿用传统译码路径的BF算法

Gallager提出的比特翻转算法可描述如下[1,2]。

步骤1:设定迭代次数 k 的初值为1,终值为 $K_{\max}$ 。

步骤2:用 $\boldsymbol{x}$ 计算 $\boldsymbol{s}=\boldsymbol{x}\boldsymbol{H}^{\mathrm{T}}$ 。若 $\boldsymbol{s}$ 全零,则停止迭代,输出 $\boldsymbol{x}$,否则转下一步。

步骤3:用 $E_n=\sum_{m\in\boldsymbol{B}(n)}s_m$ 计算信息节点不满足校验约束的个数,翻转 $\{x_n|n=\underset{n\in[1,N]}{\operatorname{argmax}}E_n\}$;

步骤4:用步骤3得到的 $\boldsymbol{x}$ 计算 $\boldsymbol{s}$,若 $\boldsymbol{s}$ 全零,则停止迭代,输出 $\boldsymbol{x}$;若 $\boldsymbol{s}$ 不全为零,但 $k>K_{\max}$,则停止迭代,输出 $\boldsymbol{x}$ 。否则 $k=k+1$,转至步骤3。

由于不涉及任何可靠度软信息,比特翻转算法实现最为简单。如果引入可靠度软信息,那么可改善算法性能,在计算复杂度和译码性能间达到较好的折中[3]。

重新定义码字 $\boldsymbol{w}$ 的BPSK调制信号为 $\tilde{\boldsymbol{w}}=(2w_1-1,\cdots,2w_n-1,\cdots,2w_N-1)$,则 $L_n=\ln[P(w_n=1|r_n)/P(w_n=0|r_n)]=\frac{4}{N_0}r_n$ 。信息节点 v_n 的可靠度与 $|L_n|$ 呈正比例关系[3],均匀误差分布能保证 $|L_n|$ 的均值 $E(|L_n|)$ 相等。若差错模式非均匀,则具有较低可靠度的 v_n 的 $|L_n|$ 较小,进而对应较小的 $E(|L_n|)$ 。较低的可靠度会造成误差传播,不利于译码,可考虑采用文献[4]和文献[5]中的方案对 $\{|L_n||n\in[1,N]\}$ 进行修正处理。此时等价于在假设 L_n 符号正确的前提下通过大于1的加权系数 α 或大于零的加性因子 β 对 $|L_n|$ 进行修正,进而保证 $\{E(|L_n|)|n\in[1,N]\}$ 趋于相等[6]。均匀误差分布等价于 $\alpha=1$ 或 $\beta=0$,传统基于可靠度软信息的比特翻转译码算法的研究都在此模式下进行。

WBF算法是最为典型的基于可靠度软信息的比特翻转算法。其译码过程如下[3]。

步骤1:设定迭代次数 k 的初值为1,终值为 $K_{\max}$ 。

步骤2:用 $\boldsymbol{x}$ 计算 $\boldsymbol{s}$ 。若 $\boldsymbol{s}$ 全零,则停止迭代,输出 $\boldsymbol{x}$,否则计算 c_m 传递给 v_n 的可靠度信息 ω_m 为

$$\omega_m = \min_{n\in \boldsymbol{A}(m)}\{|r_{mn}|\},\quad m\in[1,M] \tag{5-1}$$

步骤3:计算翻转函数 E_n 为

$$E_n = \sum_{m\in \boldsymbol{B}(n)} \omega_m(2s_m - 1),\quad n\in[1,N] \tag{5-2}$$

步骤4:比特翻转为

$$x_n = (x_n + 1)\bmod 2,\quad n = \underset{n\in[1,N]}{\arg\max}\, E_n \tag{5-3}$$

步骤5:用步骤4得到的 $\boldsymbol{x}$ 计算 $\boldsymbol{s}$,若 $\boldsymbol{s}$ 全零,则停止迭代,输出 $\boldsymbol{x}$;若 $\boldsymbol{s}$ 不全为零,但 $k > K_{\max}$,则停止迭代,输出 $\boldsymbol{x}$ 。否则 $k=k+1$,跳至步骤3。

WBF算法的 E_n 仅涉及来自 $c_m(m\in[1,M])$ 的可靠度信息,性能并不理想。通过加权系数 α 将来自 $c_m(m\in[1,M])$ 和 v_n 自身的可靠度信息在 E_n 中有效地融合[7],MWBF算法取得了可观的编码增益。基于置信传播理论,文献[8]提出了IMWBF算法。文献[9]给出 ω_{mn} 一种新颖计算方法,记为LP-WBF(Liu Pados WBF)算法。基于可靠度比率的WBF(reliability ratio based WBF,RRWBF)算法[10]的理论依据为:c_m 校验约束的 v_n 构成一个集合,c_m 传递给 v_n 的 $\omega_m n$ 应涉及集合中每个 v_n 的可靠度信息。低复杂度RRWBF算法由文献[11]给出。文献[12]对RRWBF算法进行详细理论推导,得出 ω_{mn} 更加精确的表示形式。

由上述分析可知,ω_m(或 ω_{mn})在整个迭代过程中不需更新。c_m 将 s_m 传给 v_n 用于计算 E_n ,v_n 将 x_n 传回 c_m 用于更新 s_m ,故隶属于二元置信传播算法[13],又可归为混合译码算法[14],计算复杂度适中。为分析方便,记文献[10]和文献[12]中的算法分别为RRWBF-1和RRWBF-2。表5-1为各算法的权重和翻转函数计算方法。

表5-1 各算法的权重和翻转函数计算方法

算法	权重	翻转函数
WBF	$\omega_m = \min_{n\in \boldsymbol{A}(m)} \lvert r_{mn}\rvert$	$E_n = \sum_{m\in \boldsymbol{B}(n)} \omega_m(2s_m - 1)$
MWBF	$\omega_m = \min_{n\in \boldsymbol{A}(m)} \lvert r_{mn}\rvert$	$E_n = \sum_{m\in \boldsymbol{B}(n)} \omega_m(2s_m - 1) - \alpha\lvert r_n\rvert$
IMWBF	$\omega_{mn} = \min_{n'\in \boldsymbol{A}(m)\backslash n} \lvert r_{mn'}\rvert$	$E_n = \sum_{m\in \boldsymbol{B}(n)} \omega_{mn}(2s_m - 1) - \alpha\lvert r_n\rvert$
RRWBF-1	$\omega_{mn} = \sum_{n\in \boldsymbol{A}(m)} \lvert r_{mn}\rvert / \lvert r_n\rvert$	$E_n = \sum_{m\in \boldsymbol{B}(n)} \omega_{mn}(2s_m - 1)$
RRWBF-2	$\omega_{mn} = \sum_{n'\in \boldsymbol{A}(m)\backslash n} \lvert r_{mn'}\rvert / \lvert r_n\rvert$	$E_n = \sum_{m\in \boldsymbol{B}(n)} \omega_{mn}(2s_m - 1)$

5.3 沿用全新译码路径的 WBF 算法

5.3.1 基于 BP 算法的 WBF 算法

BP 算法第 1 次迭代后，v_n 的 LLR 值可表示为[15]

$$L_n^1=\ln\left[\frac{P(v_n=1\mid \boldsymbol{s}_{mn}=0,\boldsymbol{r})}{P(v_n=0\mid \boldsymbol{s}_{mn}=0,\boldsymbol{r})}\right]$$
$$=L_n+\sum_{m\in \boldsymbol{B}(n)}[2(s_m\oplus v_n)-1]\Phi^{-1}\left[\sum_{n'\in \boldsymbol{A}(m)\backslash n}\Phi(\mid L_{mn'}\mid)\right]$$
$$=(1-2v_n)\left[\sum_{m\in \boldsymbol{B}(n)}(2s_m-1)\omega_{mn}^1-\mid L_n\mid\right]=(1-2v_n)E_n \tag{5-4}$$

其中，

$$\omega_{mn}^1=\Phi^{-1}\left[\sum_{n'\in \boldsymbol{A}(m)\backslash n}\Phi(\mid L_{mn'}\mid)\right]=\Phi^{-1}\left[\sum_{n\in \boldsymbol{A}(m)}\Phi(\mid L_{mn}\mid)-\Phi(\mid L_{mn}\mid)\right] \tag{5-5}$$

$$E_n=\sum_{m\in \boldsymbol{B}(n)}(2s_m-1)\omega_{mn}^1-\mid L_n\mid \tag{5-6}$$

在最优的 BP-based WBF 算法中，权重通过式(5-5)得到，每次迭代后翻转 v_n，其中，$n=\underset{n\in[1,N]}{\arg\max}\, E_n$。在式(5-6)中引入归一化因子和偏移因子，则分别得到最优化的 NBP-based WBF 和 OBP-based WBF 算法[15]。此时，式(5-6)变为

$$E_n=\sum_{m\in \boldsymbol{B}(n)}(2s_m-1)\omega_{mn}^1-\alpha\mid L_n\mid \tag{5-7}$$

$$E_n=\sum_{m\in \boldsymbol{B}(n)}(2s_m-1)\max(\omega_{mn}^1-\gamma,0)-\mid L_n\mid \tag{5-8}$$

其中，α 和 γ 为待优化的加权系数和偏移因子。

5.3.2 基于幅度和的 WBF 算法

以最小二乘法对 $\Phi(x)$ 进行分段线性逼近处理，得到的结果如图 5-1 所示[16]。$\Phi(x)$ 可近似为[12,16]

$$\Phi(x)\approx\begin{cases}\Phi_1(x)=p_{11}x+p_{11}, & 0\leqslant x\leqslant a\\ \Phi_2(x)=p_{01}x+p_{02}, & a<x<2v-a\\ \Phi_3(x)=p_{21}x+p_{22}, & 2v-a\leqslant x<-a/k\end{cases} \tag{5-9}$$

其中，v 满足 $\Phi(v)=v$。

注意到 $\Phi_1(x)$ 和 $\Phi_3(x)$ 互为反函数，故式(5-9)可变为

$$\Phi(x)\approx\begin{cases}\Phi_1(x)=(x-a)/k, & 0\leqslant x\leqslant a\\ \Phi_2(x)=p_{01}x+p_{02}, & a<x<2v-a\\ \Phi_3(x)=kx+a, & 2v-a\leqslant x<-a/k\end{cases} \tag{5-10}$$

其中，k 为直线 $\Phi_3(x)$ 的斜率。

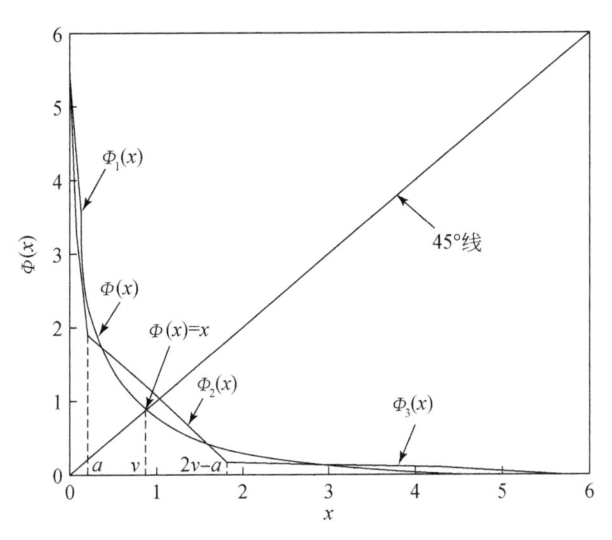

图 5-1　$\Phi(x)$ 的分段线性逼近

选择合适的加权系数 $\lambda(\lambda>0)$，使得 $|\lambda L_{mn}|=\left|\frac{2\lambda}{\sigma^2}r_{mn}\right|\in[0,a]$，$n\in[1,N]$。则式(5-5)可近似为[12,16]

$$\begin{aligned}\omega_{mn}^1&=\Phi^{-1}\Big[\sum_{n'\in\mathbf{A}(m)\backslash n}\Phi(|\lambda L_{mn'}|)\Big]\approx\Phi^{-1}\Big[\sum_{n'\in\mathbf{A}(m)\backslash n}\Phi_1(|\lambda L_{mn'}|)\Big]\\&=\Phi^{-1}\Big(\sum_{n'\in\mathbf{A}(m)\backslash n}\frac{|\lambda L_{mn'}|-a}{k}\Big)\approx\Phi_3\Big(\sum_{n'\in\mathbf{A}(m)\backslash n}\frac{|\lambda L_{mn'}|-a}{k}\Big)\\&=k\Big(\sum_{n'\in\mathbf{A}(m)\backslash n}\frac{|\lambda L_{mn'}|-a}{k}\Big)+a=\sum_{n'\in\mathbf{A}(m)\backslash n}(|\lambda L_{mn'}|-a)+a\\&=\sum_{n'\in\mathbf{A}(m)\backslash n}|\lambda L_{mn'}|+(2-d_c)a\overset{\text{def}}{=}\omega_1\end{aligned}\tag{5-11}$$

考虑到式(5-5)的结果，式(5-11)可变为

$$\omega_{mn}^1\approx\omega_1=\frac{2\lambda}{\sigma^2}\sum_{n'\in\mathbf{A}(m)\backslash n}|r_{mn'}|+(2-d_c)a\tag{5-12}$$

进而式(5-6)可近似为[12,16]

$$E_n\approx E_n^1=\sum_{m\in\mathbf{B}(n)}(2s_m-1)\omega_1-\frac{2\lambda}{\sigma^2}|r_n|\tag{5-13}$$

文献[16]认为式(5-12)中等号后的第 2 项相对于第 1 项很小，可忽略不计。则有

$$\omega_{mn}^1\approx\omega_2=\frac{2\lambda}{\sigma^2}\sum_{n'\in\mathbf{A}(m)\backslash n}|r_{mn'}|\tag{5-14}$$

则此时,式(5-13)可进一步近似为

$$\begin{aligned} E_n \approx E_n^2 &= \sum_{m \in \boldsymbol{B}(n)} (2s_m - 1)\omega_2 - \frac{2\lambda}{\sigma^2} |r_n| \\ &= \frac{2\lambda}{\sigma^2} \left[\sum_{m \in \boldsymbol{B}(n)} (2s_m - 1) \sum_{n' \in \boldsymbol{A}(m) \setminus n} |r_{mn'}| - |r_n| \right] \end{aligned} \tag{5-15}$$

则有

$$\frac{\sigma^2}{2\lambda} E_n = \sum_{m \in \boldsymbol{B}(n)} (2s_m - 1) \sum_{n' \in \boldsymbol{A}(m) \setminus n} |r_{mn'}| - |r_n| \tag{5-16}$$

显然,对于串行 WBF 算法[3,7,8]而言,每次进行单比特翻转,则忽略式(5-16)中的乘性系数 $\sigma^2/2\lambda$ 并不会对翻转结果产生任何影响。由此得[16]

$$E_n = \sum_{m \in \boldsymbol{B}(n)} (2s_m - 1)\omega_{mn} - |r_n| \tag{5-17}$$

其中,

$$\omega_{mn} = \sum_{n' \in \boldsymbol{A}(m) \setminus n} |r_{mn'}| \tag{5-18}$$

上述算法即为文献[16]中的信道独立的 WBF(channel independent WBF, CIWBF)算法。对式(5-5)进行两次近似处理[即式(5-12)和式(5-14)]可得到不涉及指数运算和对数运算的式(5-18)。因此,CIWBF 算法是对 BP-based WBF 算法的近似,是一种次优的 BP-based WBF 算法。

将上述推导过程运用到式(5-7)中,可得

$$E_n = \sum_{m \in \boldsymbol{B}(n)} (2s_m - 1)\omega_{mn} - \alpha |r_n| \tag{5-19}$$

式(5-19)即为文献[17]中基于幅度和的改进型 WBF(modified sum of the magnitude based WBF,MSMWBF)算法的翻转函数。故 MSMWBF 算法是一种次优的 NBP-based WBF 算法,其性能必然优于 CIWBF 算法。文献[17]中的基于幅度和的 WBF(sum of the magnitude based WBF,SMWBF)算法是对式(5-19)的一种近似,其翻转函数为

$$E_n = \sum_{m \in \boldsymbol{B}(n)} (2s_m - 1)\omega_{mn} \tag{5-20}$$

文献[17]中的 SMWBF 算法、文献[16]中的 CIWBF 算法和文献[17]中的 MSMWBF 算法,三者都以幅度和作为权重计算方式,只是翻转函数计算方式不同[分别通过式(5-20)、式(5-17)和式(5-19)得到]。三者的计算复杂度依次增大,性能也依次提升。

5.3.3 计算复杂度分析

本小节在分析计算复杂度时采用的条件为:忽略算法中的二元运算和少量乘法运算且认为比较运算等同于加法运算。以规则 LDPC 码为例来比较各算法加法

运算平均总次数。以往在分析计算复杂度时，忽略了第一次迭代前预处理阶段的计算复杂度[8]。理论分析和仿真结果表明，大部分帧在信噪比较高时经过较少次迭代便收敛，这使得预处理阶段的计算复杂度在整体计算复杂度中所占的比例较高。忽略预处理会造成较大误差。故将第一次迭代前预处理阶段所涉及的计算复杂度考虑在内。

由 5.2 节的分析可知，各算法都进行单比特翻转。比特被翻转后要先对 $\boldsymbol{s}$ 更新进而对 E_n 更新。设在第 k 次迭代中第 η 个信息节点被翻转，则在第 $k+1$ 次迭代中需更新第 n 个信息节点的 E_n，其中，n 满足：$\{n|n\in\boldsymbol{A}(m),m\in\boldsymbol{B}(\eta)\}$，且又需更新 E_n 的信息节点的最大个数为：$d_v(d_c-1)+1$ [8]。具体更新过程为：首先计算 $s_m^{k+1}=1-s_m^k,m\in\boldsymbol{B}(\eta)$，然后按表 5-2 给出的方法更新翻转函数。表 5-3 给出各算法加法运算平均总次数的计算方法，其中，$I_j(j\in[1,6])$ 表示平均迭代次数。

表 5-2　各算法翻转函数更新方法

算法	翻转函数更新方法
WBF 和 MWBF	$E_n^{k+1}=E_n^k+2\sum_{m\in\boldsymbol{B}(\eta)}\omega_m(2s_m^{k+1}-1),\quad n\in\boldsymbol{A}(m),m\in\boldsymbol{B}(\eta)$
IMWBF	$E_n^{k+1}=E_n^k+2\sum_{m\in\boldsymbol{B}(\eta)}\omega_{mn}(2s_m^{k+1}-1),\quad n\in\boldsymbol{A}(m),m\in\boldsymbol{B}(\eta)$
LP-WBF	$E_n^{k+1}=E_n^k+\sum_{m\in\boldsymbol{B}(\eta)}\omega_{mn}(1-2s_m^{k+1}),\quad n\in\boldsymbol{A}(m),m\in\boldsymbol{B}(\eta)$
SMWBF 和 MSMWBF	$E_n^{k+1}=E_n^k+2\sum_{m\in\boldsymbol{B}(\eta)}\omega_{mn}(2s_m^{k+1}-1),\quad n\in\boldsymbol{A}(m),m\in\boldsymbol{B}(\eta)$

表 5-3　各算法加法运算平均总次数

算法	加法运算平均总次数
WBF	$M(d_c-1)+N(d_v-1)+(N-1)+(N-1+d_cd_v)(I_1-1)$
MWBF	$M(d_c-1)+Nd_v+(N-1)+(N-1+d_cd_v)(I_2-1)$
LP-WBF	$M[2(d_c-1)+d_c]+N(d_v-1)+(N-1)+(N-1+d_cd_v)(I_3-1)$
IMWBF	$M(2d_c-3)+Nd_v+(N-1)+(N-1+d_cd_v)(I_4-1)$
SMWBF	$M(2d_c-1)+N(d_v-1)+(N-1)+(N-1+d_cd_v)(I_5-1)$
MSMWBF	$M(2d_c-1)+Nd_v+(N-1)+(N-1+d_cd_v)(I_6-1)$

5.3.4　仿真结果与统计分析

图 5-2 为(1008,504)PEG-LDPC 码和(504,252)PEG-LDPC 码受不同加权系数 α 影响时的 BER。由图 5-2 可知，(1008,504)PEG-LDPC 码的最优加权系数 α

为 7,而(504,252)PEG-LDPC 码的最优加权系数 α 为 9。图 5-3 为最优参数下,(1008,504)PEG-LDPC 码和(504,252)PEG-LDPC 码在各译码算法下的性能比较。MWBF 算法的最优加权系数设定为 0.2,IMWBF 算法的最优加权系数设定为 0.3[18]。

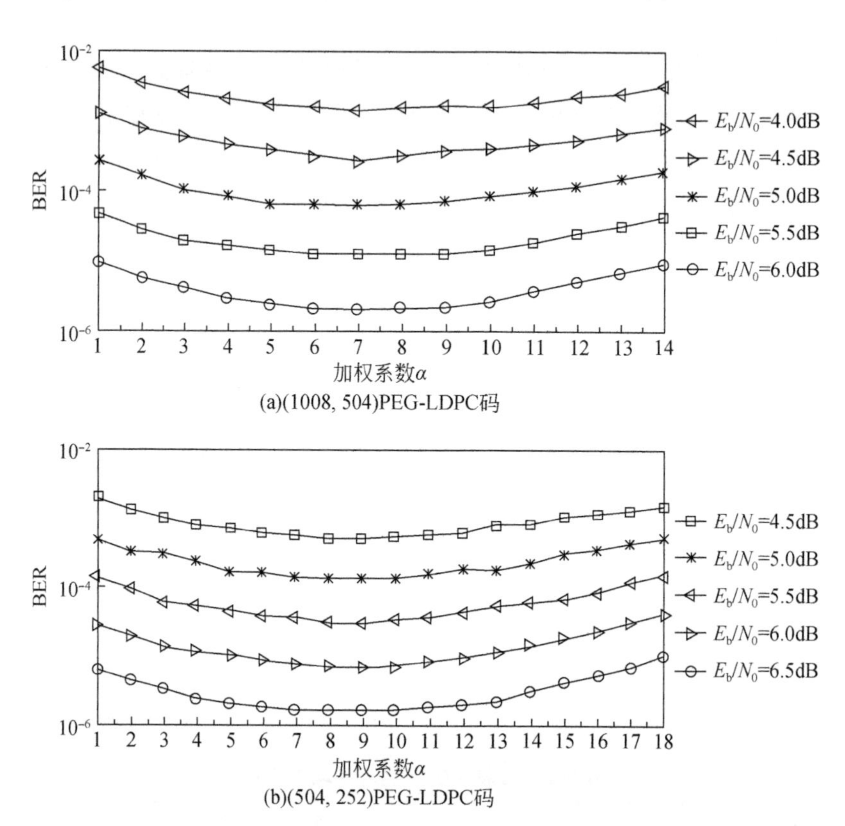

(a)(1008, 504)PEG-LDPC码

(b)(504, 252)PEG-LDPC码

图 5-2　不同信噪比下 α 对 MSMWBF 算法性能的影响

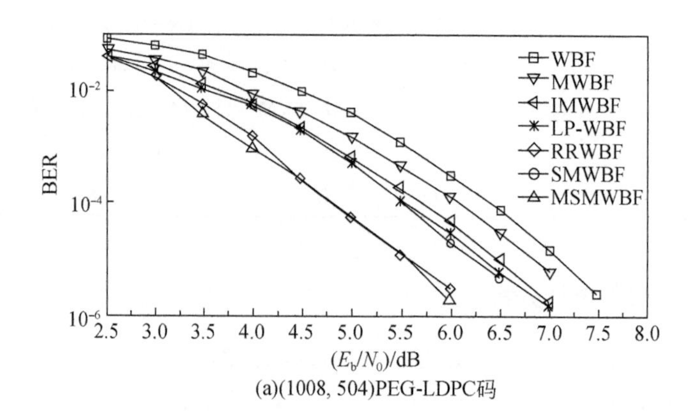

(a)(1008, 504)PEG-LDPC码

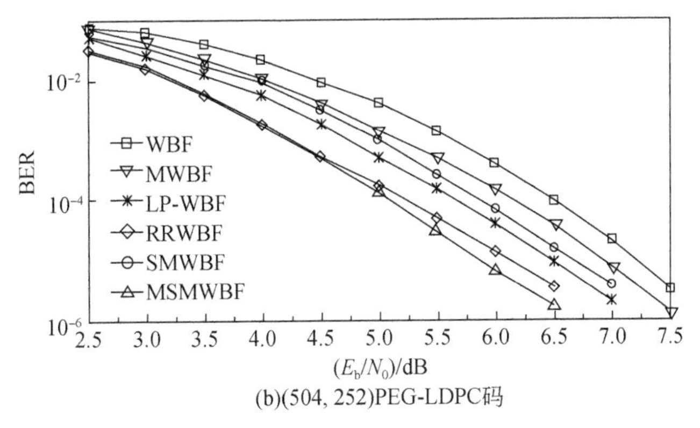

(b)(504, 252)PEG-LDPC码

图 5-3　不同译码算法的译码性能比较

由图 5-3 可知，当 BER＝10^{-5}时，MSMWBF 算法和 LP-WBF 算法分别获得 0.8 dB 和 0.63 dB 的增益。在中低信噪比下，MSMWBF 算法与 RRWBF 算法的性能基本相同。随着信噪比的增大，MSMWBF 算法的性能优于 RRWBF 算法，且增益逐渐增大。

图 5-4 为最优参数下，(1008，504)PEG-LDPC 码在各译码算法下加法运算平均总次数和平均迭代次数。由图 5-4 可知，除 RRWBF 算法外，本章提出的两种算法比传统算法的平均迭代次数和加法运算平均总次数要小得多。MSMWBF 算法和 RRWBF 算法的迭代次数和平均加法运算总次数基本相当。

每个算法下仿真 10^6 帧，图 5-5 给出迭代次数出现的频次统计。表 5-4 统计信噪比为 4dB 时，各算法译码失败的帧数。由表 5-4 可知，WBF 算法有将近 95％的帧译码失败，LP-WBF 算法译码失败的帧数超过 56％。本章提出的两种算法译码失败的帧数分别略大于 52％和 17％，都小于传统的 4 种算法。

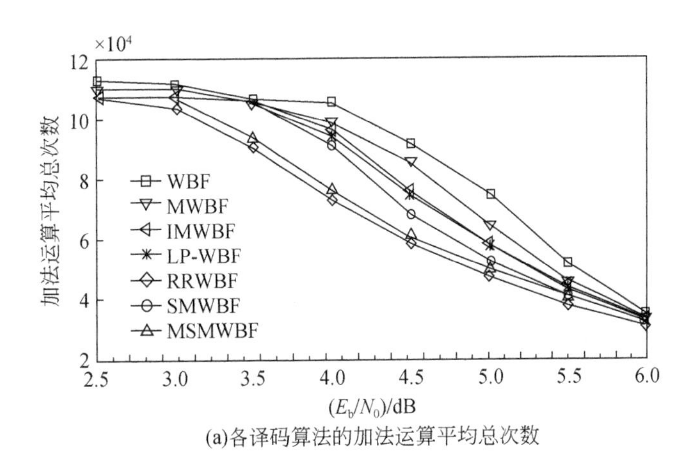

(a)各译码算法的加法运算平均总次数

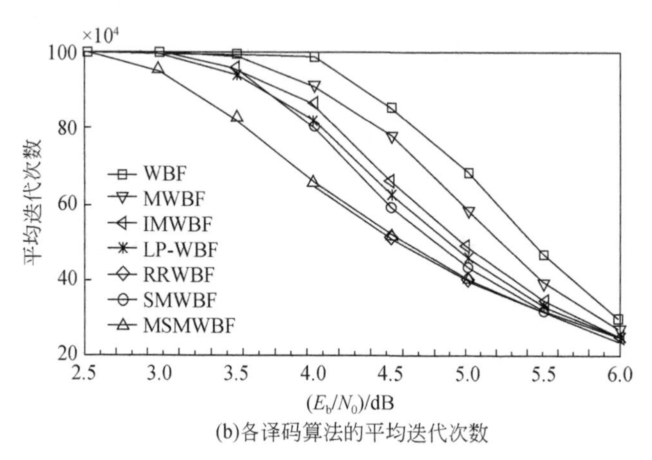

(b)各译码算法的平均迭代次数

图 5-4　(1008,504)PEG-LDPC 码译码复杂度比较

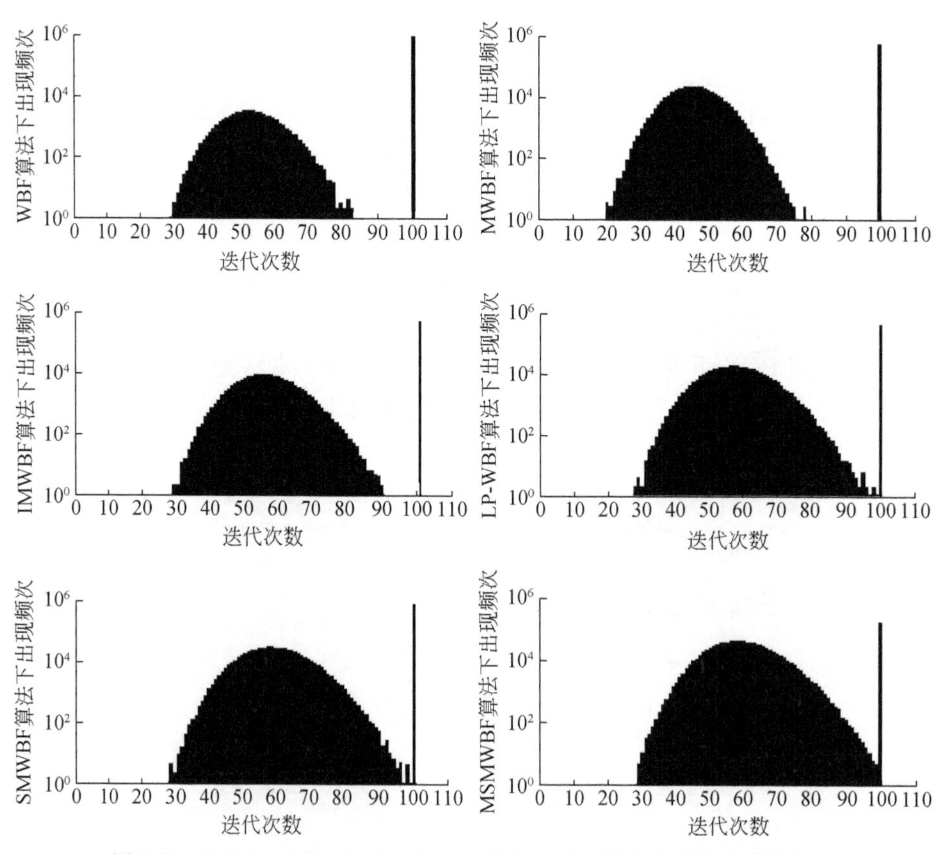

图 5-5　$E_b/N_0=4$dB 时,(1008,504)PEG-LDPC 码迭代次数出现的频次

表 5-4　(1008,504)PEG-LDPC 码在 $E_b/N_0=4$dB 时各算法译码失败的帧数

算法	译码失败的帧数
WBF	948870
MWBF	601881
IMWBF	801962
LP-WBF	562988
SMWBF	522319
MSMWBF	170371

表 5-5 和表 5-6 分别给出信噪比为 3.5dB 和 4dB 时，各算法在(1008,504) PEG-LDPC 码条件下的平均迭代次数和加法运算平均总次数。由表 5-5 和表 5-6 可知，相对于其他算法，MSMWBF 算法的平均迭代次数和加法运算平均总次数都不同程度降低。

表 5-5　(1008,504)PEG-LDPC 码条件下各算法平均迭代次数

$E_b/N_0=3.5$dB			$E_b/N_0=4$dB		
算法	平均迭代次数(≈)	降低比例/%	算法	平均迭代次数(≈)	降低比例/%
MSMWBF	82.3	—	MSMWBF	66.0	—
WBF	100	17	WBF	98.7	33.3
MWBF	99.2	16.2	MWBF	91.3	27.5
IMWBF	95.5	13.5	IMWBF	87.0	24.1
LP-WBF	93.7	11.7	LP-WBF	82.1	19
SMWBF	95.4	13.7	SMWBF	81.0	18.5
RRWBF	82.9	0.07	RRWBF	66.0	—

表 5-6　(1008,504)PEG-LDPC 码条件下各算法加法运算平均总次数

$E_b/N_0=3.5$dB			$E_b/N_0=4$dB		
算法	加法运算总次数(≈)	降低比例/%	算法	加法运算总次数(≈)	降低比例/%
MSMWBF	92900	—	MSMWBF	76181	—
WBF	107018	13.7	WBF	105736	28.3
MWBF	105183	13.8	MWBF	97098	23.5
IMWBF	105464	12.4	IMWBF	96706	21.6
LP-WBF	106060	11.1	LP-WBF	94215	17.6
SMWBF	105318	11.8	SMWBF	94251	19.1
RRWBF	90470	—	RRWBF	72816	—

由图 5-4 可知，相对于 RRWBF 算法，MSMWBF 算法加法运算平均总次数略有增加。但后者相对于前者的优势主要表现在两个方面：①从图 5-4 可知，MSMWBF 算法相对于 RRWBF 算法的增益随着信噪比的增加逐渐增大；②从表 5-1可知，RRWBF 算法在迭代过程中涉及大量除法运算。

对(1008,504)PEG-LDPC 码而言，由 5.3.3 小节的分析可知，每次迭代需更新 $d_v(d_c-1)+1=16$ 个信息节点的翻转函数，则需进行 16 次除法运算。由表 5-5 可知，当 E_b/N_0 为 3.5 dB 时，RRWBF 算法的平均迭代次数约为 83，则相对于 MSMWBF 算法需额外增加 $83\times16=1328$ 次除法运算。类似地，在 E_b/N_0 为 4dB 时，增加 1056 次除法运算。且随着行重和列重的增大，RRWBF 算法的除法运算量也增大。

MWBF 算法、IMWBF 算法和 MSMWBF 算法都引入加权系数，其内在理论依据介绍如下：

(1)由求和项 $\sum\limits_{m\in \boldsymbol{B}(n)} \omega_{mn}(2s_m-1)$ 可知，校验方程的权重计算方法越准确可靠，这种“高准确性和可靠性”将通过求和运算在 E_n 中“累积”，从而使比特翻转的准确性越高。反之，如果校验方程的权重不可靠，存在“可靠度误差”，则此“可靠度误差”会通过求和运算在 E_n 中“累积”，从而形成“可靠度累积误差”，最终导致翻转函数的不可靠性。

(2)文献[15]指出，IMWBF 算法是基于归一化最小和算法的 WBF 算法。IMWBF 算法中引入加权系数是为了削弱校验节点传递给信息节点可靠度信息中存在的“过估计”现象，即为了得到更加准确可靠的校验方程权重。MWBF 算法和 MSMWBF 算法引入加权系数出于相同的出发点。

(3) $\sum\limits_{m\in \boldsymbol{B}(n)} \omega_{mn}(2s_m-1)$ 与信息节点自身的可靠度完全无关，可称为“可靠度外信息”，$|r_n|$ 可称为“可靠度内信息”。引入加权因子能更好地调整“可靠度外信息”和“可靠度内信息”在 E_n 中所占的比例，从而达到更好的译码效果。

5.4 WBF 算法的可靠度偏移修正

5.4.1 基于幅度和的 WBF 算法的改进

图 5-6 给出不同类型 LDPC 码、不同算法的 BER 仿真。图 5-6(a)采用码率为 1/2，列重和行重为(3,6)的(1008,504)PEG-LDPC 码，图 5-6(b)采用列重和行重为(17,17)的(273,191)PG-LDPC 码，迭代次数都设定为 100。IMWBF 算法的最优 α 分别设定为 0.3 和 1.3[8,18]。MSMWBF 算法的最优 α 分别设定为 7 和 52。

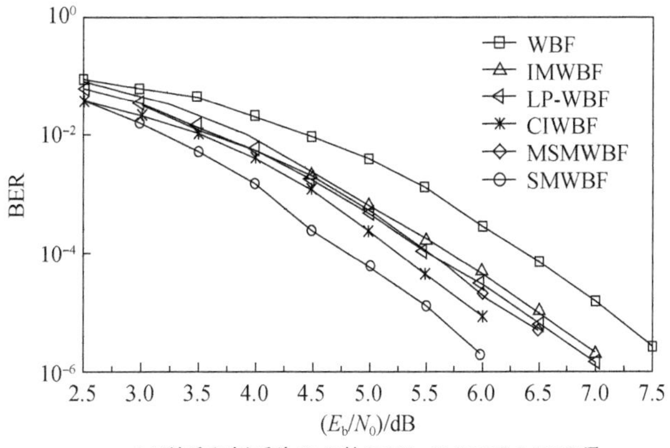

(a)列重和行重为(3,6)的(1008, 504)PEG-LDPC码

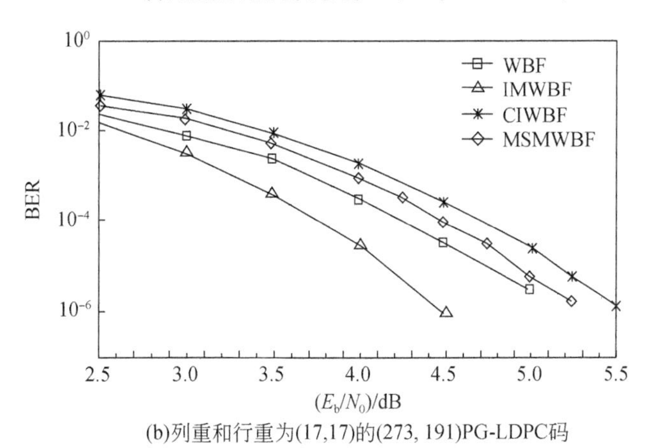

(b)列重和行重为(17,17)的(273, 191)PG-LDPC码

图 5-6　不同类型 LDPC 码各算法的译码性能

从图 5-6(a)可知，SMWBF 算法的性能在高信噪比时要好于 MWBF 算法。但当行重和列重都增大为 17 时，如图 5-6(b)所示，MSMWBF 和 CIWBF 算法的性能甚至差于 WBF 算法，即 3 种基于幅度和的 WBF 算法对行重和列重较大的 LDPC 码译码时性能损失严重。本小节重点分析这类算法对于(273，191)PG-LDPC 码译码性能损失严重的原因，并对其进行改进。

在式(5-12)中已得

$$\omega_1 = \frac{2\lambda}{\sigma^2} \sum_{n' \in \mathbf{A}(m) \setminus n} |r_{mn'}| + (2 - d_c)a = \chi - \delta$$

其中，$\chi = \frac{2\lambda}{\sigma^2} \sum_{n' \in \mathbf{A}(m) \setminus n} |r_{mn'}|$；$\delta = (d_c - 2)a$。显然有 $\chi > 0$；当 $d_c > 2$ 时，$\delta > 0$，且 δ 是 d_c 的单调递增函数。

为分析方便，记 χ 和 δ 在翻转函数中的累积项分别为

$$\Delta_1 \stackrel{\text{def}}{=} \sum_{m \in \boldsymbol{B}(n)} (2s_m - 1)\chi, \quad \Delta_2 \stackrel{\text{def}}{=} \sum_{m \in \boldsymbol{B}(n)} (2s_m - 1)\delta$$

文献[16]中的 2 次近似计算中得到的权重和翻转函数如表 5-7 所示。

表 5-7　文献[16]中 2 次近似计算中得到的权重和翻转函数

近似次数	主要采用的方法	得到的权重	得到的翻转函数
第 1 次近似	用式(5-12)对 $\Phi(x)$ 进行简化	$\omega_1 = \chi - \delta$	$E_n \approx E_n^1 = \Delta_1 - \Delta_2 - 2\alpha/\sigma^2$
第 2 次近似	忽略 ω_1 中的 δ	$\omega_2 = \chi$	$E_n \approx E_n^2 = \Delta_1 - 2\alpha/\sigma^2$

定义 δ 为 ω_1 与 ω_2 间的“可靠度误差(reliability error，RE)”，则 Δ_2 可定义为 E_n^2 与 E_n^1 间的“可靠度累积误差(reliability accumulation error，RAE)”，且有 $\Delta_2 \in [-|d_v\delta|, |d_v\delta|]$。

Δ_2 的变化范围与 d_v 和 d_c 有着直接联系。文献[16]在第 2 次近似计算中将 δ 忽略处理，对较大的 d_v 和 d_c 是不成立的，这导致 CIWBF 算法性能的损失。原因有以下两点：

(1)当 d_v 和 d_c 较小时，Δ_2 在较小的范围内变化，其对 E_n^1 的扰动很小，可忽略 Δ_2 得到 E_n^2；当 d_v 和 d_c 较大时，Δ_2 在较大的范围内变化，其取值可能较大，E_n^2 的准确性大大降低。例如，图 5-6(a)中(1008，504)PEG-LDPC 码的 $d_v=3$，$d_c=6$，则有 $\Delta_2 \in [-12a, 12a]$，$|\Delta_2|_{\max}=12a$，δ 对 E_n^1 准确性影响较小甚至不会产生影响，则间接地对 CIWBF 算法的性能影响也较小，可忽略。而对于图 5-6(b)中(273，191)PG-LDPC 码而言，$d_v=d_c=17$，则有 $\Delta_2 \in [-255a, 255a]$，特别地，对于行重和列重更大的(1057，813)PG-LDPC 码而言，$\Delta_2 \in [-1023a, 1023a]$，忽略 δ 必然会对 CIWBF 算法的译码性能产生影响。

(2)更直观地，ω_2 和式(5-18)的关系可表示为：$\omega_{mn} = \frac{\sigma^2}{2\alpha}\omega_2$。由表 5-7 可知，相比于 ω_1，当 $d_c > 2$ 时，ω_2 存在过估计现象。对 ω_2 的过估计会造成对 ω_{mn} 的过估计，从而在 CIWBF 算法的翻转函数中引入 $\frac{\sigma^2\Delta_2}{2\alpha}$ 的累积误差，显然 $\frac{\sigma^2\Delta_2}{2\alpha}$ 与 d_c 和 d_v 有着直接联系。

综上所述，文献[16]在没有考虑 d_c 和 d_v 大小的情况下对 δ 的忽略处理，导致 CIWBF 算法的 E_n 在对 d_c 和 d_v 较大的 LDPC 码译码时存在较大的累积误差，从而导致性能损失。

考虑引进偏移因子 γ ($\gamma \geqslant 0$)对式(5-18)进行修正为

$$\omega_{mn}=\max\left(\sum_{n'\in \boldsymbol{A}(m)\backslash n}|r_{mn'}|-\gamma,0\right) \tag{5-21}$$

当 $\gamma=0$ 时，偏移修正 CIWBF 算法变为标准 CIWBF 算法。最优的 γ 可通过蒙特卡罗仿真得到。

偏移修正 CIWBF 算法的译码过程如下[19]。

步骤 1：设定迭代次数 k 初值为 1，最大值为 $K_{\max}$。

步骤 2：用 $\boldsymbol{x}$ 计算 $\boldsymbol{s}$，若 $\boldsymbol{s}$ 为 0，则停止迭代，输出 $\boldsymbol{x}$，否则用式(5-21)计算 ω_{mn}。

步骤 3：用式(5-17)计算翻转函数 E_n。

步骤 4：比特翻转 $x_n=(x_n+1)\bmod 2$，其中 $n=\underset{n\in[1,N]}{\arg\max}\,E_n$。

步骤 5：用步骤 4 得到的 $\boldsymbol{x}$ 计算 $\boldsymbol{s}$，若 $\boldsymbol{s}$ 全为零，则停止迭代，输出 $\boldsymbol{x}$；若 $\boldsymbol{s}$ 不全为零，但 $k>K_{\max}$，则停止迭代，输出 $\boldsymbol{x}$。否则 $k=k+1$，跳至步骤 3。

显然，偏移修正方案也适用于 SMWBF 算法和 MSMWBF 算法。对于偏移修正 MSMWBF 算法，需要通过仿真对 (α,γ) 联合优化，偏移修正 CIWBF 算法和 SMWBF 算法只需优化 γ。

5.4.2　基于偏移修正的 RRWBF 算法

结合 5.4.1 小节的分析可知，偏移修正方案也可运用于两种 RRWBF 算法，具体分析可参考文献[20]。两种经偏移修正的算法分别记为 ORRWBF-1(offset RRWBF-1)算法和 ORRWBF-2(offset RRWBF-2)算法。

ORRWBF-2 算法的译码过程如下[20]。

步骤 1：设定迭代次数 k 初值 1，终值为 $K_{\max}$。

步骤 2：用 $\boldsymbol{x}$ 计算 $\boldsymbol{s}$，若 $\boldsymbol{s}$ 为 0，则停止迭代，输出 $\boldsymbol{x}$，否则计算 ω_{mn} 为

$$\omega_{mn}=\max\left(\frac{\sum_{n'\in \boldsymbol{A}(m)\backslash n}|r_{mn'}|}{|r_n|}-\gamma,0\right) \tag{5-22}$$

步骤 3：计算翻转函数 E_n。

步骤 4：比特翻转 $x_n=(x_n+1)\bmod 2$，其中，$n=\underset{n\in[1,N]}{\arg\max}\,E_n$。

步骤 5：用新的 $\boldsymbol{x}$ 计算 $\boldsymbol{s}$，若 $\boldsymbol{s}$ 全为零，则停止迭代，输出 $\boldsymbol{x}$；若 $\boldsymbol{s}$ 不全为零，但 $k>K_{\max}$，则停止迭代，输出 $\boldsymbol{x}$。否则 $k=k+1$，转至步骤 3。

5.4.3　计算复杂度分析

由 5.3.2 小节的分析可知，在基于幅度和的算法中引入偏移修正方案后，步骤 2 中的 ω_{mn} 的计算过程将增加 $2d_c$ 次加法运算，则整体上总共增加 $2Md_c$ 次加法运算，其他步骤完全和传统算法相同。则改进方法使得计算复杂度在整体上增加了 $2Md_c$ 次加法运算。ORRWBF-1 算法和 ORRWBF-2 算法的计算复杂度分析可参

考文献[20]。

5.4.4 仿真结果与统计分析

通过蒙特卡罗仿真的方式，文献[21]得出了特定码长条件下的最优化禁止翻转门限，文献[24]得出了特定码长条件下的最佳可靠度门限，文献[7]则得出了特定码长条件下的最优加权系数。可见，当通过理论分析对最优化因子进行评估具有较大难度时，蒙特卡罗仿真是首选途径。

5.3.1 小节提出的 3 种基于幅度和的 WBF 算法由 BP-based WBF 算法或 NBP-based WBF 算法推导得出，推导过程仍无法得出偏移因子的精确表示形式。5.3.1 小节的推导过程中涉及多次近似和归一化运算，这进一步加大了对偏移因子进行理论分析与评估的难度。故本小节考虑采用类似于文献[21]、文献[24]和文献[7]中的方法，通过蒙特卡罗仿真对最优 γ 进行评估。对最优偏移因子 γ 的理论评估仍有待深入研究。

图 5-7 为不同信噪比和不同 (α,γ) 条件下，(273,191)PG-LDPC 码的误比特率性能。由图 5-7 可知，(273,191)PG-LDPC 码的最优参数为 $(\alpha,\gamma)=(20,14)$。由 5.3.1 节的理论分析可知，最优偏移因子 γ 与码长无关，而与行重呈正比例关系，即最优偏移因子 γ 随着行重的增大而增大。由 5.3.1 小节的理论分析和图 5-7 的仿真结果可知，对于给定的 LDPC 码，在各个信噪比条件下，选择固定不变且相对最优的 (α,γ) 基本不会带来译码性能的损失。

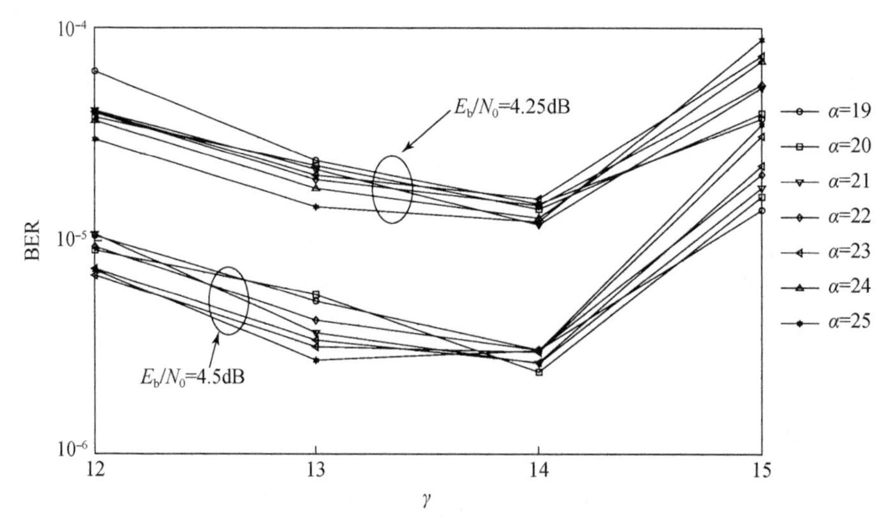

图 5-7　不同信噪比下 (α,γ) 对偏移修正 MSMWBF 算法性能的影响

图 5-8 为最优参数下，(273,191)PG-LDPC 码和(1057,813)PG-LDPC 码在各译码算法下的性能比较。MWBF 算法的最优 α 分别设定为 1.4 和 1.8，IMWBF 算法的最优 α 分别设定为 1.3 和 1.8[7,8]。MSMWBF 算法的最优 α 分别设定为 52 和 63。偏移修正 MSMWBF 算法的最优 (α,γ) 分别设定为(20,14)和(58,29)。

由图 5-8 可知，在 BER$=10^{-5}$ 时，偏移修正 MSMWBF 算法可分别获得 0.61dB 和 0.63dB 增益。偏移修正 CIWBF 算法可分别获得 0.3dB 和 0.15dB 增益。同时，MSMWBF 算法和 CIWBF 算法的性能要差于 MWBF 算法，而偏移修正 MSMWBF 算法相对于 MWBF 算法可分别获得 0.18dB 和 0.06dB 增益，且性能十分接近 IMWBF 算法。

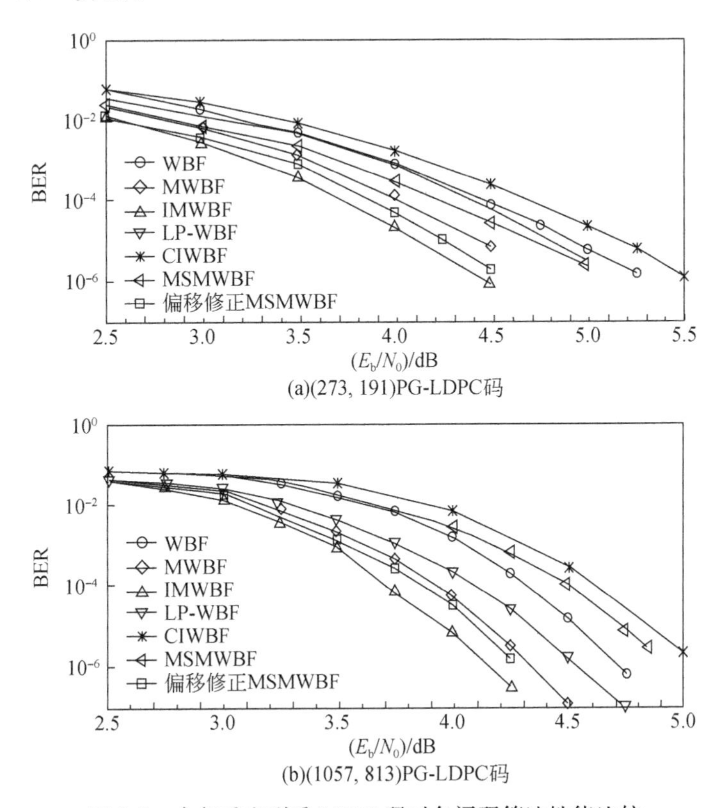

图 5-8　大行重和列重 LDPC 码时各译码算法性能比较

图 5-9 为(273,191)和(1057,813)PG-LDPC 码条件下 MSMWBF 算法和偏移修正 MSMWBF 算法的平均迭代次数比较。由图 5-9 可知，偏移修正方案能加快收敛速度。

图 5-10 为(273,191)和(1057,813)PG-LDPC 码条件下 CIWBF 算法和偏移修正 CIWBF 算法的性能比较，最优 γ 分别设定为 14 和 29。偏移修正方案同样能改善 SMWBF 算法的性能，这里不再给出性能改善结果。

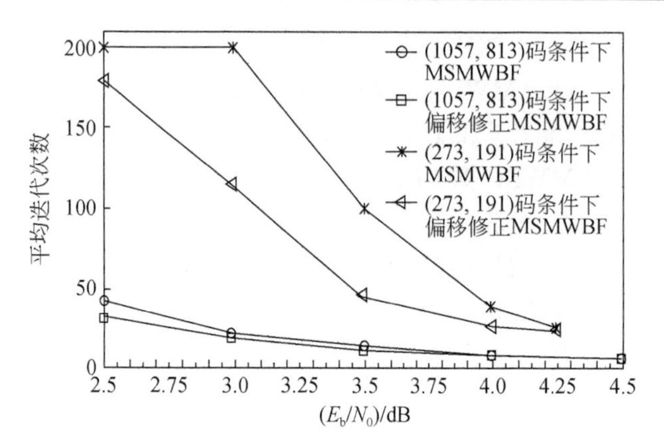

图 5-9　各算法的平均迭代次数比较

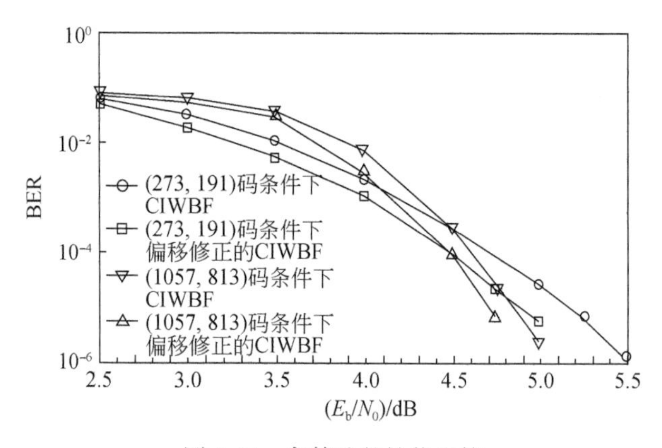

图 5-10　各算法的性能比较

表 5-8 给出(1057,813)PG-LDPC 码在不同信噪比下，相对于传统 MSMWBF 算法，偏移修正 MSMWBF 算法的复杂度统计。对(1057,813)PG-LDPC 码而言，改进算法在步骤 2 中增加 $2Md_c=2\times1057\times33=69762$ 次加法运算。由 5.2.3 节的分析可知，翻转函数更新需增加 $d_v(d_c-1)+1=33\times32+1=1057$ 次加法运算。查询待翻转比特需 $N-1=1056$ 次比较运算。当 $E_b/N_0=3.0$dB 时，平均迭代次数降低 86 次，则减少了 $86\times(1057+1056)=181718$ 次加法运算，从而总体上平均加法运算次数降低 $181718-69762=111956$ 次。

表 5-8　偏移修正 MSMWBF 算法和 MSMWBF 算法的计算复杂度比较

统计量	$E_b/N_0=2.5$dB	$E_b/N_0=3.0$dB	$E_b/N_0=3.5$dB	$E_b/N_0=4.0$dB
平均迭代次数降低量	22 次	86 次	65 次	6 次
平均加法运算总次数	增加 23276 次	降低 111956 次	降低 67583 次	增加 57084 次

图 5-11 为不同 E_b/N_0 条件下，两种算法受不同 γ 影响时的误比特率性能。由图 5-11 可知，(255，175)PG-LDPC 码的最优 γ 为 28，(1057，813)PG-LDPC 码的最优 γ 为 13。

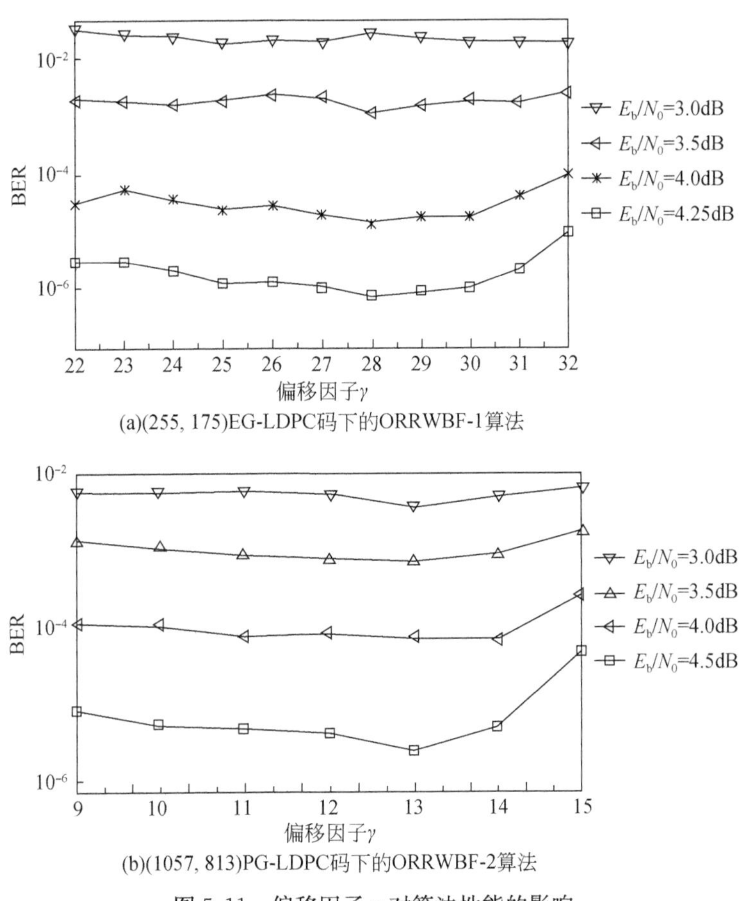

(a)(255, 175)EG-LDPC码下的ORRWBF-1算法

(b)(1057, 813)PG-LDPC码下的ORRWBF-2算法

图 5-11　偏移因子 γ 对算法性能的影响

图 5-12 为 ORRWBF-2 和其他算法性能比较。ORRWBF-2 算法在图 5-12(a)中的最优 γ 设定为 14，在图 5-12(b)中最优 γ 设定为 28。由图 5-12 可知，在BER＝10^{-5}时，偏移修正的 ORRWBF-2 算法相比于 RRWBF-2 算法可获得 0.45dB 和 0.21dB 的增益。相对于 MWBF 算法，可获得 0.24dB 和 0.13dB 的增益。

图 5-13 为 ORRWBF-1 算法和其他算法性能比较。ORRWBF-1 算法在图 5-13(a)中的最优 γ 设定为 14，在图 5-13(b)中最优 γ 设定为 29，ORRWBF-2 算法在图 5-13(a)中的最优 γ 设定为 14。MWBF 和 IMWBF 算法的加权系数都设定为 1.4[8,9,19]。由图 5-13 可知，在 BER＝10^{-5}时，ORRWBF-1 算法相比于 RRWBF-1 算法可获得 0.39dB 和 0.18dB 的增益。相比于 MWBF 算法，图 5-13(a)中的

ORRWBF-2 算法可获得 0.19dB 的增益。相比于 LP-WBF 算法，ORRWBF-2 算法可获得 0.27dB 的增益。

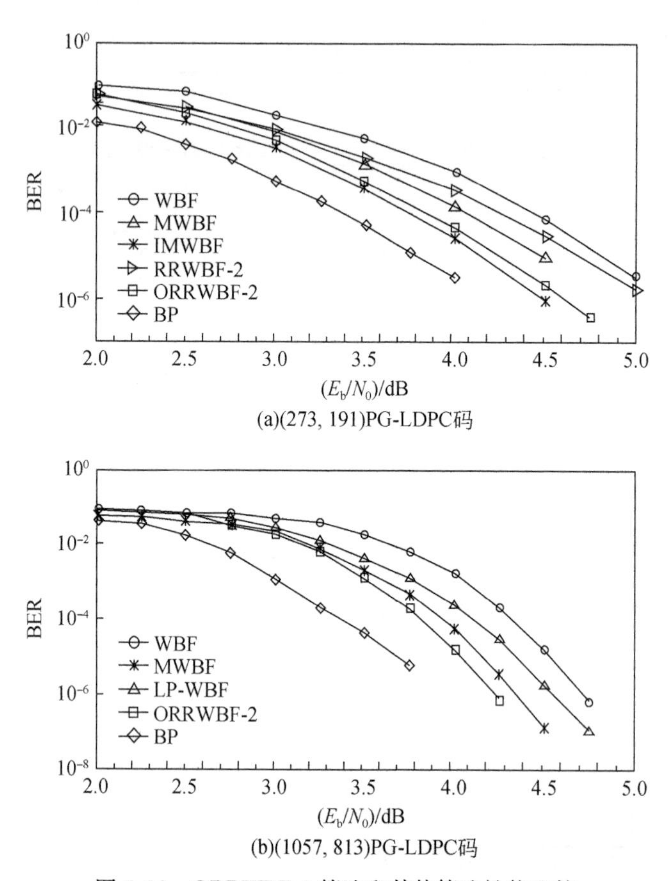

(a)(273, 191)PG-LDPC码

(b)(1057, 813)PG-LDPC码

图 5-12　ORRWBF-2 算法和其他算法性能比较

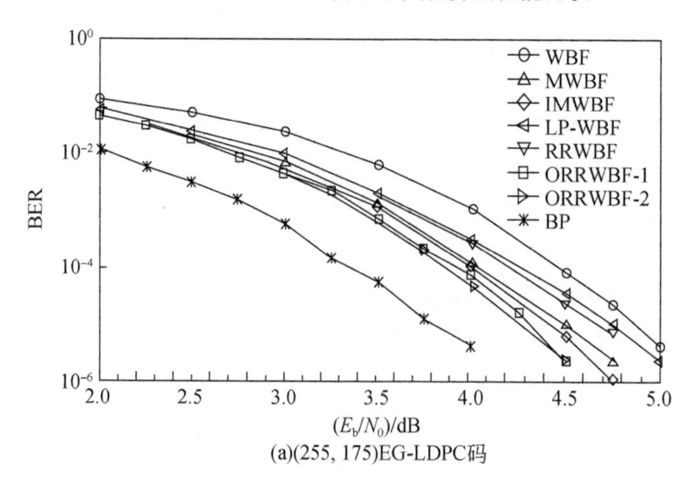

(a)(255, 175)EG-LDPC码

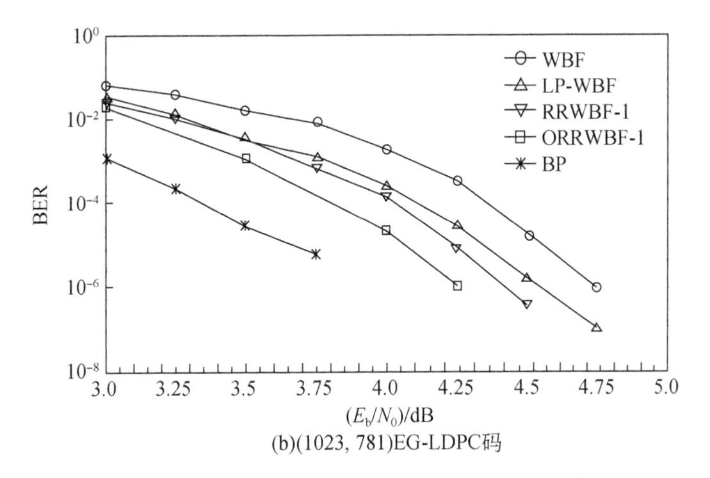

(b)(1023, 781)EG-LDPC码

图 5-13　ORRWBF-1 算法和其他算法性能比较

图 5-14 为各算法的译码收敛性比较。由图 5-14(a)可知，ORRWBF-2 算法迭代 40 次的性能和 RRWBF-2 算法迭代 100 次的性能基本一致。ORRWBF-2 算法迭代 50 次时的性能要优于 RRWBF-2 算法迭代 100 次的性能。类似地，由图 5-14(b)可知，ORRWBF-1 算法迭代 30 次和 40 次的性能都优于 RRWBF-1 算法迭代 100 次的性能。由此可见，偏移修正方案能显著加快算法收敛速度。

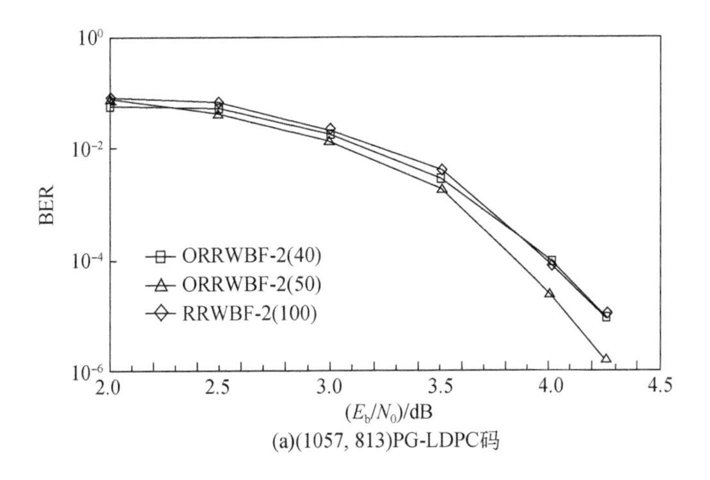

(a)(1057, 813)PG-LDPC码

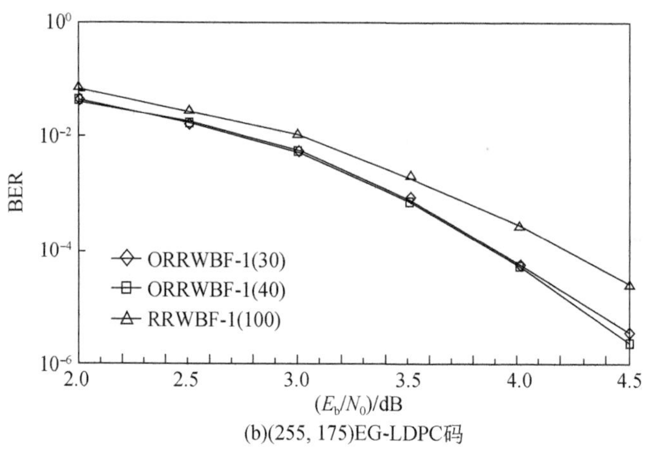

(b)(255, 175)EG-LDPC码

图 5-14　各算法的译码收敛性比较

5.5　基于平均幅度的 GDBF 算法

Wadayama 等[18] 提出了一种梯度下降 BF(gradient decent bit flipping, GDBF)算法,性能同样优于 MWBF 算法。而文献[22]则结合 RRWBF 算法和 GDBF 算法而提出了基于可靠度比率的加权梯度下降 BF(reliability ratio based weighted gradient decent bit flipping,RRWGDBF)算法。本节将考虑从全新的角度出发,提出一种基于平均幅度的加权梯度下降 BF(average magnitude based weighted gradient decent bit flipping, AMWGDBF)算法。主要的理论依据为:①由置信传播理论可知,校验节点传递给信息节点的信息应该去除该信息节点自身的信息[8];②由 RRWBF 算法可知,每个校验方程的可靠度应该和参与校验的每一个信息节点的可靠度信息有关[4]。故本算法提出用信息节点的平均幅度对 GDBF 算法翻转函数中的双极性校验子进行加权,构造出更为有效的比特翻转函数。相比于 RRWGDBF 算法和 GDBF 算法,本算法可分别获得 0.29dB 和 0.2dB 的编码增益,同时可将平均迭代次数分别降低 14.5%～72.6%和 5.1%～9.3%。

5.5.1　GDBF 算法和 RRWGDBF 算法

为了描述方便,这里对第 3 章中的一些定义稍作修改和扩展。任意一个码字经过传输映射后得到 $\tilde{\boldsymbol{c}}=(1-2c_1,1-2c_2,\cdots,1-2c_N)$, $\boldsymbol{z}=(z_1,z_2,\cdots,z_N)$ 为双极性硬判决输出序列,判决规则为当 $r_n\geqslant 0$ 时, $z_n=+1$,否则 $z_n=-1$。译码输出为 $\hat{\boldsymbol{c}}=(\hat{c}_1,\hat{c}_2,\cdots,\hat{c}_N)$,$\hat{c}_n=(1-z_n)/2$,翻转门限用 θ 来表示, θ 是一个负数。

若译码成功,则有以下结论:信道接收序列 $\boldsymbol{r}$ 和其对应的硬判决序列 $\boldsymbol{z}$ 的相关值最大，同时伴随式序列 $\boldsymbol{s}$ 为全零。因此，文献[23]将局部最优化算法——梯度下降法运用到 LDPC 码的翻转译码算法中，提出了 GDBF 算法。GDBF 可分为单比特翻转模式(Single-GDBF)和多比特翻转模式(Multi-GDBF)。在 Single-GDBF 算法中，每次只翻转一个比特，收敛性较慢，性能也相对较差。在 Multi-GDBF 算法中，构造目标函数 $f(\boldsymbol{z})=\sum_{j=1}^{N} z_j r_j+\sum_{i=1}^{M}(1-2s_i)$，译码迭代的过程等价于对序列 $\boldsymbol{z}$ 逐步翻转，最终使得 $\boldsymbol{z}=\arg\max_{\boldsymbol{z}} f(\boldsymbol{z})$。在译码过程中，比较相邻两次迭代的目标函数的大小，若目标函数增大，表明译码正沿着梯度方向走，则进行多比特翻转，否则，进行单比特翻转。

Single-GDBF 算法的过程如下所示。

步骤 1：初始化迭代次数 $k=1$，设定最大迭代次数 $K_{\max}$，$\hat{\boldsymbol{c}}^0=\hat{\boldsymbol{c}}$，$\boldsymbol{z}^0=\boldsymbol{z}$。

步骤 2：计算伴随式 $\boldsymbol{s}^k=(s_1^k,s_2^k,\cdots,s_M^k)$，其中 $s_m^k=\mathrm{mod}(\sum_{n\in\boldsymbol{A}(m)}\hat{c}_n^{k-1},2)$。若 $\boldsymbol{s}^k$ 全为零，则停止迭代，输出 $\hat{\boldsymbol{c}}^{k-1}$；否则，转入下一步。

步骤 3：计算各个信息节点的翻转函数 E_n^k 为

$$E_n^k=r_n z_n^{k-1}+\sum_{m\in\boldsymbol{B}(n)}(1-2s_m^k),\quad n\in[1,N] \tag{5-23}$$

步骤 4：翻转满足以下条件的比特

$$n=\arg\min_n E_n^k,\quad z_n^k=-z_n^{k-1},\quad \hat{c}_n^k=\mathrm{mod}(\hat{c}_n^{k-1}+1,2) \tag{5-24}$$

步骤 5：判决和终止迭代。用 $\boldsymbol{z}^k$ 计算伴随式，若伴随式全零，则终止迭代；若不全为零，同时迭代次数达到最大次数限制，则终止迭代。否则，$k=k+1$，跳至步骤 3。

Multi-GDBF 算法引入目标函数和翻转门限，对 Single-GDBF 算法的步骤 1、步骤 3 和步骤 4 进行修改。其他过程保持不变。其步骤 1、步骤 3 和步骤 4 具体修改如下。

步骤 1：初始化迭代次数 $k=1$，设定最大迭代次数 $K_{\max}$，$\hat{\boldsymbol{c}}^0=\hat{\boldsymbol{c}}$，$\boldsymbol{z}^0=\boldsymbol{z}$。目标函数初始化为 $f_0(\boldsymbol{z})=\sum_{j=1}^{N} z_j^0 r_j+\sum_{i=1}^{M}(1-2s_i^0)$，翻转门限初始化为 θ，θ 为一个负数。

步骤 2：计算各个信息节点的翻转函数 E_n^k 和目标函数 $f_k(\boldsymbol{z})$ 为

$$E_n^k=r_n z_n^{k-1}+\sum_{m\in\boldsymbol{B}(n)}(1-2s_m^k),\quad n\in[1,N] \tag{5-25}$$

$$f_k(\boldsymbol{z})=\sum_{j=1}^{N} z_j^{k-1} r_j+\sum_{i=1}^{M}(1-2s_i^k) \tag{5-26}$$

步骤 3：当条件 $f_k(\boldsymbol{z})\geqslant f_{k-1}(\boldsymbol{z})$ 和 $\{n^k \mid E_n^k\leqslant\theta\}\neq\varphi, n\in[1,N]$（其中 φ 表示空集）同时满足，则翻转满足以下条件的比特

$$n=\arg\{E_n^k\leqslant\theta\},\quad z_n^k=-z_n^{k-1},\quad \hat{c}_n^k=\mathrm{mod}(\hat{c}_n^{k-1}+1,2)$$

否则,翻转满足以下条件的比特

$$n=\arg\min_{n} E_n^k,\quad z_n^k=-z_n^{k-1},\quad \hat{c}_n^k=\mathrm{mod}(\hat{c}_n^{k-1}+1,2)$$

由式(5-23)和式(5-25)可知,GDBF算法的翻转函数由两部分组成:一部分表示信息节点的信道接收值与双极性判决值的相关运算;另一部分表示信息节点参加的所有校验方程的双极性校验子之和。文献[24]以RRWBF算法为依托,运用WBF算法的思路,用可靠度比率的倒数对GDBF算法的翻转函数的双极性校验子进行加权,即对GDBF算法的步骤3的式(5-23)和式(5-25)进行修正,得到RRWGDBF算法。Multi-RRWGDBF算法的性能在低信噪比范围内具有一定的优势。Single-RRWGDBF算法的步骤3修改如下。

计算邻接各个校验节点的信息节点的可靠度比率 R_{mn} 和翻转函数 E_n^k 为

$$R_{mn}=\frac{1}{\sum\limits_{n\in \boldsymbol{A}(m)}|r_{mn}|}|r_{mn}|,\quad m\in[1,M] \tag{5-27}$$

$$E_n^k=r_n z_n^{k-1}+\sum_{m\in \boldsymbol{B}(n)}\frac{1}{R_{mn}}(1-2s_m^k),\quad n\in[1,N] \tag{5-28}$$

而Multi-RRWGDBF算法的步骤3则修改如下。

计算邻接各个校验节点的信息节点的可靠度比率 R_{mn} 、翻转函数 E_n^k 和目标函数 $f_k(\boldsymbol{z})$ 为

$$R_{mn}=\frac{1}{\sum\limits_{n\in \boldsymbol{A}(m)}|r_{mn}|}|r_{mn}|,\quad m\in[1,M] \tag{5-29}$$

$$E_n^k=r_n z_n^{k-1}+\sum_{m\in \boldsymbol{B}(n)}\frac{1}{R_{mn}}(1-2s_m^k),\quad n\in[1,N] \tag{5-30}$$

$$f_k(\boldsymbol{z})=\sum_{j=1}^{N} z_j^{k-1}r_j+\sum_{i=1}^{M}(1-2s_i^k)$$

这里考虑将式(5-27)和式(5-29)统一变为

$$\omega_{mn}=\sum_{n\in \boldsymbol{A}(m)}|r_{mn}|,\quad m\in[1,M] \tag{5-31}$$

而式(5-28)和式(5-30)统一变为

$$E_n^k=r_n z_n^{k-1}+\frac{1}{|r_n|}\sum_{m\in \boldsymbol{B}(n)}\omega_{mn}(1-2s_m^k),\quad n\in[1,N] \tag{5-32}$$

5.5.2 AMWGDBF算法

根据RRWBF算法的思路,这里考虑将参加每个校验方程的信息节点的平均幅度作为权重对式(5-23)和式(5-25)中的双极性校验子进行加权,由此得到AMWGDBF算法。Single-AMWGDBF算法的步骤3修改如下。

计算邻接各个校验节点的信息节点的权重 ω_m 和翻转函数 E_n^k 为

$$\omega_m = \frac{1}{d_{rm}} \sum_{n \in \boldsymbol{A}(m)} |r_{mn}|, \quad m \in [1, M] \tag{5-33}$$

$$E_n^k = r_n z_n^{k-1} + \sum_{m \in \boldsymbol{B}(n)} \omega_{mn}(1 - 2s_m^k), \quad n \in [1, N] \tag{5-34}$$

而 Multi-AMWGDBF 算法的步骤 3 则修改如下。

计算邻接各个校验节点的信息节点的权重 ω_m、翻转函数 E_n^k 和目标函数 $f_k(\boldsymbol{z})$ 为

$$\omega_m = \frac{1}{d_{rm}} \sum_{n \in \boldsymbol{A}(m)} |r_{mn}|, \quad m \in [1, M] \tag{5-35}$$

$$E_n^k = r_n z_n^{k-1} + \sum_{m \in \boldsymbol{B}(n)} \omega_{mn}(1 - 2s_m^k), \quad n \in [1, N] \tag{5-36}$$

$$f_k(\boldsymbol{z}) = \sum_{j=1}^{N} z_j^{k-1} r_j + \sum_{i=1}^{M} (1 - 2s_i^k)$$

对于规则 LDPC 码,式(5-33)和式(5-35)统一变为

$$\omega_m = \sum_{n \in \boldsymbol{A}(m)} |r_{mn}|, \quad m \in [1, M] \tag{5-37}$$

而式(5-34)和式(5-36)统一变为

$$E_n^k = r_n z_n^{k-1} + \frac{1}{d_r} \sum_{m \in \boldsymbol{B}(n)} \omega_m (1 - 2s_m^k), \quad n \in [1, N] \tag{5-38}$$

同样,式(5-33)和式(5-35)才是 AMWGDBF 算法校验方程的权重,而式(5-38)不能称为其权重。为了分析方便,暂且这么表示。

5.5.3　计算复杂度分析

以规则 LDPC 码为例来分析三种算法的复杂度。由分析可得,AMWGDBF 算法和 RRWGDBF 算法的计算复杂度相同。需要特别指出的是,AMWGDBF 算法中式(5-38)中的加权系数 $1/d_r$ 在各帧的译码过程中为常数,而 RRWGDBF 算法中式(5-32)中的加权系数 $1/|r_n|$ 在各帧的译码过程中是变化的,在每帧译码初始时都要通过重新计算得到。为了分析方便,将 RRWGDBF 算法和 AMWGDBF 算法统一称为改进的 GDBF 算法。

下面分析这两种改进的 GDBF 算法和标准 GDBF 算法计算复杂度的差别。在单比特和多比特翻转模式下,在第一次迭代中,和标准的 GDBF 算法相比,改进的 GDBF 算法在步骤 3 中要多进行 $M(d_r - 1)$ 次加法和 N 次乘法运算。在单比特翻转模式的第一次迭代以后的每次迭代中,三种算法最多需重新计算 $d_c(d_r - 1) + 1$ 个信息节点的翻转函数。则每次迭代中,改进的 GDBF 算法比标准的 GDBF 算法最多增加 $d_c(d_r - 1) + 1$ 次乘法运算。在多比特翻转模式时,现假设各算法在某次迭代中有 λ 个信息节点被翻转。则在下次迭代过程中,改进的 GDBF 算法比标准的 GDBF 算法最多增加 $\lambda[d_c(d_r - 1) + 1]$ 次乘法运算。在后续仿真结果中将看

到，相对于传统 GDBF 算法，AMWGDBF 算法虽然增加了少量乘法运算，但平均迭代次数有一定程度的降低。

5.5.4 仿真结果和统计分析

本小节所采用的仿真参数如下：采用码率都为 1/2，列重为 3 的(504，252) PEG-LDPC 码和(1008，504) PEG-LDPC 码[22]，迭代次数分别为 50 和 100。在 AWGN 信道条件下，采用 BPSK 调制。在每个信噪比点采集 1000 个比特错误。Multi-GDBF 算法的翻转门限为－0.6，Multi-RRWGDBF 算法的翻转门限为－100[11]。对于(504，252)PEG-LDPC 码，Multi-AMWGDBF 的翻转门限为－0.4；而(1008，504)PEG-LDPC 码，Multi-AMWGDBF 的翻转门限为－0.5。

图 5-15 和图 5-16 分别为各种算法对(504，252)PEG-LDPC 码和(1008，504) PEG-LDPC 码的误码率和平均迭代次数曲线。表 5-9 给出 Multi-AMWGDBF 算法在两种码下具有最优性能和最少平均迭代次数的信噪比范围。由图 5-15 和图 5-16可知，在所有的信噪比范围之内，本章提出的 Multi-AMWGDBF 算法的平

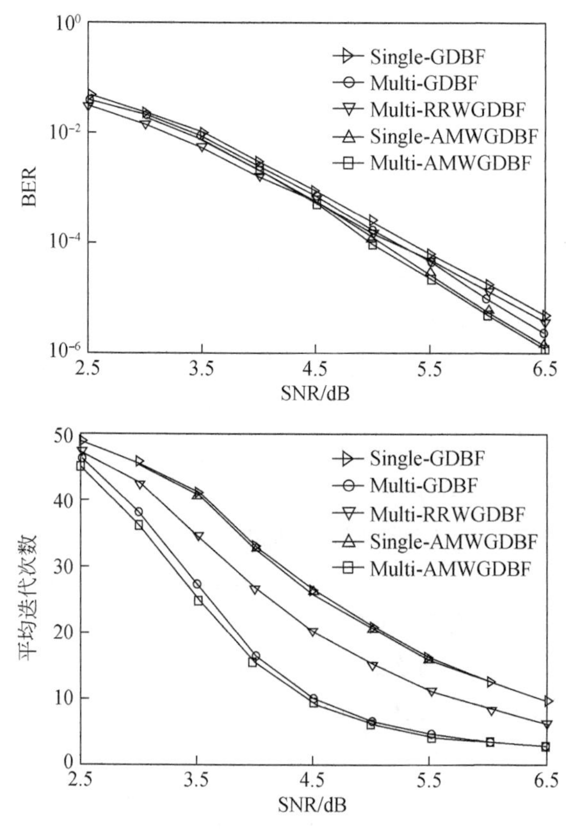

图 5-15 (504，252)PEG-LDPC 码在不同算法下的误码率和平均迭代次数曲线

均迭代次数比文献[22]中的Multi-RRWGDBF算法有大幅度的降低。且随着码长的增加,平均迭代次数的下降比例在逐渐提高。而相对于文献[18]中标准的Multi-GDBF算法,Multi-AMWGDBF算法在两种LDPC码下获得的增益随着信噪比的增加逐渐增大,平均迭代次数也有一定程度的下降。

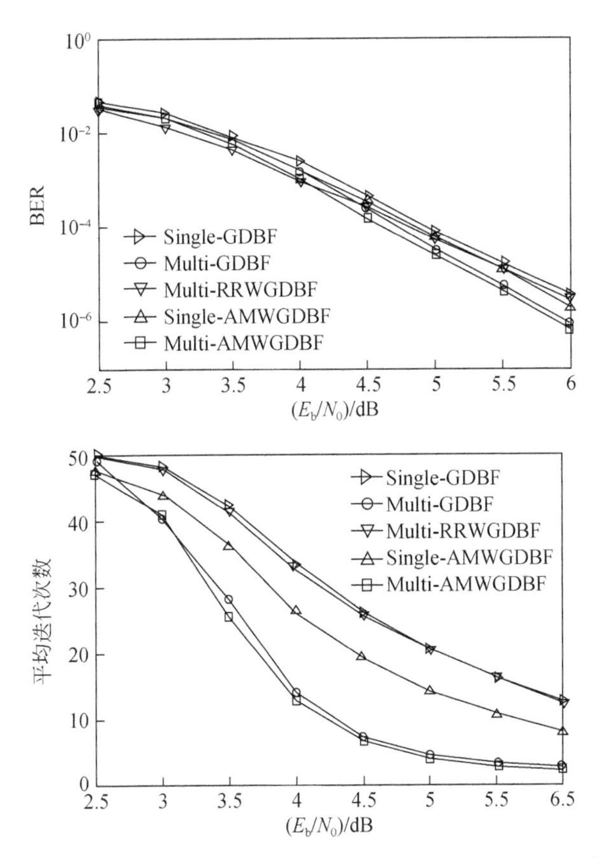

图5-16 (1008,504)PEG-LDPC码在不同算法下的误码率和平均迭代次数曲线

表5-9 Multi-AMWGDBF算法具有最优性能和最少平均迭代次数的信噪比范围

两种不同码下的SNR	性能最优	平均迭代次数最小
(504,252)PEG-LDPC码下的SNR	4.33～6.5	2.5～6
(1008,504)PEG-LDPC码下的SNR	4.13～6	3.1～6

表5-10为误比特率为10^{-5}时,多比特翻转模式下,本书提出的算法在两种不同LDPC码条件下相对于文献[23]和文献[18]中两种算法的编码增益统计情况。表5-11和表5-12为不同信噪比条件下,三种算法在两种不同LDPC码条件下的平均迭代次数统计情况。由表5-10可知,当码长由504增大到1008时,AMWGDBF算法

相对于 RRWGDBF 算法的增益增加了 0.19dB。结合复杂度分析和由表 5-11 与表 5-12的统计可得，在各帧译码中，相对于 GDBF 算法和 RRWGDBF 算法，AMWGDBF 算法平均迭代次数分别降低 5.1%～9.4%和 14.5%～72.6%。

表 5-10 BER=10^{-5}时三种算法性能统计

(504,252)PEG-LDPC 码			(1008,504)PEG-LDPC 码		
BF 算法	SNR	编码增益	BF 算法	SNR	编码增益
AMWGDBF	6	0	AMWGDBF	5.28	0
RRWGDBF	6.1	0.1	RRWGDBF	5.57	0.29
GDBF	6.2	0.2	GDBF	5.33	0.08

表 5-11 (504,252)PEG-LDPC 码在不同信噪比条件下三种算法平均迭代次数统计

SNR=3dB			SNR=3.5dB			SNR=4dB		
BF 算法	平均迭代次数	降低比例	BF 算法	平均迭代次数	降低比例	BF 算法	平均迭代次数	降低比例
AMWGDBF	36.30	0	AMWGDBF	24.83	0	AMWGDBF	15.39	0
RRWGDBF	42.44	14.5%	RRWGDBF	34.67	28.4%	RRWGDBF	26.55	42.0%
GDBF	38.26	5.1%	GDBF	27.40	9.4%	GDBF	16.33	5.8%

表 5-12 (1008,504)PEG-LDPC 码在不同信噪比条件下三种算法平均迭代次数统计

SNR=4dB			SNR=4.5dB			SNR=5dB		
BF 算法	平均迭代次数	降低比例	BF 算法	平均迭代次数	降低比例	BF 算法	平均迭代次数	降低比例
AMWGDBF	24.94	0	AMWGDBF	12.48	0	AMWGDBF	7.61	0
RRWGDBF	52.21	52.2%	RRWGDBF	38.09	67.2%	RRWGDBF	27.96	72.6%
GDBF	27.50	9.30%	GDBF	13.57	8.00%	GDBF	8.11	6.20%

5.6 基于可靠度修正的 GDBF 算法

大量仿真表明，GDBF 算法对低列重的 LDPC 码译码时，相对于 IMWBF 算法能获得显著的增益，但对于列重较大的 LDPC 码，其却展现出比 WBF 算法还差的译码性能。本节首先详细分析 LDPC 码的列重对 GDBF 译码性能的影响；其次，针对大列重的 LDPC 码，提出 GDWBF 算法和归一化 GDBF 算法。仿真结果表明，在 AWGN 信道下，误比特率为 10^{-5}时，相比于传统的 BDBF 算法，本节给出的算法运用于大列重 LDPC 码译码时可获得 0.8dB 的增益。

5.6.1 GDBF算法性能分析

图5-17为不同算法、不同LDPC码下的译码性能仿真。图5-17(a)采用码率为1/2,列重和行重均为(3,6)的(504,252)PEG-LDPC码(码1)以及列重和行重均为(16,16)的(255,175)FG-LDPC码(码2),迭代次数都设定为50;图5-17(b)采用列重和行重均为(3,6)的(1008,504)PEG-LDPC码(码3)以及列重和行重均为(17,17)的(273,191)PG-LDPC码(码4),迭代次数都设定为100。在AWGN信道条件下,采用BPSK调制,在每个信噪比下至少采集1000个错误比特。图5-17(a)中,MWBF算法的最优加权系数分别设定为0.3和1.5,而IMWBF算法的最优加权系数分别设定为0.2和2.1;图5-17(b)中,MWBF算法的最优加权系数分别设定为0.2和1.4,而IMWBF算法的最优加权系数分别设定为0.2和1.3[8,23,24]。从图5-17可知,对于码1和码3,Single-GDBF算法的性能优于IMWBF算法,但

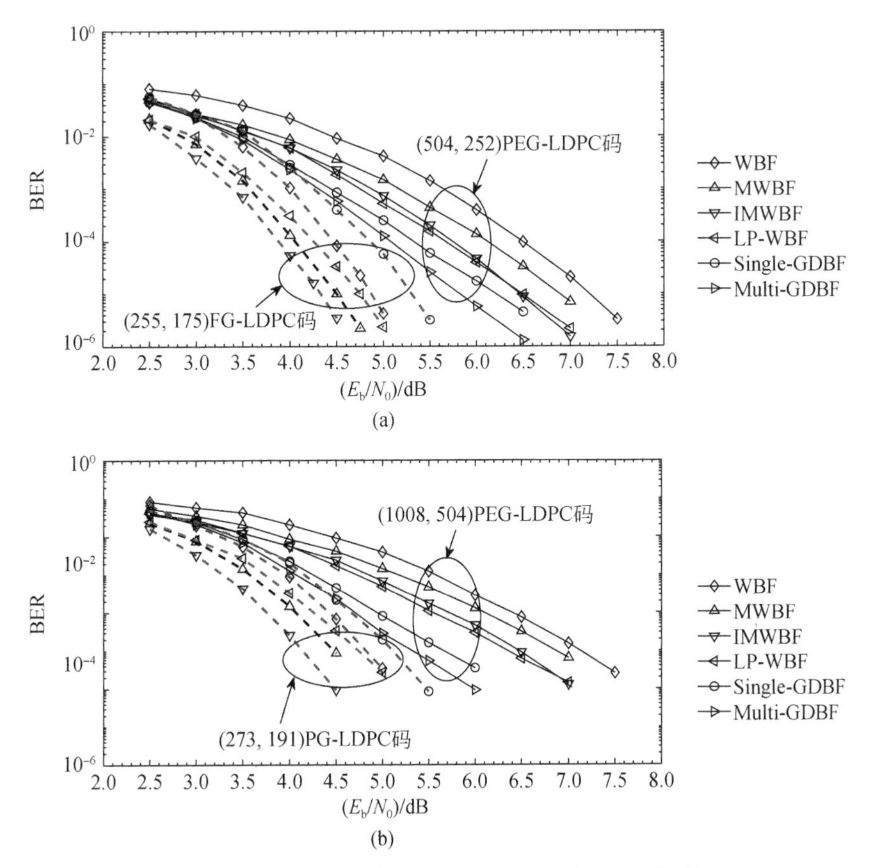

图5-17 不同算法、不同LDPC码下的译码性能比较

对于码 2 和码 4，Single-GDBF 算法的性能却明显差于 WBF 算法，即 Single-GDBF 算法对列重较大的 LDPC 码的译码性能损失严重。

5.6.2 大列重 LDPC 码译码性能的分析比较

为了分析方便，再次给出 GDBF 算法的翻转函数如下：

$$E_n = r_n z_n + \underbrace{\sum_{m\in \boldsymbol{B}(n)} (1-2s_m)}_{\text{补偿项}} \tag{5-39}$$

其中，$r_n z_n$ 可称为互相关项(correlation term)；$\sum_{m\in \boldsymbol{B}(n)} (1-2s_m)$ 称为双极性伴随式求和项，也称为补偿项(penalty term)[7]。接下来分析互相关项和补偿项的取值范围，分析其匹配性。

不失一般性地，设发送端发送全零序列，则 r_n 服从均值为 1、方差为 σ^2 的高斯分布。由“3σ”法则可得，r_n 的值以 99.74%的概率落在 $(1-3\sigma,1+3\sigma)$[25]。若发送信号的比特能量不变，则 σ^2 与 E_b/N_0 有关。表 5-13 给出 8 种 FG-LDPC 码在不同信噪比下的 3σ 区间。由表 5-13 可知，在中、高信噪比条件下，r_n 的值大多处于$(-1,3)$，则当 $z_n=1$ 时，式(5-39)中的值以很大的概率处于$(-1,3)$，类似地，当 $z_n=-1$ 时，一方面，互相关项的值以很大的概率处于$(-3,1)$。另一方面，补偿项的取值为$[-d_v,d_v]$。对于 d_v 较小的 LDPC 码，补偿项在较小的范围内变化，如对于码 1 和码 3，$[-d_v,d_v]=[-3,3]$，此时互相关项和补偿项的变化范围是较为匹配(match)的，即相差不大。但随着 d_v 的增大，补偿项的取值范围增大，如对于码 2，$[-d_v,d_v]=[-16,16]$。显然，此时补偿项的取值范围要大于互相关项的取值范围，二者是不匹配(mismatch)的，即相差较大。取值范围的不匹配必然带来取值的不匹配。图 5-18给出不同信噪比、不同迭代次数下，互相关项和补偿项的变化情况。对于图中的每一个点，其横坐标表示互相关项的值，纵坐标表示伴随式求和项的值。由于设定发送全零序列，因此互相关项的值大多处于$(-1,3)$，这也在图 5-18 中得到验证。由图 5-18 可得到两个结论。①在每个信噪比条件下(对应于图 5-18 中的每个子图)，整体上而言，随着迭代次数的增加，更多的校验方程满足校验，故补偿项的值将逐渐增大，当所有的校验方程都满足时，补偿项达到最大值 16，即补偿项的值处于“动态递增”状态。但在整个迭代过程中互相关项的值是“固定不变”的。从而，补偿项和互相关项间的“不匹配”现象将随着迭代次数的增大而越发严重。②对于每个固定的迭代次数，随着信噪比的增大(4 个子图的信噪比逐渐增大)，校验方程满足的个数同样逐渐增大，从而，补偿项和互相关项间的不匹配现象同样越发严重。这种不匹配现象使得翻转函数 E_n 的值更加依赖于“补偿项”，而造成“互相关项”对翻转函数的贡献被削弱，从而造成 E_n 的不准确，导致译码性能降低。

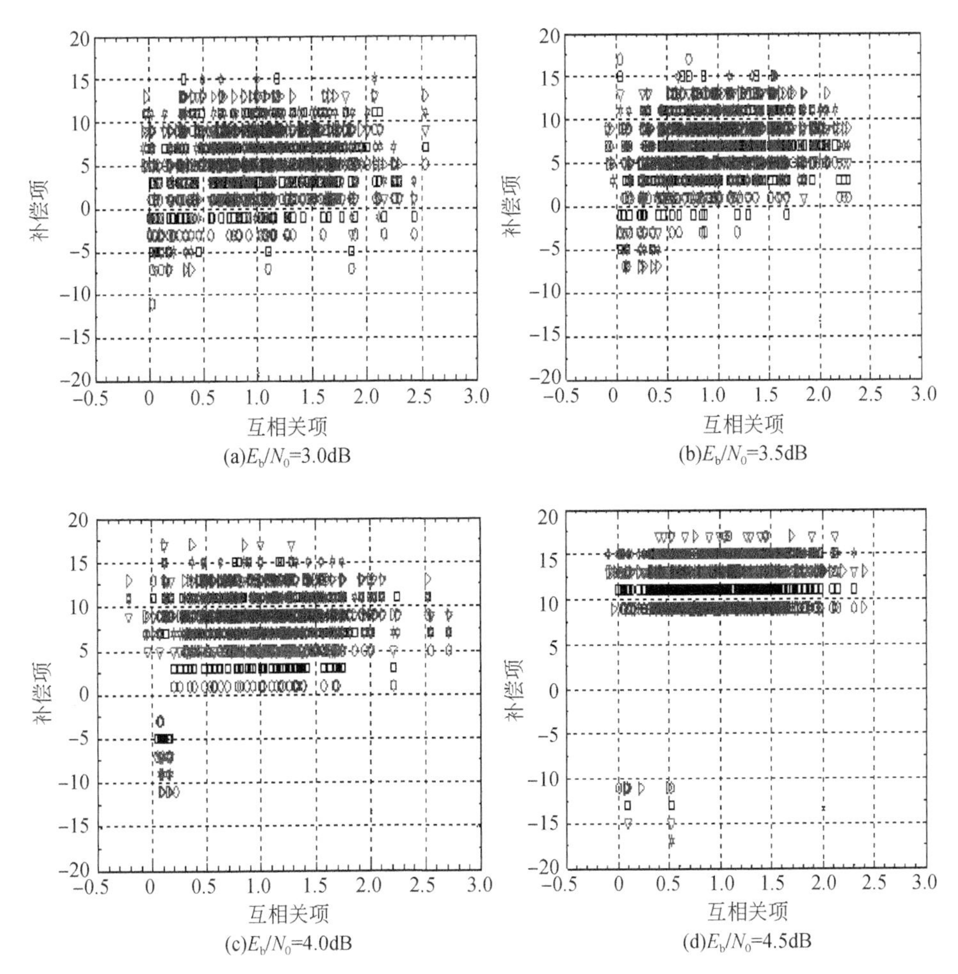

(a) E_b/N_0=3.0dB　(b) E_b/N_0=3.5dB

(c) E_b/N_0=4.0dB　(d) E_b/N_0=4.5dB

图 5-18　码 2 条件下，不同信噪比，不同迭代次数下，Single-GDBF 算法的互相关项和补偿项的变化情况

○第1次迭代；□第2次迭代；▽第3次迭代；☆第4次迭代；▷第5次迭代

表 5-13　不同码、不同信噪比下的 3σ 区间

码	参数		3σ 区间	
	码率	行重/列重	E_b/N_0=3.0dB	E_b/N_0=3.5dB
EG(255,175)	0.686	16	(−0.813,2.813)	(−0.711,2.711)
EG(1023,781)	0.763	32	(−0.719,2.719)	(−0.623,2.623)
EG(4095,3367)	0.822	64	(−0.656,2.656)	(−0.564,2.564)
EG(16383,14197)	0.867	128	(−0.613,2.613)	(−0.523,2.523)

续表

码	参数		3σ 区间	
	码率	行重/列重	$E_b/N_0=3.0$dB	$E_b/N_0=3.5$dB
PG(273,191)	0.7	17	(−0.795,2.795)	(−0.695,2.695)
PG(1057,813)	0.769	33	(−0.712,2.712)	(−0.617,2.617)
PG(4061,3431)	0.845	65	(−0.634,2.634)	(−0.543,2.543)
PG(16513,14326)	0.868	129	(−0.612,2.612)	(−0.522,2.522)

5.6.3 基于校验方程可靠度的 GDWBF 算法

为了消除式(5-39)等号右边两项间存在的不匹配现象,引入一种“可靠度度量”对式(5-39)中的双极性校验子 $1-2s_m$ 进行加权。众所周知,在 WBF 算法和 MWBF 算法中,每个校验方程的可靠度是通过 $\omega_m \overset{\text{def}}{=} \min\limits_{n\in \boldsymbol{A}(m)}\{|r_n|\}$ 来衡量的,故这里同样考虑用 ω_m 对 $(1-2s_m)$ 项进行加权,此时式(5-39)变为

$$E_n = \underbrace{r_n z_n}_{\text{互相关项}} + \underbrace{\sum_{m\in \boldsymbol{B}(n)} (1-2s_m) \min_{n\in \boldsymbol{A}(m)}\{|r_n|\}}_{\text{补偿项}} \tag{5-40}$$

对应地,目标函数则变为

$$f(z) = \sum_{j=1}^{N} z_j r_j + \sum_{i=1}^{M} (1-2s_i)\omega_m \tag{5-41}$$

以式(5-41)作为目标函数,式(5-40)作为翻转函数的算法称为基于校验方程可靠度的 GDWBF 算法。显然,若令 $\omega_m=1$,则式(5-40)将会变为式(5-39),GDWBF 算法将变成 GDBF 算法,即若将 M 个校验方程的权重统一设定为 1,则 GDWBF 算法将变为 GDBF 算法。

图 5-19 给出码 2 条件下,$E_b/N_0=4.5$dB ,不同迭代次数时,式(5-40)中的互相关项和补偿项的变化情况。图中黑色直线表示 $y=x$ 。由图 5-19 可知,引入校验方程可靠度之后,图中的点大多都分布在 $y=x$ 附近,这种现象表明,大多数情况下,互相关项和补偿项的值不会随着迭代次数的增大而差别过大,图 5-18 中的不匹配现象得到有效削弱,5.6.6 节中的仿真结果将会表明,由此带来的是显著的性能改善。

5.6.4 归一化 GDBF 算法

GDBF 算法是将各个校验方程的权重统一设定为 1,由此带来了互相关项和补偿项的不匹配现象,但复杂度却大大降低。这里考虑一种折中的做法,即引入待优化的加权系数 α 对双极性校验子进行加权,得到一种 GDBF 算法,其翻转函数为

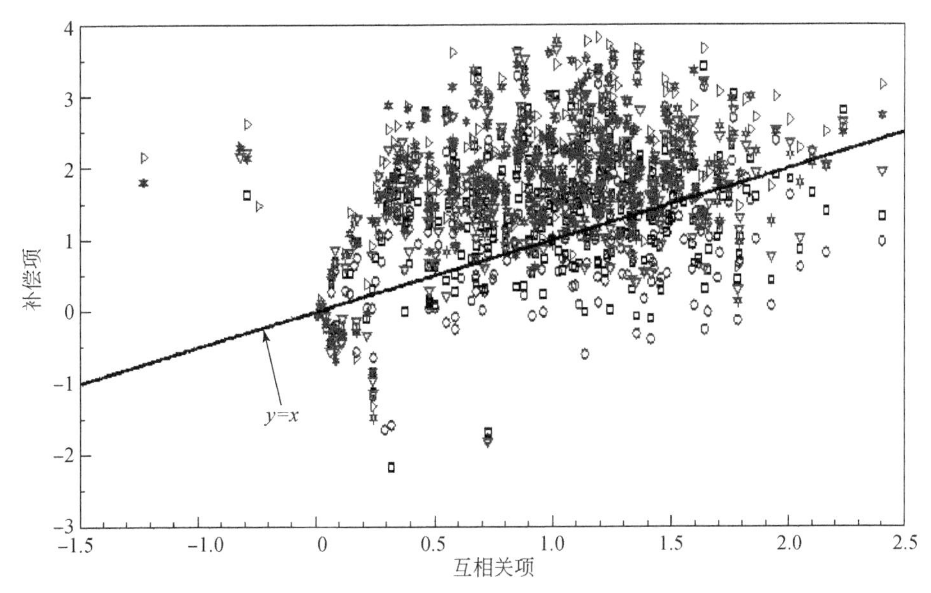

图 5-19　码 2 条件下，$E_b/N_0=4.5$dB，不同迭代次数下，Single-GDWBF 算法的互相关项和补偿项的变化情况

○第1次迭代；□第2次迭代；▽第3次迭代；☆第4次迭代；▷第5次迭代

$$E_n = r_n z_n + \sum_{m \in \boldsymbol{B}(n)} (1 - 2s_m)\alpha \tag{5-42}$$

其中，$\alpha>0$，令 $\alpha=1$ 即得到 GDBF 算法。

5.6.5 计算复杂度分析

为了分析方便，现给出 MWBF 算法的翻转函数[7]为

$$E_n = \beta \underbrace{|r_n|}_{\text{内信息项}} + \underbrace{\sum_{m \in \boldsymbol{B}(n)} (1 - 2s_m)\omega_m}_{\text{校验式加权求和项}} \tag{5-43}$$

式(5-43)右端第一项可称为“内信息项”，这是因为它只与信息节点自身的可靠度有关。在第 1 次迭代时，对于每个信息节点，可用两个存储单元分别存储内信息项和校验式加权求和项，然后二者求和得到翻转函数。设在第 $k(2\leqslant k\leqslant K_{\max})$ 次迭代中第 $\eta(1\leqslant\eta\leqslant N)$ 个信息比特 z_η 被翻转，则需更新集合 $\boldsymbol{\Phi}=\{n\in\boldsymbol{A}(m), m\in\boldsymbol{B}(\eta)\}$ 中信息节点的翻转函数[26]。更新的具体过程为：①对 $k-1$ 次迭代中的校验式加权求和项取反得到第 k 次迭代的校验式加权求和项；②用更新得到的第 k 次迭代的校验式加权求和项与内信息项相加得到第 k 次迭代的翻转函数。由于式(5-40)和式(5-43)有一定的相似之处，因此 GDWBF 算法的翻转函数更新过程与 MWBF 算法基本相同。唯一的不同之处在于：z_η 的翻转函数的更新过程在

GDWBF 算法中需要对互相关项和校验式加权求和项同时取反再相加得到翻转函数，而 MWBF 算法只需对“校验式加权求和项”取反即可，“内信息项”在迭代的整个过程中保持不变。两种算法具体的更新方法如表 5-14 所示。但考虑到只需对“互相关项”的符号位取反即能对其更新，故可近似认为 GDWBF 算法和 MWBF 算法的计算复杂度是相同的。

表 5-14 不同算法的翻转函数更新方法

两种算法	翻转函数更新方法
MWBF	$E_n^{k+1}=E_n^k-2\sum_{m\in\boldsymbol{B}(\eta)}\omega_m(1-2s_m^k)$
GDWBF	$\begin{cases}E_\eta^{k+1}=-E_\eta^k\\E_n^{k+1}=E_n^k-2\sum_{m\in\boldsymbol{B}(\eta)}\omega_m(1-2s_m^k),n\in\{\boldsymbol{\Phi}\backslash\eta\}\end{cases}$

5.6.6 仿真结果和统计分析

本小节所采用的仿真参数如下：码 2，码 4，列重和行重均为(32，32)的(1023，781)FG-LDPC 码(码 5)，列重和行重均为(33，33)的(1057，813)PG-LDPC 码(码 6)。两个短码的迭代次数设定为 100，两个长码的迭代次数则设定为 200。MWBF 算法和 IMWBF 算法在码 5 和码 6 条件下的最优加权系数都设定为 1.8[24,26]。归一化 GDBF 算法的加权系数分别设定为 0.1、0.08、0.1 和 0.06。

图 5-20 和图 5-21 分别为最优参数下，不同码条件下各译码性能曲线。表 5-15 给出当误比特率为 10^{-5} 时，各算法性能比较。引入可靠度软信息后，GDWBF 算法翻转函数的计算复杂度较 GDBF 算法有所增大，但由表 5-15 可知，由此带来的增益也是十分显著的。例如，在 4 种码条件下，可获得 0.61～0.8dB 的增益，即便是归一化 GDBF 算法最大也能获得 0.43dB 的增益。

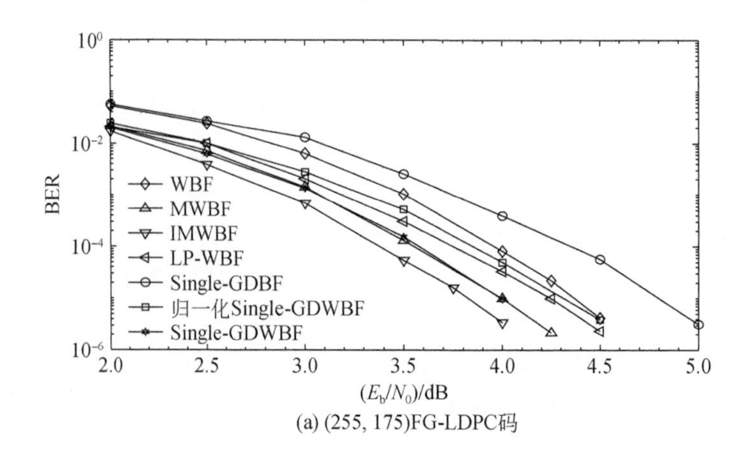

(a) (255, 175)FG-LDPC码

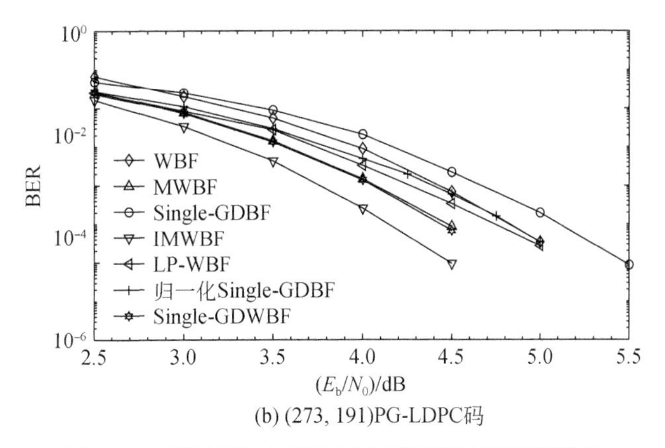

(b) (273, 191)PG-LDPC码

图 5-20　不同 FG-LDPC 码在不同算法下的误码率

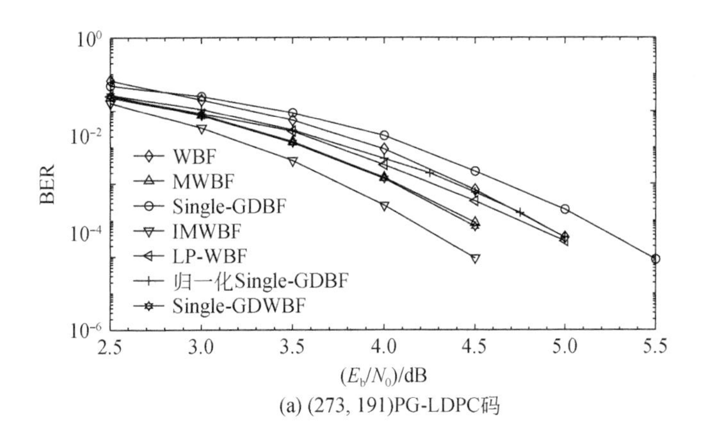

(a) (273, 191)PG-LDPC码

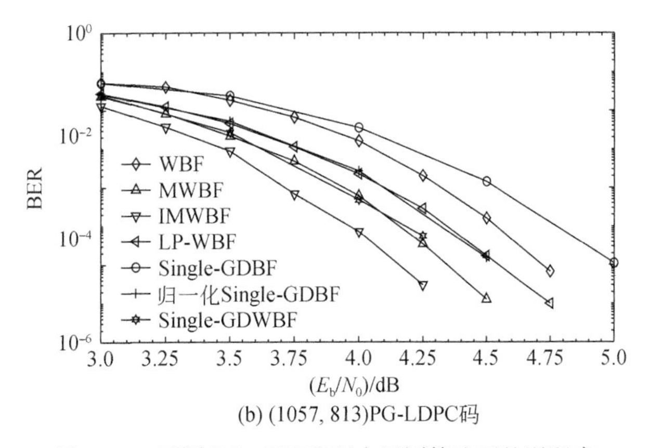

(b) (1057, 813)PG-LDPC码

图 5-21　不同 PG-LDPC 码在不同算法下的误码率

表 5-15　BER=10^{-5}时,不同算法性能统计

算法	码 2		码 4		码 5		码 6	
	SNR/dB	增益/dB	SNR/dB	增益/dB	SNR /dB	增益/dB	SNR/dB	增益/dB
GDWBF	4.50	—	4.40	—	4.15	—	4.17	—
GDBF	5.30	0.80	5.10	0.70	4.87	0.72	4.78	0.61
WBF	4.87	0.37	4.83	0.43	4.55	0.40	4.54	0.37
归一化 GDBF	4.83	0.33	4.83	0.43	4.35	0.20	4.32	0.15
LP-WBF	4.75	0.25	4.75	0.35	—	—	4.34	0.17
MWBF	4.50	—	4.48	0.08	4.16	0.01	4.16	—

图 5-22 为码 4 和码 6 在各译码算法下的平均迭代次数统计曲线。由图 5-22 可知,在短码条件下 GDWBF 算法的平均迭代次数略低于 MWBF 算法,长码时在中、低信噪比条件下则略高于 MWBF 算法。结合 5.3 节中的分析可知,从平均意义上讲,GDWBF 算法和 MWBF 算法的计算复杂度基本相当。图 5-23 给出列重和行重为(64,64)的(4095,3367)EG-LDPC 码下各译码算法的译码性能统计曲线,图中 MWBF 算法和 IMWBF 算法的最优加权系数都设定为 2.5[26]。从图 5-20、图 5-21和图 5-23 都可以看出,MWBF 算法和 GDWBF 算法的性能基本一致。但对于不同的码,前者需要事先通过仿真寻求最优的加权系数 α,而后者则不涉及任何的参数优化问题,这也是 GDWBF 算法的另一个优势。

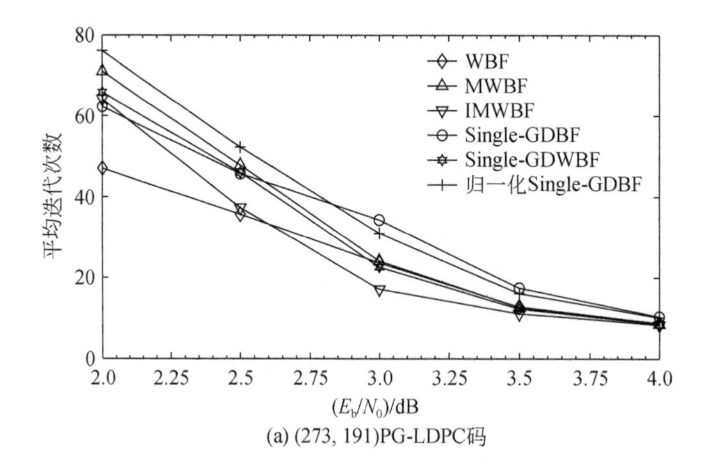

(a) (273, 191)PG-LDPC码

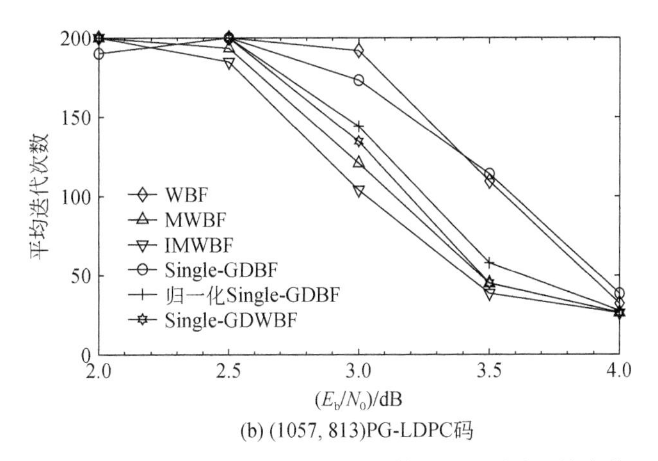

(b) (1057, 813)PG-LDPC码

图5-22　不同PG-LDPC码在不同算法下的平均迭代次数

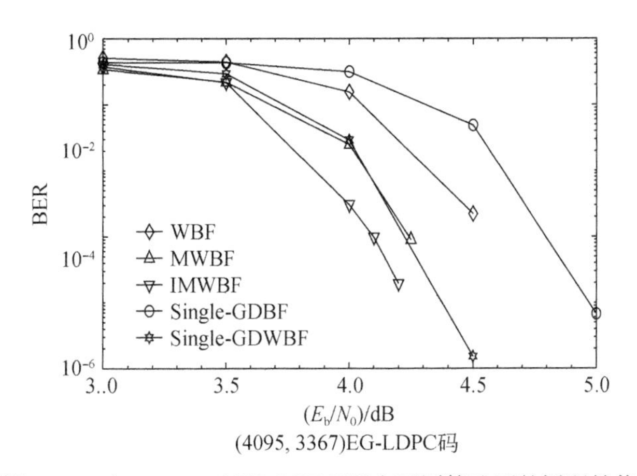

(4095, 3367)EG-LDPC码

图5-23　(4095,3367)EG-LDPC码在不同算法下的译码性能

5.7　本章小结

传统的WBF算法、MWBF算法和IMWBF算法多用于行重和列重较大的基于有限几何构造的LDPC码。仿真结果表明,当这些算法用于行重和列重较小的LDPC码(如根据PEG算法构造)时,译码性能并不理想。本章首先给出两种基于幅度和的WBF算法。仿真结果表明,相对于IMWBF算法,本章新提出的MSMWBF算法能获得0.95dB的增益。但经进一步仿真发现,这类算法不太适用于列重和行重较大的LDPC码。为改善此类算法对行重和列重大的LDPC码的译码性能,通过详细理论分析,提出一种可靠度偏移修正方案,仿真结果表明,基于该

方案的算法能获得不小于0.6dB的增益。

GDBF算法是另一类重要算法，其后续研究相对较少。仿真结果表明，当运用于行重和列重比较小的LDPC码时，其性能同样优于MWBF算法。本章还以GDBF算法为研究对象，从全新的角度出发，提出AMWGDBF算法。其最根本的理论出发点是置信传播，即校验节点传递给信息节点的信息应该去除该信息节点自身的信息。AMWGDBF算法提出用信息节点的平均幅度对GDBF算法翻转函数中的双极性校验子进行加权，构造出更为有效的比特翻转函数。相比于RRWGDBF算法和GDBF算法，其在获得一定的编码增益的同时还可以有效地降低平均迭代次数。

参考文献

[1] Lin S, Costello Jr D J. Error Control Coding: Fundamentals and Application[M]. Englewood Cliffs: Prentice-Hall, 1983.

[2] 文红，符初生，周亮. LDPC码原理与应用[M]. 成都：电子科技大学出版社，2006.

[3] Kou Y, Lin S, Fossorier M P C. Low-density parity-check codes based on finite geometries: A rediscovery and new results[J]. IEEE Transactions on Information Theory, 2001, 47(7): 2711-2736.

[4] Nouh A, Banihashemi A H. Bootstrap decoding of low-density parity-check codes[J]. IEEE Communications Letters, 2002, 6(9): 391-393.

[5] Nouh A, Banihashemi A H. Reliability-based schedule for bit-flipping decoding of low-density parity-check codes[J]. IEEE Transactions on Communications, 2004, 52(12): 2038-2040.

[6] Chen J H, Fossorier M P C. Near optimum universal belief propagation based on decoding of low-density parity-check codes[J]. IEEE Transactions on Communications, 2002, 50(3): 406-414.

[7] Zhang J T, Fossorier M P C. A modified weighted bit-flipping decoding of low-density parity-check codes[J]. IEEE Communications Letters, 2004, 8(3): 165-167.

[8] Jiang M, Zhao C M, Shi Z H, et al. An improvement on the modified weighted bit flipping decoding algorithm for LDPC codes[J]. IEEE Communications Letters, 2005, 9(9): 814-816.

[9] Liu Z Y, Pados D A. A decoding algorithm for finite-geometry LDPC codes[J]. IEEE Transactions on Communications, 2005, 53(3): 415-421.

[10] Guo F, Hanzo L. Reliability ratio based weighted bit-flipping decoding for low-density parity-check codes[J]. Electronics Letters, 2004, 40(21): 1356-1358.

[11] Lee C H, Wolf W. Implementation-efficient reliability ratio based weighted bit-flipping decoding for LDPC codes[J]. Electronics Letters, 2005, 41(13): 755-757.

[12] Chen T C. Channel-independent weighted bit-flipping decoding algorithm for low-density parity-check codes[J]. IET Communications, 2012, 6(17): 2968-2973.

[13] Mobini N, Banihashemi A H, Hemati S. A differential binary message-passing LDPC

decoder[C]//IEEE Global Telecommunications Conference, Washington, 2007: 1561-1565.

[14] Webber J, Nishimura T, Ohgane T, et al. Performance investigation of reduced complexity bit-flipping using variable thresholds and noise perturbation[C]//International Conference on Advanced Communication Technology, PyeongChang, 2014: 206-213.

[15] Wu X F, Ling C, Jiang M, et al. New insights into weighted bit-flipping decoding[J]. IEEE Transactions on Communications, 2009, 57(8): 2177-2181.

[16] Chen T C. An efficient bit-flipping decoding algorithm for LDPC codes[C]//International Conference on Cross Strait Quad-Regional Radio Science and Wireless Technology, New Taipei City, 2012: 109-112.

[17] 张高远,周亮,文红. 基于幅度和的 LDPC 码加权比特翻转译码算法[J]. 系统工程与电子技术,2014,36(4):752-757.

[18] Wadayama T, Nakamura K, Yagita M, et al. Gradient descent bit flipping algorithms for decoding LDPC codes[J]. IEEE Transactions on Communications, 2010, 58(6): 1610-1614.

[19] 张高远,周亮,文红. LDPC 码偏移修正加权比特翻转译码算法[J]. 系统工程与电子技术,2014,36(11):2287-2293.

[20] Zhang G Y, Zhou L, Wen H. Modified channel-independent weighted bit-flipping decoding algorithm for low-density parity-check codes [J]. IET Communications, 2014, 8 (6): 833-840.

[21] Chan A M, Kschischang F R. A simple taboo-based soft-decision decoding algorithm for expander codes[J]. IEEE Communications Letters, 1998, 2(7): 183-185.

[22] Phromsaard T, Arpornsiripat J, Wetcharungsri J, et al. Improved gradient descent bit flipping algorithms for LDPC decoding[C]//2012 Second International Conference on Digital Information and Communication Technology and It's Applications, Bangkok, 2012: 324-328.

[23] 刘原华,张美玲. 结构化 LDPC 码的改进比特翻转译码算法[J]. 北京邮电大学学报,2012,35(4):116-119.

[24] Yazdani M R, Hemati S, Banihashemi A H. Improving belief propagation on graphs with cycles[J]. IEEE Communications Letters, 2004, 8(1): 57-59.

[25] 张立军,刘明华,卢萌. 低密度奇偶校验码加权大数逻辑译码研究[J]. 西安交通大学学报,2013,47(4):35-38,50.

[26] Chen J H, Fossorier M P C. Decoding low-density parity check codes with normalized APP-based algorithm[C]//IEEE Global Telecommunications Conference, San Antonio, 2001, 2: 1026-1030.

第 6 章　WBF 算法的优化

6.1 引　　言

本章首先对对数域 MAP 算法进行推导;然后阐述低信噪比下降低 LDPC 码 WBF 算法复杂度的必要性和可行性;接着以 WBF 算法的物理意义为基础,给出两种 WBF 算法的低复杂度提前停止迭代准则;最后以 WBF 算法的物理意义为基础,给出一种可靠度外信息修正方法,对传统 WBF 算法和改进型 WBF 算法进行性能改善。

6.2 传统 WBF 算法的理论推导

6.2.1 log-MAP 算法

记和 v_n 关联的校验式为 $\boldsymbol{s}_{mn}=\{s_m \mid m\in \boldsymbol{B}(n)\}$, $\boldsymbol{v}_{mn}=\{v_{mn} \mid n\in \mathbf{A}(m)\}$ 表示 c_m 校验约束的信息节点, $\boldsymbol{v}_{mn}$ 中不包含 v_n 的信息节点为 $\boldsymbol{v}_{mn'}=\{v_{mn'} \mid n'\in \mathbf{A}(m)\backslash n\}$ 。$\{c_m \mid m\in \boldsymbol{B}(n)\}$ 校验约束的信息节点记为 $\boldsymbol{v}_n=\{v_i \mid i\in \mathbf{A}(m), m\in \boldsymbol{B}(n)\}$ 。对于 s_m ,有结论[1]:

$$
\begin{aligned}
s_m &= \sum_{n\in \mathbf{A}(m)} x_{mn} \bmod 2 = \sum_{n\in \mathbf{A}(m)} (w_{mn}+e_{mn}) \bmod 2 = \sum_{n\in \mathbf{A}(m)} e_{mn} \bmod 2 \\
&= \Big(e_n + \sum_{n'\in \mathbf{A}(m)\backslash n} e_{mn'}\Big) \bmod 2
\end{aligned}
\tag{6-1}
$$

记 $\zeta_{mn}=\sum_{n'\in \mathbf{A}(m)\backslash n} e_{mn'} \bmod 2$,则式(6-1)变为 $s_m=(e_n+\zeta_{mn}) \bmod 2$。若 $\boldsymbol{v}_{mn'}$ 中无错,则 $\zeta_{mn}=0$, $s_m=e_n$ 。可见, s_m 可用于判定 e_n 的值[1,2]。

按照 Massy 在文献[1]中的分析可得

$$
\begin{cases}
P(e_n=1)=P(x_n\neq w_n)=q_n \\
P(e_n=0)=P(x_n=w_n)=1-q_n
\end{cases}
\tag{6-2}
$$

同时有

$$
\begin{cases}
\tau_{mn}=P(\zeta_{mn}=1)=\dfrac{1}{2}\Big[1-\prod\limits_{n'\in \mathbf{A}(m)\backslash n}(1-2q_{mn'})\Big] \\
1-\tau_{mn}=P(\zeta_{mn}=0)=\dfrac{1}{2}\Big[1+\prod\limits_{n'\in \mathbf{A}(m)\backslash n}(1-2q_{mn'})\Big]
\end{cases}
\tag{6-3}
$$

Massy提出的MAP算法可描述为:选择 $e_n=b$,使得 $P\{e_n=b|\boldsymbol{s}_{mn}\}$ 最大,其中 $b=1$ 或0。即若 $P\{e_n=1|\boldsymbol{s}_{mn}\}\geqslant P\{e_n=0|\boldsymbol{s}_{mn}\}$,则 $e_n=1$;若 $P\{e_n=1|\boldsymbol{s}_{mn}\}<P\{e_n=0|\boldsymbol{s}_{mn}\}$,则 $e_n=0$。

由贝叶斯法则可得

$$\frac{P(\boldsymbol{s}_{mn}|e_n=1)P(e_n=1)}{P(\boldsymbol{s}_{mn})}\geqslant\frac{P(\boldsymbol{s}_{mn}|e_n=0)P(e_n=0)}{P(\boldsymbol{s}_{mn})}\tag{6-4}$$

由于 $\boldsymbol{s}_{mn}$ 的各分量相互独立,有[1]

$$\begin{cases}P(\boldsymbol{s}_{mn}|e_n=1)=\prod\limits_{m\in\boldsymbol{B}(n)}P(s_m|e_n=1)\\P(\boldsymbol{s}_{mn}|e_n=0)=\prod\limits_{m\in\boldsymbol{B}(n)}P(s_m|e_n=0)\end{cases}\tag{6-5}$$

将式(6-5)代入式(6-4),两边同取自然对数有

$$\ln[P(e_n=1)]+\sum_{m\in\boldsymbol{B}(n)}\ln P(s_m|e_n=1)\geqslant\ln[P(e_n=0)]+\sum_{m\in\boldsymbol{B}(n)}\ln P(s_m|e_n=0)\tag{6-6}$$

式(6-6)等价形式为

$$\ln\left(\frac{q_n}{1-q_n}\right)+\sum_{m\in\boldsymbol{B}(n)}\ln\frac{P(s_m|e_n=1)}{P(s_m|e_n=0)}\geqslant 0\tag{6-7}$$

由于[1,3,4]

$$\begin{cases}\ln P(s_m=0|e_n=1)=\ln P(s_m=1|e_n=0)=\ln P(\zeta_{mn}=1)=\ln(\tau_{mn})\\\ln P(s_m=1|e_n=1)=\ln P(s_m=0|e_n=0)=\ln P(\zeta_{mn}=0)=\ln(1-\tau_{mn})\end{cases}\tag{6-8}$$

则式(6-7)可变为

$$\ln\left(\frac{q_n}{1-q_n}\right)+\sum_{m\in\boldsymbol{B}(n)}(2s_m-1)\ln\left(\frac{1-\tau_{mn}}{\tau_{mn}}\right)\geqslant 0\tag{6-9}$$

文献[5]已证明:

$$\ln\left(\frac{1-\tau_{mn}}{\tau_{mn}}\right)=\Phi^{-1}\left[\sum_{n'\in\boldsymbol{A}(m)\backslash n}\Phi(|L_{mn'}|)\right]\tag{6-10}$$

则式(6-9)可变为

$$\ln\left(\frac{q_n}{1-q_n}\right)+\sum_{m\in\boldsymbol{B}(n)}(2s_m-1)\Phi^{-1}\left[\sum_{n'\in\boldsymbol{A}(m)\backslash n}\Phi(|L_{mn'}|)\right]\geqslant 0\tag{6-11}$$

对于AWGN信道,有

$$\ln\left(\frac{q_n}{1-q_n}\right)=-\ln\left(\frac{1-q_n}{q_n}\right)=-|L_n|=-\left|\ln\frac{P(w_n=1)}{P(w_n=0)}+\frac{4}{N_0}r_n\right|\tag{6-12}$$

故式(6-12)变为

$$\sum_{m\in\boldsymbol{B}(n)}(2s_m-1)\Phi^{-1}\left[\sum_{n'\in\boldsymbol{A}(m)\backslash n}\Phi(|L_{mn'}|)\right]-\left|\ln\frac{P(w_n=1)}{P(w_n=0)}+\frac{4}{N_0}r_n\right|\geqslant 0\tag{6-13}$$

最终，log-MAP 算法可描述为：若式(6-13)成立，则 $e_n=1$；若不成立，则 $e_n=0$。对比式(6-3)和式(6-13)可得

$$
\begin{aligned}
\ln\left(\frac{\tilde{q}_n}{1-\tilde{q}_n}\right) &= \ln\left[\frac{P(e_n=1\mid \boldsymbol{s}_{mn})}{P(e_n=0\mid \boldsymbol{s}_{mn})}\right] \\
&= \ln\left[\frac{P(x_n\neq w_n\mid \boldsymbol{s}_{mn})}{P(x_n=w_n\mid \boldsymbol{s}_{mn})}\right] \\
&= \sum_{m\in \boldsymbol{B}(n)}(2s_m-1)\Phi^{-1}\left[\sum_{n'\in \boldsymbol{A}(m)\backslash n}\Phi(\mid L_{mn'}\mid)\right]-\left|\ln\frac{P(w_n=1)}{P(w_n=0)}+\frac{4}{N_0}r_n\right| \\
&= \sum_{m\in \boldsymbol{B}(n)}(2s_m-1)\omega_{\text{log-MAP}}-\left|\ln\frac{P(w_n=1)}{P(w_n=0)}+\frac{4}{N_0}r_n\right| \qquad (6\text{-}14)
\end{aligned}
$$

其中，$\omega_{\text{log-MAP}}=\Phi^{-1}\left[\sum_{n'\in \boldsymbol{A}(m)\backslash n}\Phi(\mid L_{mn'}\mid)\right]$。

式(6-14)中各项的物理意义如下：$\ln\left(\frac{q_n}{1-q_n}\right)$ 定义为 e_n 的可靠度后验信息(posteriori reliability information，PRI)；由于 $\omega_{\text{log-MAP}}$ 与 r_n 自身的可靠度信息无关，因此 $\sum_{m\in \boldsymbol{B}(n)}(2s_m-1)\omega_{\text{MAP}}$ 定义为可靠度外信息(extrinsic reliability information，ERI)，它由 $\{\boldsymbol{v}_n\backslash v_n\}$ 提供的可靠度信息和 $\boldsymbol{s}_{mn}$ 共同决定；$\left|\ln\frac{P(w_n=1)}{P(w_n=0)}+\frac{4}{N_0}r_n\right|$ 则称为可靠度内信息(intrinsic reliability information，IRI)[5,6]。

按照文献[6]给出的分析方法，可对式(6-14)各项的物理意义进行更加详细的定义：

$$
\underbrace{\sum_{m\in \boldsymbol{B}(n)}(2s_m-1)\Phi^{-1}\left[\sum_{n'\in \boldsymbol{A}(m)\backslash n}\Phi(\mid L_{mn'}\mid)\right]}_{\text{可靠度外信息}}-\underbrace{\left|\underbrace{\ln\frac{P(w_n=1)}{P(w_n=0)}}_{\text{先验信息}}+\underbrace{\frac{4}{N_0}\mid r_n\mid}_{\text{信道后验信息}}\right|}_{\text{可靠度内信息}}\geqslant 0 \qquad (6\text{-}15)
$$

考虑到发送比特先验等概，则式(6-15)可变为

$$
\sum_{m\in \boldsymbol{B}(n)}(2s_m-1)\ln\left(\frac{1-\tau_{mn}}{\tau_{mn}}\right)-\left|\frac{4}{N_0}r_n\right|\geqslant 0 \qquad (6\text{-}16)
$$

式(6-16)左端定义为 log-MAP 算法的翻转函数。考虑到式(6-3)的结果，则有

$$
\ln\left(\frac{1-\tau_{mn}}{\tau_{mn}}\right)=\ln\left[\frac{P(\zeta_{mn}=0)}{P(\zeta_{mn}=1)}\right] \qquad (6\text{-}17)
$$

6.2.2 从 log-MAP 算法到 WMLG 算法

由 $\prod_{n\in \boldsymbol{A}(m)}(1-2q_{mn})\approx 1-2\max_{n\in \boldsymbol{A}(m)}\{q_{mn}\}$ [3]可得

$$\tau_{mn}=\frac{\exp\left(-\frac{4}{N_0}\min_{n'\in\boldsymbol{A}(m)\backslash n}\{|r_{mn'}|\}\right)}{1+\exp\left(-\frac{4}{N_0}\min_{n'\in\boldsymbol{A}(m)\backslash n}\{|r_{mn'}|\}\right)} \tag{6-18}$$

从而有[7]

$$\ln\left(\frac{1-\tau_{mn}}{\tau_{mn}}\right)\approx\frac{4}{N_0}\min_{n'\in\boldsymbol{A}(m)\backslash n}\{|r_{mn'}|\} \tag{6-19}$$

将式(6-19)代入式(6-16)，则有

$$\frac{4}{N_0}\sum_{m\in\boldsymbol{B}(n)}(2s_m-1)\min_{n'\in\boldsymbol{A}(m)\backslash n}\{|r_{mn'}|\}-\frac{4}{N_0}|r_n|\geqslant 0 \tag{6-20}$$

$4/N_0$ 项并不影响判决结果，则式(6-20)可变为

$$\sum_{m\in\boldsymbol{B}(n)}(2s_m-1)\min_{n'\in\boldsymbol{A}(m)\backslash n}\{|r_{mn'}|\}-|r_n|\geqslant 0 \tag{6-21}$$

如果对式(6-3)中的 τ_{mn} 采用近似计算，得

$$\tau_{mn}\approx\frac{1}{2}[1-\prod_{n\in\boldsymbol{A}(m)}(1-2q_{mn})] \tag{6-22}$$

式(6-19)可变为

$$\ln\left(\frac{1-\tau_{mn}}{\tau_{mn}}\right)\approx\frac{4}{N_0}\min_{n\in\boldsymbol{A}(m)}\{|r_{mn}|\} \tag{6-23}$$

将式(6-23)代入式(6-16)，不考虑 $4/N_0$ 的影响，可得

$$\sum_{m\in\boldsymbol{B}(n)}(2s_m-1)\min_{n\in\boldsymbol{A}(m)}\{|r_{mn}|\}-|r_n|\geqslant 0 \tag{6-24}$$

进一步地，如果忽略式(6-24)左端与IRI有关的 $|r_n|$ 项，有

$$\sum_{m\in\boldsymbol{B}(n)}(2s_m-1)\min_{n\in\boldsymbol{A}(m)}\{|r_{mn}|\}\geqslant 0 \tag{6-25}$$

由此得到WMLG算法[2]，其翻转函数为

$$E_n=\sum_{m\in\boldsymbol{B}(n)}(2s_m-1)\omega_m \tag{6-26}$$

其中，$\omega_m=\min_{n\in\boldsymbol{A}(m)}\{|r_n|\}$。WMLG算法对满足 $E_n>0$ 的比特都翻转，为并行算法。

文献[4]用max-log-MAP(MLP)译码算法的推导方式得到式(6-16)的结果，进而推出式(6-21)的结果。故以式(6-21)成立与否来判定 e_n 值的算法是基于MLP准则的算法。式(6-16)和式(6-21)左端为MAP算法和MLP算法的翻转函数。

6.2.3 OSMLG算法的推导

若将校验节点向信息节点传递的可靠度外信息的幅度设定为1，即将式(6-26)中的 ω_m“量化”为1，则式(6-26)变为

$$E_n=\sum_{m\in\boldsymbol{B}(n)}(2s_m-1) \tag{6-27}$$

式(6-27)为 OSMLG 算法的翻转函数。由于 OSMLG 算法缺乏必要的可靠度软信息,因此性能最差。图 6-1 给出 4 种算法间的内在联系。

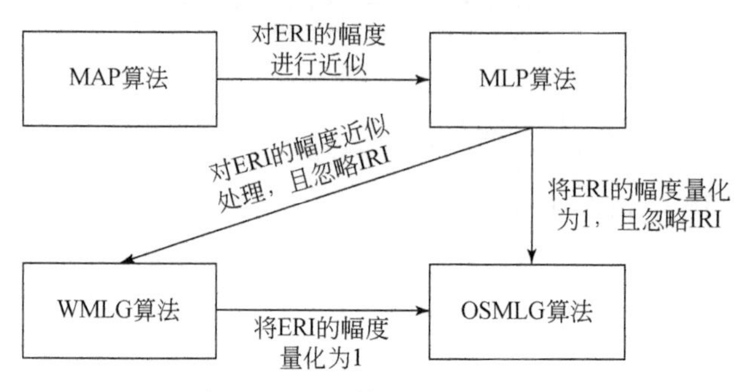

图 6-1 4 种算法的内在联系

6.2.4 MS-based WBF 算法和 IMWBF 算法的推导

式(6-21)左端便是 MS-based WBF 算法的翻转函数[8],为

$$E_n = \sum_{m \in \boldsymbol{B}(n)} (2s_m - 1)\omega_{mn} - |r_n| \tag{6-28}$$

其中,$\omega_{mn} = \min\limits_{n' \in \boldsymbol{A}(m) \backslash n} \{|r_{mn'}|\}$。MS-based WBF 是基于 MLP 准则的算法[4],是对 BP-based WBF 算法的近似[8]。

式(6-10)和式(6-19)分别是 BP 算法和 MS 算法中信息节点得到的可靠度信息幅度,式(6-10)计算的结果不大于式(6-19)计算得到的结果,所以可对 MS-based WBF 算法中的归一化可靠度外信息(normalized extrinsic reliability information,NERI)再进行归一化,得到 NMS-based WBF 算法[8]。其翻转函数为

$$E_n = \alpha' \sum_{m \in \boldsymbol{B}(n)} (2s_m - 1)\omega_{mn} - |r_n| \tag{6-29}$$

对式(6-29)进行变换后得

$$E_n = \sum_{m \in \boldsymbol{B}(n)} (2s_m - 1)\omega_{mn} - \alpha |r_n| \tag{6-30}$$

式(6-30)是 IMWBF 算法的翻转函数,α 可看成 α' 的倒数[8]。由 IMWBF 算法得到 MWBF 算法和 WBF 算法的推导过程与 6.2.2 小节类似,具体可参考文献[5]。

6.2.5 传统的 WBF 算法间的关系

图 6-2 给出 4 种 WBF 算法的关系图。由图 6-2 可知,作为 BP-based WBF 算法的两种近似算法,MS-based WBF 算法和 NMS-based WBF(即 IMWBF)算法的计算复杂度大大降低,性能必然有一定损失[5]。

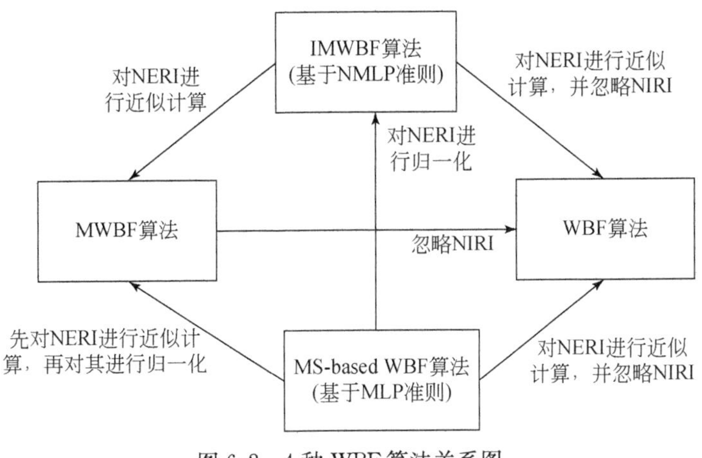

图 6-2　4 种 WBF 算法关系图

6.3　WBF 算法复杂度优化的可行性

Turbo 码和 LDPC 码具有优异纠错性能的关键在于采用了迭代译码[2,9~15]。

对于 Turbo 码，在交织深度不够大等非理想条件下，多次迭代后，两个分量译码器输出的外信息间的相关性增大，译码趋于纠错性能极限，继续迭代不会带来较大的增益[6]。Turbo 码两个分量译码器多采用 BCJR 算法，该算法内部未预设定提前停止准则(early stop criterion，ESC)。对于不可纠错的帧，不必要的多次迭代并未带来性能的提升，反而浪费硬件资源，增加译码时延。

LDPC 码 BP 算法预设“**s** 为零则停止迭代”的准则，但此准则无法鉴定不可纠错的帧[11,12]。特别地，对于中短长度的码，由于构造上的缺陷，BP 算法无法纠正文献[16]中定义的稳定状态错误模式，在中低信噪比条件下此现象更加严重。因此，在中低信噪比条件下设计新的 ESC，在保证译码纠错性能未受较大损失的前提下减少不必要的迭代是非常必要的。ESC 在其他迭代译码场合也得到广泛应用[17~19]。

6.3.1　适用于 Turbo 码的提前停止准则

ESC 的实现过程中若涉及实数运算，则称为软判决准则(soft decision rule，SDR)；若不涉及实数运算，则称为硬判决准则(hard decision rule，HDR)。SDR 和 HDR 相结合构成混合判决准则。此外，还包括循环冗余校验(cyclic redundancy check，CRC)准则和完全理想准则[20]。

1. SDR

交叉熵(cross entropy,CR)准则是一种最典型的 SDR[21~23]。在每次迭代中,两个分量译码器得到两种不同的比特概率分布。交叉熵能表征两种不同概率分布间的“相似度”。随着迭代次数的增大,外信息与信道接收信息间的相关性增大,为译码提供的有用信息逐渐减少,交叉熵逐渐减小,即来自两个分量译码器的软输出将服从相同的概率分布[21]。CR 准则可描述为:若第 i 次迭代的交叉熵 $T(i)$降低到初始交叉熵 $T(0)$的一定比例,则终止迭代[21]。

用非线性动力学理论分析迭代译码过程,文献[24]提出两种后验平均熵(posteriori average entropy,PAE)准则。利用比特 LLR 值的平均幅度和差错个数间的密切关系,文献[25]提出平均检测(mean estimate,ME)准则。类似的方法可参考文献[26]和文献[27]。

2. HDR

典型的 HDR 是符号变化率(sign change ratio,SCR)准则:若第 2 个分量译码器在第 $i-1$ 次和第 i 次迭代中得到的“外信息”的符号差别个数小于 $qN(0<q<1)$,则停止迭代[13]。文献[13]同时给出一种硬判决辅助(hard decision-aided,HDA)准则:若第 2 个分量译码器在第 $i-1$ 次和第 i 次迭代中得到硬判决的符号完全相同,则停止迭代。

符号差别率(sign difference ratio,SDR)准则可描述为[28]:若第 2 个分量译码器在第 i 次迭代中得到的“外信息”和输入的先验信息(即第 1 个分量译码器输出的“外信息”)的符号差别个数小于 $qN(0<q<1)$,则停止迭代。

此外,还包括改进硬判决辅助(improved hard decision-aided,IHDA)准则[29]和广义硬判决辅助(generalized hard-decision-aided,GHDA)准则[30]。

3. CRC 准则和有效码字校验(valid codeword check,VCC)准则

CRC 准则[31]通过循环冗余校验码来判决是否已正确译码。此时,信息序列增加 CRC 比特后再进行 Turbo 编码,故可认为是 CRC 码和 Turbo 码的串行级联。译码器做出硬判决并进行 CRC 校验,若校验通过,则表明该帧译码正确,及时停止迭代。VCC 准则可参考文献[32]。

此后众多学者相继提出了许多其他准则,具体可参考文献[27]、文献[33]~文献[41]。

6.3.2 适用于 BP 算法的提前停止准则

以 OSD-BP 算法为研究背景,文献[42]率先提出一种 BP 算法的 ESC。其他

较为典型的 ESC 主要包括如下几个。

1. 信息节点可靠度(variable node reliability based,VNRB)准则

文献[11]以相邻两次迭代的信息节点的幅度和的变化规律为依据提出 VNRB[11]准则:若相邻两次迭代中信息节点的幅度和不增长,则停止迭代。但如果幅度和大于预先设定的可靠度门限 Th,则停止准则失效,迭代继续进行。

2. 伴随式汉明重量变化(changing of Hamming weight of the syndrome,CHWS)准则

迭代过程中不满足校验方程的个数可反映 BP 算法的译码收敛性。不满足校验方程的个数等于伴随式的汉明重量,通过对迭代过程中的 CHWS[12]进行监测,文献[12]提出了 CHWS 准则,该准则复杂度较低。

3. CRC 准则[43]

CRC 准则类似于 6.3.1 小节中提到的 Turbo 码的 CRC 准则。

4. 平均幅度变化率(changing ratio of the mean magnitude,CMM)准则[44]

CMM 准则需预设两个门限:平均幅度变化率门限 Th_1 和平均幅度慢增长或不增长计数门限 Th_2。若相邻两次迭代中信息节点的平均幅度变化率不大于 Th_1,则计数器自动加 1,当计数器等于 Th_2 时,停止迭代。

需特别指出的是,Turbo 码的 CR 准则和 HDA 准则同样适用于 BP 算法[44]。更多关于 BP 算法 ESC 的理论研究可参考文献[45]～文献[48]。

6.3.3　WBF 算法的提前停止准则可行性分析

针对规则 LDPC 码,Gallager[49]最早提出两种 BF 算法:Gallager A 算法和 Gallager B 算法[50]。这两种算法的不同之处为:在 Gallager A 算法中,预先设定的不满足校验的方程个数门限 Th 为 d_v-1,且保持不变;在 Gallager B 算法中,$\lceil \frac{d_v-1}{2} \rceil \leqslant \mathrm{Th} \leqslant d_v-1$ 且 Th 随着迭代的进行逐渐减小,其中,$\lceil \cdot \rceil$ 为向上取整函数。

BF 算法的翻转策略为:若与 v_n 相关的 $\boldsymbol{s}_{mn}$ 的汉明重量不小于 Th,则翻转 v_n。由于此翻转策略较为苛刻,经较少次迭代后绝大多数或所有的 v_n 可能已无法满足此条件,迭代无法继续进行。

文献[51]在研究 Expander 码的 BF 算法时,通过引入“Negative Progress”操作,在判决序列中人为增加数量严格受限的随机错误,使译码逃离局部最小值的束缚,最终趋于正确码字。此策略是对 Gallager 翻转策略的宽松处理。

类似于文献[51]中的做法,文献[52]提出并行和串行两种翻转策略:①翻转

$\{v_n\}$ 当且仅当与 v_n 相关的 $\boldsymbol{s}_{mn}$ 的汉明重量最大;②在①的 $\{v_n\}$ 中随机选取一个翻转。文献[51]和文献[52]的思路被移植到 WBF 算法中[53],且被随后的各种改进型 WBF 算法沿用至今[54~58]。

相比于 Gallager 的翻转策略,文献[51]和文献[53]更加宽松的翻转条件使得迭代的进行更加彻底。然而,文献[51]的结果表明,只有当"Negative Progress"引入的随机错误数量严格受限时,才能获得译码增益。

仿真结果表明,当信噪比较低时,相比于苛刻的翻转策略,采用宽松翻转策略的 WBF 算法并不能提高译码性能,反而增加了不必要的迭代。因此,有必要对传统的 WBF 算法的翻转策略进行修正处理,在不降低译码性能的前提下,及时停止不必要的迭代。

6.3.4　WBF 算法提前停止准则研究

对可纠错的帧而言,"$\boldsymbol{s}$ 为零即停止迭代"为最好的停止准则。但对于不可纠错的帧而言,此准则无效[5]。此时,需要将"$\boldsymbol{s}$ 为零即停止迭代"与其他 ESC 联合才能及时停止不可纠错的帧的迭代过程[5]。

记 WBF 算法第 k 次迭代中 x_n 被翻转,其翻转函数为 E_n^k 。由于 $E_n^k = \max\limits_{n\in[1,N]}\{E_n\}$,因此 x_n 是发生错误概率最大的比特。由 6.1.1 小节的分析可知,理想条件下 E_n^k 应满足条件: $E_n^k > 0$。

然而,条件 $E_n^k > 0$ 在每次迭代中并不一定都满足[45]。根据 $E_n^k > 0$ 在每次迭代中是否为真和译码结果可将译码分为 6 种状态,如表 6-1 所示。图 6-3 给出 6 种译码状态的 E_n^k 与迭代次数 k 的关系示意图。6 种状态分别定义如下。

(1)完全理想状态:译码正确,且 E_n^k 恒为正。

(2)不完全理想状态:译码正确,但 E_n^k 不恒为正。

(3)非振荡状态 1:译码成功但错误,且 E_n^k 恒为正。

(4)非振荡状态 2:译码成功但错误,但 E_n^k 不恒为正。

(5)振荡状态 1:译码失败,且 E_n^k 恒为正。

(6)振荡状态 2:译码失败,但 E_n^k 不恒为正。

处于前 4 种状态的帧都能收敛,完全理想状态是指实际译码过程和理论完全相符,译码正确且收敛速度很快,而不完全理想状态是指虽然译码正确,但实际译码过程与理论不完全相符且收敛速度相对较慢。

表 6-1　译码过程分类

译码状态	译码结果	条件: $E_n^k > 0$
完全理想状态	正确	每次迭代中都为真
不完全理想状态	正确	每次迭代中不都为真

续表

译码状态	译码结果	条件：$E_n^k > 0$
非振荡状态1	成功但错误	每次迭代中都为真
非振荡状态2	成功但错误	每次迭代中不都为真
振荡状态1	失败	每次迭代中都为真
振荡状态2	失败	每次迭代中不都为真

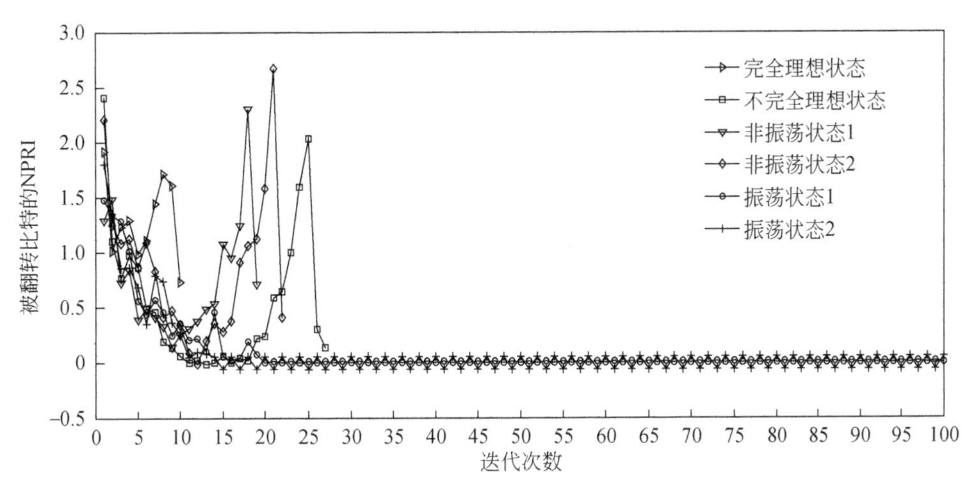

图6-3　WBF算法的6种译码状态与迭代次数关系示意图

NPRI为归一化可靠度后验信息

第2种、第4种和第6种状态都出现某次迭代中$E_n^k < 0$的情况，即此3种译码过程中出现了“Negative Progress”操作。表6-2～表6-4分别给出AWGN信道条件下，WBF算法，MWBF算法和IMWBF算法在(273，191)PG-LDPC码条件下各个译码状态出现的频次，每个信噪比下仿真10^5帧。通过统计可看出，在中低信噪比下，E_n^k不恒为正的帧以较大概率进入死循环并最终译码失败。这是由于$E_n^k < 0$时，x_n正确的概率大于错误的概率，而实际译码却对其翻转，因此实际操作与理论相悖。

由表6-2～表6-4可知，3种算法处于不完全理想状态的帧数逐渐递增，这表明3种算法纠错能力逐渐增强。本书不去深究少量帧处于不完全理想状态的内在原因，但考虑到处于该状态的帧相对较少(如当$E_b/N_0 = 2.0$dB时，分别有20帧、2194帧和4948帧)，故提出“一旦$E_n^k < 0$为真则停止迭代”的准则，目的在于及时终止处于非振荡状态2和振荡状态2的帧的迭代过程。

表 6-2 WBF 算法下各译码状态帧数统计

(E_b/N_0)/dB	完全理想状态	不完全理想状态	非振荡状态 1	非振荡状态 2	振荡状态 1	振荡状态 2
2.0	20114	20	43818	2480	2028	31540
2.5	45779	46	29809	1626	1355	21385
3.0	74687	31	13868	797	650	9967
3.5	92501	15	4071	249	195	2969
4.0	98712	6	713	46	25	498
4.5	99899	0	45	9	0	47
5.0	99995	0	2	0	1	2

表 6-3 MWBF 算法下各译码状态帧数统计

(E_b/N_0)/dB	完全理想状态	不完全理想状态	非振荡状态 1	非振荡状态 2	振荡状态 1	振荡状态 2
2.0	32268	2194	71	136	0	65331
2.5	62169	2302	65	108	0	35356
3.0	86309	1251	25	52	0	12363
3.5	97041	345	7	12	0	2595
4.0	99620	62	0	1	0	317
4.5	99972	3	0	1	0	24

表 6-4 IMWBF 算法下各译码状态帧数统计

(E_b/N_0)/dB	完全理想状态	不完全理想状态	非振荡状态 1	非振荡状态 2	振荡状态 1	振荡状态 2
2.0	44049	4948	185	1264	0	49554
2.5	73909	3920	101	712	0	21358
3.0	92664	1507	40	221	0	5568
3.5	98903	325	6	34	0	732
4.0	99920	26	0	3	0	51
4.5	99997	3	0	0	0	0

由表 6-2 可知，对于 WBF 算法，若伴随式 $\boldsymbol{s}$ 为全 1 向量，即所有的方程都不满足校验，则所有翻转函数非正。对于 MWBF 算法和 IMWBF 算法，若所有信息节点的可靠度外信息不大于可靠度内信息，则所有翻转函数同样非正。这表明，在迭代过程中待翻转信息节点的翻转函数非正是不无可能的。

如果待翻转信息节点的翻转函数非正，执行翻转操作将出现以下 3 种情况。①被翻转的信息节点的确是错误节点。虽然翻转操作与翻转函数的物理意义相违背，但译码仍朝着正确的方向进行，最终译码成功或正确。②被翻转的信息节点不存在错误。此时翻转操作增大了比特错误数量，但比特错误总量仍在算法的可纠正范围之内。执行翻转操作可使译码过程脱离局部最小值的限制，最终逐渐译码成功或正确。③被翻转的信息节点不存在错误。比特翻转操作增大了错误比特数量，且比特错误总量已超过算法纠错能力。此时，译码失败。

由于 WBF 算法的纠错能力适中，在中低信噪比条件下，待翻转信息节点的翻转函数非正时仍执行翻转操作将会以很大的概率译码失败，即第三种情况发生的概率较大。此时，停止迭代译码过程是合理和有必要的。

基于 ESC 的 WBF 算法可表述如下。

步骤 1：设定迭代次数 k 的初值为 1，终值为 $K_{\max}$ 。

步骤 2：用 $\boldsymbol{x}$ 计算 $\boldsymbol{s}$ ，若 $\boldsymbol{s}$ 全为零，则停止迭代，输出 $\boldsymbol{x}$ ，否则，计算 ω_m ，$\omega_m = \min\limits_{n \in \boldsymbol{A}(m)} \{ |r_{mn}| \}, \quad m \in [1, M]$ 。

步骤 3：计算翻转函数 $E_n = \sum\limits_{m \in \boldsymbol{B}(n)} \omega_m (2s_m - 1), \quad n \in [1, N]$ 。

步骤 4：计算 $\text{MAX} = \max\limits_{n \in [1,N]} \{E_n\}$ 。若 $\text{MAX} > 0$，则 $x_n = (x_n + 1)\text{mod}2$，其中，$n = \arg\{E_n = \text{MAX}\}$ ，并跳至步骤 5；否则，终止迭代，输出 $\boldsymbol{x}$ 。

步骤 5：用步骤 4 得到的 $\boldsymbol{x}$ 计算 $\boldsymbol{s}$ ，若 $\boldsymbol{s}$ 全为零，则停止迭代，输出 $\boldsymbol{x}$ ；若 $\boldsymbol{s}$ 不全为零，但 $k > K_{\max}$ ，则停止迭代，输出 $\boldsymbol{x}$ 。否则，$k = k + 1$，跳至步骤 3。

由上述分析可知，本书提出的 ESC 的优越性主要体现在 3 个方面。①实现十分简单。仅利用 MAX 的符号来进行判别，无需额外增加任何其他判别参数，也就无需任何额外的计算和存储单元。②具有很强的可适用性。由于仅依赖 MAX 的符号，完全不需要其他任何外界信息（如信道可靠度信息），因此对于任何信道条件下的任何基于 BP 类算法得到的 WBF 算法都可直接使用。③不同于文献[5]、文献[11]和文献[44]中的准则，本书提出的准则不需要事先对任何参数进行优化。

本书虽然着重分析 ESC 对 3 种 WBF 算法的应用情况，但此分析对于文献[8]中得到的其他串行 WBF 算法同样适用。

6.3.5　改进的提前停止迭代准则

由表 6-3 和表 6-4 可知，对于 MWBF 算法和 IMWBF 算法，仍然存在一定数量的处于不完全理想状态的帧，即对此类型的帧采用“Negative Progress”操作能够译码正确。6.3 节中的 ESC 对此类型的帧进行了“停止迭代”的操作是不合理的，对于 IMWBF 算法，在 2.5dB、3.0dB 和 3.5dB 时的误停止率分别为 3.92%、1.507%和 0.325%。因此，设计改进型 ESC 算法，使处于不完全理想状态的帧能继续迭代直至译码成功是十分必要的。考虑将 6.3 节中的 ESC 与文献[5]中的停止准则相结合,设计一种混合 ESC。

基于混合 ESC 的 WBF 算法可表述如下[53,59]。

步骤 1:设定迭代次数 k 初值为 1,终值为 $K_{\max}$ 。

步骤 2:用 $\boldsymbol{x}$ 计算 $\boldsymbol{s}^{k-1}$,若 $\boldsymbol{s}^{k-1}$ 全为零,则停止迭代,输出 $\boldsymbol{x}$,否则,计算 ω_m , $\omega_m = \min\limits_{n\in \boldsymbol{A}(m)} \{|r_{mn}|\}, \quad m \in [1,M]$ 。

步骤 3:计算翻转函数 $E_n = \sum\limits_{m\in \boldsymbol{B}(n)} \omega_m(2s_m - 1), \quad n \in [1,N]$ 。

步骤 4:计算 $\text{MAX} = \max\limits_{n\in[1,N]} \{E_n\}$ 。

若 MAX>0,则 $x_n=(x_n+1)\bmod 2$,其中,$n=\arg\{E_n=\text{MAX}\}$ 。跳至步骤 5。

若 MAX$\leqslant 0$,则 $x_n=(x_n+1)\bmod 2$,其中,$n=\arg\{E_n=\text{MAX}\}$ 。利用新的 $\boldsymbol{x}$ 计算 $\boldsymbol{s}^k$ 。然后再做如下判断。

若 $\sum \boldsymbol{s}^k < \sum \boldsymbol{s}^{k-1}$,则跳至步骤 5。

若 $\sum \boldsymbol{s}^k \geqslant \sum \boldsymbol{s}^{k-1}$,则停止迭代,输出未更新的 $\boldsymbol{x}$ 。

步骤 5:利用步骤 4 得到的 $\boldsymbol{x}$ 计算伴随式 $\boldsymbol{s}^k$ 。若 $\boldsymbol{s}^k$ 全为零,则停止迭代,输出 $\boldsymbol{x}$;若 $\boldsymbol{s}^k$ 非全零,但 $k > K_{\max}$,则停止迭代,输出 $\boldsymbol{x}$ 。否则,$k=k+1$,跳至步骤 3。

6.3.6 基于可靠度修正的 BP 算法

对于 8PSK,同一个调制符号内,b_1 和 b_2 的可靠度相同,且都高于 b_3。b_3 较低的可靠度会通过边传递给其他信息节点。提高 b_3 的可靠度进而抑制误差传递显得尤为重要。文献[60]和文献[61]提出的可靠度修正方案非常适用于对 b_3 可靠度的修正。现提出一种改进方案。

为描述方便,做如下定义[16]:c_m 对于 v_n 是可靠的,当且仅当 $|\Lambda_{mn'}| \geqslant \alpha$,其中,$n' \in \{\boldsymbol{A}(m)\backslash n\}$ 。

改进的可靠度修正方案可描述如下。

步骤 1: v_n 的初始 LLR 值 L_n^0 设定为 L_n ,v_n 传递给 c_m 的初始信息 L_{mn} 设定为 L_n^0 。

步骤 2:若 c_m 对于 v_n 是可靠的,则

$$\Lambda_{mn} = 2\operatorname{artanh} \prod_{n'\in \boldsymbol{A}(m)\backslash n} \tanh(L_{mn'}/2) \tag{6-31}$$

若 c_m 对于 v_n 是不可靠的,则

$$\Lambda_{mn} = 0 \tag{6-32}$$

步骤 3:更新 v_n 的 LLR 值 L_n 为

$$L_n = \frac{L_n^0 + \sum\limits_{m\in \boldsymbol{B}(n)} \Lambda_{mn}^k}{2} \tag{6-33}$$

由上述分析可知,改进方案仅允许可靠的 c_m 向 v_n 传递信息[61],且将 v_n 收到的可靠度信息与 L_n^0 求算术平均,以削弱可靠度信息的振荡现象[16]。将式(6-33)得到的 L_n 当成 v_n 的初始 LLR 值送入 BP 译码器。

6.3.7 仿真结果和统计分析

1. 基于 ESC 的性能分析

本小节所采用的仿真参数为(273,191)PG-LDPC 码和(504,252)PEG-LDPC 码,迭代次数分别设定为 100 和 50;MWBF 算法的加权系数分别设定为 1.4 和 0.3,IMWBF 算法的加权系数分别设定为 1.3 和 0.2[54,56,62]。

图 6-4 给出两种不同行重和列重 LDPC 码条件下,各算法的误比特率和误帧率(frame error rate,FER)比较。由表 6-4 和图 6-5 可知,IMWBF 算法中处于不完全理想状态的帧相对较多,引入 ESC 后性能会略有损失。对于(273,191)PG-

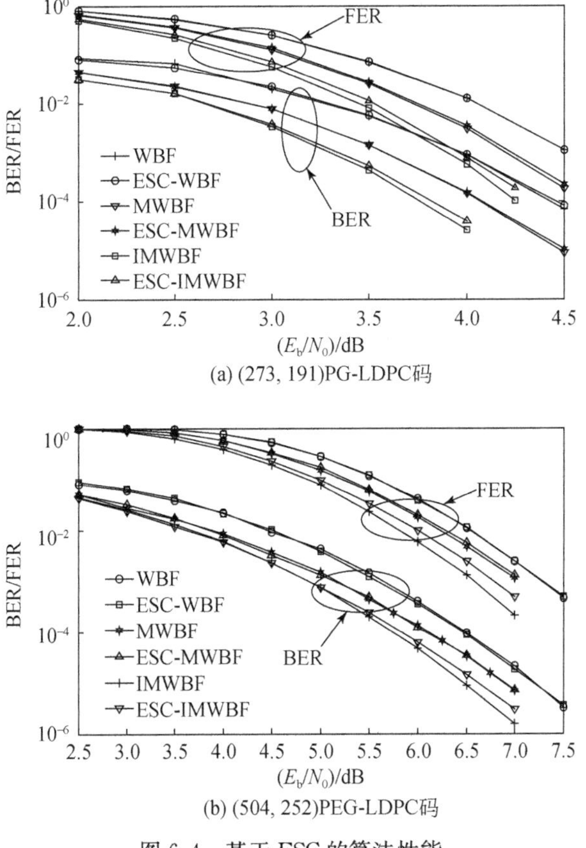

(a) (273, 191)PG-LDPC码

(b) (504, 252)PEG-LDPC码

图 6-4　基于 ESC 的算法性能

LDPC码，在BER＝10^{-4}时，性能约损失0.05dB，对于(504，252)PEG-LDPC码，在BER＝10^{-5}时，性能约损失0.15dB。而WBF算法和MWBF算法处于不完全理想状态的帧相对较少，引入ESC后性能基本无损失。

图6-5给出两种不同行重和列重LDPC码条件下，基于ESC的3种算法与传统算法的平均迭代次数比较。

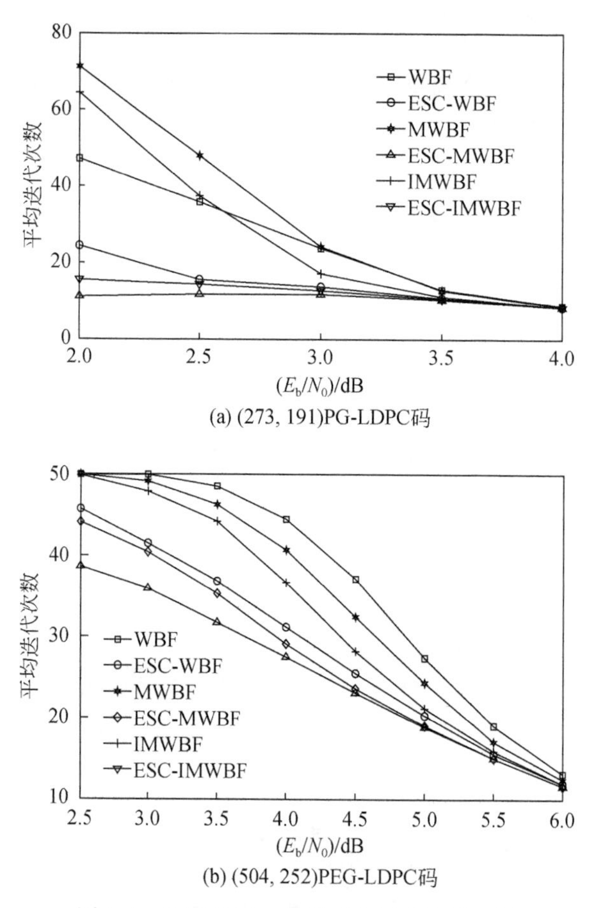

(a) (273, 191)PG-LDPC码

(b) (504, 252)PEG-LDPC码

图6-5　基于ESC的算法平均迭代次数比较

由图6-5可知，ESC能大大降低中低信噪比时的平均迭代次数。表6-5和表6-6分别统计了不同信噪比时的平均迭代次数。由表6-5可知，在信噪比为2.0dB条件下，相对于传统的3种算法，ESC使得平均迭代次数分别降低了约48.5%、84.2%和75.7%。

表 6-5 (273,191)PG-LDPC 码条件下,各算法平均迭代次数统计

$E_b/N_0=2.0$dB			$E_b/N_0=2.5$dB			$E_b/N_0=3.0$dB		
算法	平均迭代次数		算法	平均迭代次数		算法	平均迭代次数	
	传统	ESC		传统	ESC		传统	ESC
WBF	47.0	24.2	WBF	35.7	15.5	WBF	23.7	13.8
MWBF	71.1	11.2	MWBF	47.8	11.6	MWBF	24.2	11.7
IMWBF	64.2	15.6	IMWBF	37.3	14.2	IMWBF	17.1	12.6

表 6-6 (504,252)PEG-LDPC 码条件下,各算法平均迭代次数统计

$E_b/N_0=3.0$dB			$E_b/N_0=3.5$dB			$E_b/N_0=4.0$dB		
算法	平均迭代次数		算法	平均迭代次数		算法	平均迭代次数	
	传统	ESC		传统	ESC		传统	ESC
WBF	50.7	41.5	WBF	48.5	36.8	WBF	44.5	31.1
MWBF	49.1	35.9	MWBF	46.3	31.7	MWBF	40.7	27.5
IMWBF	47.9	40.4	IMWBF	44.2	35.3	IMWBF	36.6	29.1

2. 基于混合 ESC 的性能分析

采用和本小节第一部分相同的仿真条件,图 6-6 给出 3 种不同算法的译码误比特率和误帧率比较。图 6-7 给出 3 种不同算法的译码平均迭代次数比较。

由图 6-6 可知,基于混合 ESC 的 IMWBF 算法(即混合 ESC-IMWBF 算法)的性能曲线和 IMWBF 算法的性能曲线基本重合,即二者的译码性能基本一致。这表明,相对于 6.3 节的 ESC,6.4 节提出的混合 ESC 使得一部分处于不完全理想状态的帧的迭代过程继续进行,进而提高了译码性能。由图 6-7 可知,相对于 6.3 节的 ESC,基于混合 ESC-IMWBF 算法的平均迭代次数略有增加,但仍远小于传统的 IMWBF 算法。

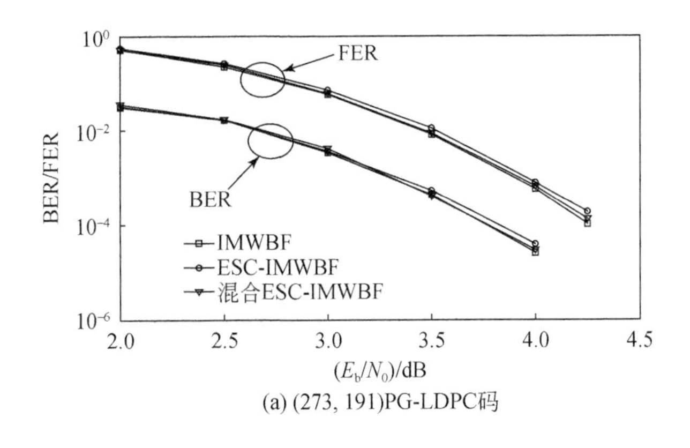

(a) (273, 191)PG-LDPC码

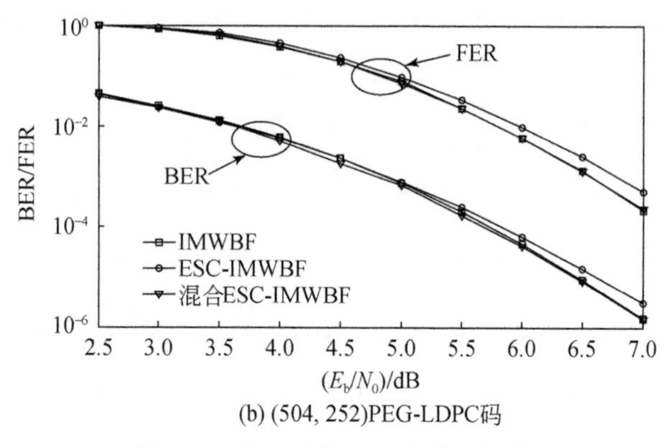

(b) (504, 252)PEG-LDPC码

图 6-6　基于混合 ESC 的算法性能

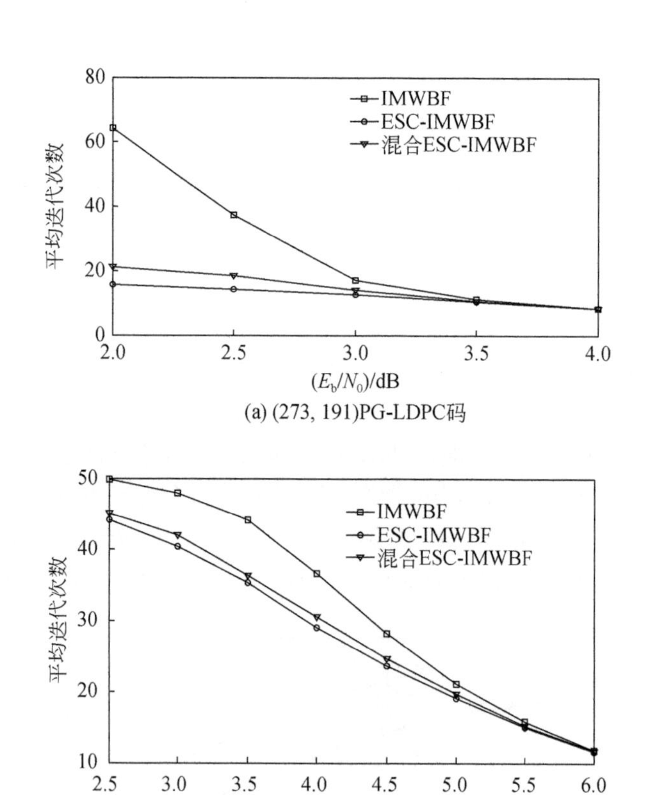

(b) (504, 252)PEG-LDPC码

图 6-7　基于混合 ESC 的算法平均迭代次数

3. 基于可靠度修正的译码性能分析

图 6-8 给出两种算法在 CCSDS 标准中的(2560,1024)LDPC 码条件下的译码性能。在 AWGN 信道条件下,采用基于 Gray 映射的 8PSK 调制,迭代次数设定为 50,可靠度门限设定为 0.3。由图 6-8 可知,初始可靠度修正方案在一定程度上改善了译码性能。

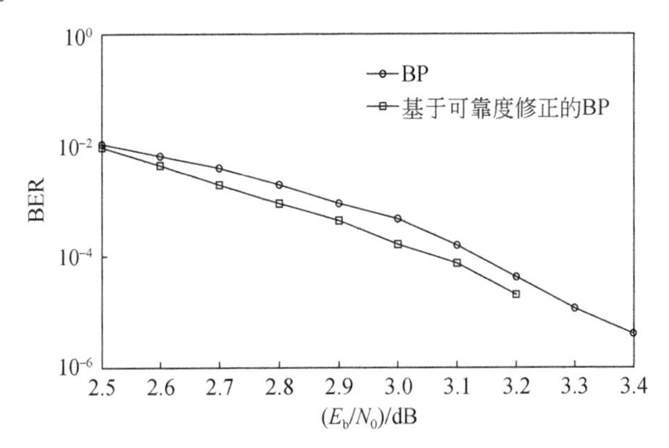

图 6-8　(2560,1024)LDPC 码条件下,不同算法的译码性能

6.4　WBF 算法的性能优化

文献[8]指出 IMWBF 算法是基于归一化最小和的最优 WBF 算法,本节将给出一种可靠度外信息修正(extrinsic reliability adjustment,ERA)方案对 WBF 算法和 MWBF 算法进行改进。

6.4.1　MWBF 算法和 WBF 算法的推导

如果对式(6-3)采用以下近似计算:

$$\tau_{mn} \approx \frac{1}{2}\left[1-\prod_{n\in \boldsymbol{A}(m)}(1-2q_n)\right] \tag{6-34}$$

式(6-34)表示 $\{x_n | n \in \boldsymbol{A}(m)\}$ 中有奇数个错误的概率。将式(6-34)代入式(6-3)将有

$$\ln\left[\frac{p(s_m | e_n=1,y)}{p(s_m | e_n=0,y)}\right] \approx \frac{4}{N_0}(2s_m-1)\min_{n\in \boldsymbol{A}(m)}\{|y_n|\} \tag{6-35}$$

对式(6-35)做归一化处理,则可得到 x_n 参加的第 m 个校验方程向其提供的 NERI:$(2s_m-1)\min\limits_{m\in \boldsymbol{A}(m)}\{|y_n|\}$。同时考虑到归一化可靠度内信息(normalized intrinsic reliability information,NIRI)便得到 MWBF 算法的翻转函数为

$$E_n = \sum_{m \in \boldsymbol{B}(n)} (2s_m - 1)\omega_m - \alpha_1 |y_n| \tag{6-36}$$

其中，$\omega_m = \min_{n \in \boldsymbol{A}(m)} \{|y_n|\}$ 。进一步地，若不考虑 x_n 的 NIRI，即认为 x_n 出错与正确先验等概，则式(6-36)变为

$$E_n = \sum_{m \in \boldsymbol{B}(n)} (2s_m - 1)\omega_m$$

由此得到文献[53]中的 WBF 算法。可见，通过对 IMWBF 算法的 NERI 进行近似可得到 MWBF 算法，WBF 算法则是在 MWBF 算法的基础上，认为 x_n 差错与正确先验等概，因此二者在性能上必然会有不同程度的损失。

6.4.2 ERA 方案

相比于 IMWBF 算法，MWBF 算法涉及式(6-34)的近似计算，会引入某种相关性[63]。具体来讲，MWBF 算法中第 m 个校验方程向 $\{x_n | n \in \boldsymbol{A}(m)\}$ 提供的 NERI 的幅度都为 ω_m 。然而 $\{x_i | i = \arg\min_{i \in \boldsymbol{A}(m)} \{|y_i|\}\}$ 得到的 NERI 幅度应该为序列 $\{|y_n|, n \in \boldsymbol{A}(m)\}$ 的次小值，即 x_i 得到的外信息的可靠度降低，需要修正。传统意义上讲，要实现这种操作，首先要在 $\boldsymbol{X}'_m$ 中找到满足 $\{x_i | i = \arg\min_{i \in \boldsymbol{A}(m)} \{|y_i|\}\}$ 的信息节点，然后增加其可靠度[64]。显然传统方法是进行“先查找，后增加”的操作。WBF 算法不涉及可靠度信息的更新传递，因此增加校验方程中某个信息节点的可靠度等价于增加与其对应的 y_n 的幅度，故可得到一种比传统实现方法更加简单的方法：首先对 $\boldsymbol{y}$ 的幅度进行预处理为

$$|\delta_n| \leftarrow |y_n| + \gamma \tag{6-37}$$

然后将序列 $\{|\delta_n|\}_{i=1}^{N}$ 和 $\boldsymbol{y}$ 共同送入译码器。基于 ERA 的 MWBF 译码算法如下所示。

初始化：初始化迭代次数 $k=1$，设定最大迭代次数 $K_{\max}$。

步骤 1：计算伴随式 $\boldsymbol{S}$ ，若 $\boldsymbol{S}$ 全为零，则停止迭代，输出 $\boldsymbol{x}$ ，否则，计算第 m 个校验方程的权重 $\omega_m = \min_{n \in \boldsymbol{A}(m)} \{|\delta_n|\}, m \in [1, M]$ 。

步骤 2：计算翻转函数 E_n 为

$$E_n = \sum_{m \in \boldsymbol{B}(n)} (2s_m - 1)\omega_m - \alpha_2 |y_n|$$

步骤 3：比特翻转

$$x_n = \mathrm{mod}(x_n + 1, 2), \quad n = \arg\max_n E_n$$

步骤 4：用更新过的 $\boldsymbol{x}$ 计算伴随式，若 $\boldsymbol{S}$ 全为零，则终止迭代；若 $\boldsymbol{S}$ 不全为零，但迭代次数达到最大次数限制，则终止迭代。否则，$k = k + 1$，跳至步骤 2。

由上述分析可知，新的实现方法只需进行“增加”的操作。需特别指出的是，传统实现方法最多只需增加 M 个信息节点的可靠度，而新的实现方案对校验方程中每个信息节点的可靠度都增加。而 6.4.3 小节中的仿真结果表明，新的实现方案

同样能有效地削弱近似计算带来的相关性，提高译码性能。为分析方便，认为 1 次比较运算等同于 1 次加法运算，则传统实现方法共需要 $M(d_r-1)$ 次加法运算。同时，由式(6-37)可知，新的实现方案仅需要增加 N 次加法运算和 N 个存储单元。显然 ERA 方案可同时运用于 WBF 算法。而理论上得出最优化的修正因子 γ 仍然具有一定难度，可考虑通过仿真得到。

6.4.3 仿真结果和统计分析

本小节所采用的仿真参数如下：采用列重为 3 的(504，252)PEG-LDPC 码(记为码 A)和(1008，504)PEG-LDPC 码(记为码 B)，迭代次数分别设定为 50 和 100；在 AWGN 信道条件下，采用 BPSK 调制，在每个信噪比下至少采集 1000 个比特错误。

1. 寻找最佳的修正因子 γ

图 6-9 为不同信噪比下，ERA-WBF 算法在码 A 条件下受不同修正因子 γ 影响时的误比特率性能。由图 6-9 可知，对所有的 SNR 可以选择一个固定不变且最优的 γ。信噪比为 6.0dB 时的最优化 γ 为 0.3，而信噪比为 6.75dB 时最优化的 γ 为 0.25，但考虑到信噪比为 6.75dB 时 $\gamma=0.25$ 和 $\gamma=0.3$ 时性能损失可忽略不计，故本小节仿真中 ERA-WBF 算法在码 A 条件下最优化的 γ 设定为 0.3。

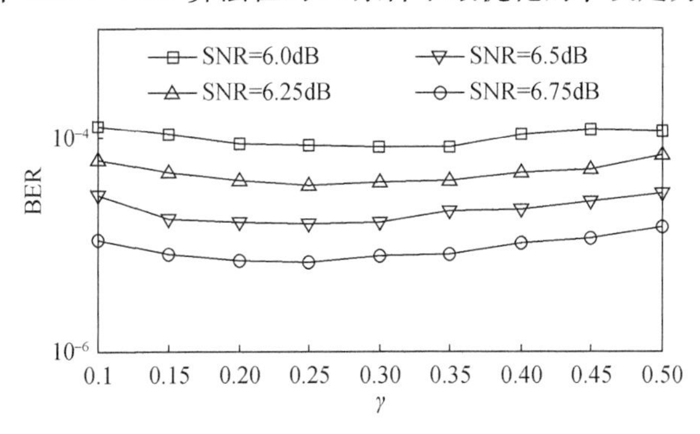

图 6-9　码 A 条件下，不同信噪比下修正因子 γ 对 ERA-WBF 算法性能的影响

2. 算法性能和计算复杂度比较

图 6-10 为最优参数下，码 A 和码 B 在各译码算法下的性能比较。MWBF 算法的最优加权系数分别设定为 0.2 和 0.3[65]，IMWBF 算法的最优加权系数都设定为 0.2[56]，ERA-WBF 算法的最优修正因子分别设定为 0.3 和 0.2，ERA-MWBF 算法的最优修正因子都设定为 0.45。图 6-11 给出码 B 在各译码算法下平均迭代次数比较。图 6-12 给出码 A 在 IMWBF 算法和 MS-based WBF 算法下误比特性能。

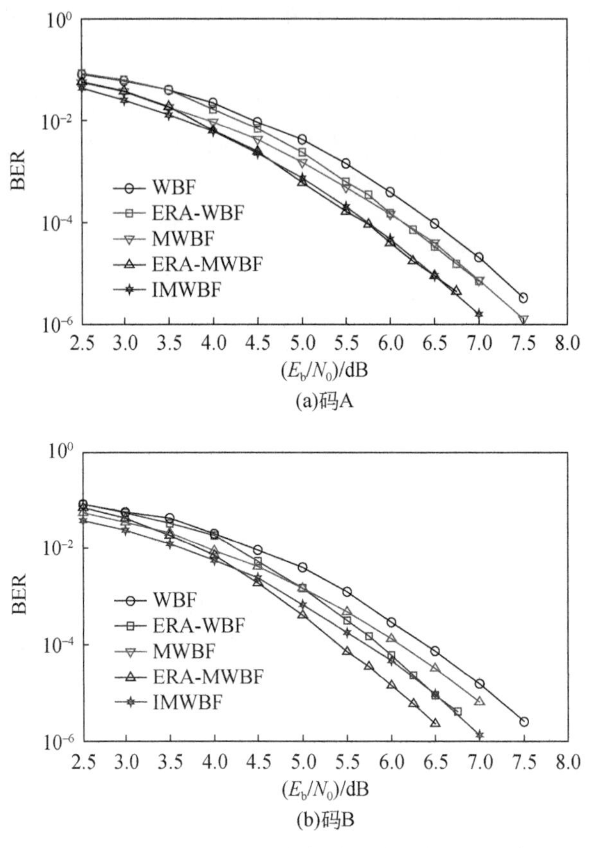

图 6-10　码 A 和码 B 在各译码算法下性能比较

表 6-7 给出 BER$=10^{-5}$时，各算法的性能比较。由表 6-7 可知，在码 A 条件下，ERA-MWBF 算法与 IMWBF 算法的性能基本一致。在 BER$=10^{-5}$时，相对于 MWBF 算法，ERA-MWBF 算法可获得 0.45dB 的增益。在 BER$=10^{-5}$时，ERA-WBF 算法相对于 WBF 算法可获得 0.30dB 的增益。在码 B 条件下，当 SNR 大于 4.25dB 时，ERA-MWBF 算法的性能甚至好于 IMWBF 算法。在 SNR 大于 5.0dB 时，ERA-WBF 算法的性能也要好于 MWBF 算法。由图 6-11 可知，修正后 WBF 算法和 MWBF 算法的平均迭代次数大大降低。为分析方便，认为一次比较运算等同于一次加法运算。当 SNR$=4.5$dB 时，由图 6-11 得出，ERA-MWBF 算法的平均迭代次数比传统算法减少 20 次，加法运算次数平均降低 $20\times(N-1+d_c\times d_r)=20520$ 次[56]，总体上平均加法运算次数减少了 $20520-N=19512$ 次。类似地，当 SNR$=4.0$dB 和 SNR$=5.0$dB 时，总体上平均加法运算次数都降低 14382 次。IMWBF 算法和 MS-based WBF 算法分别是基于 NMLP 准则和 MLP 准则得出的，因此，前者性能必然优于后者，这在图 6-12 中得到体现。

表 6-7　BER＝10^{-5}时各算法在码 A 和码 B 下性能统计

算法	码 A		码 B	
	SNR/dB	增益/dB	SNR/dB	增益/dB
ERA-MWBF	6.45	—	6.10	—
ERA-WBF	6.90	0.45	6.45	0.35
WBF	7.20	0.75	7.15	1.05
MWBF	6.90	0.45	6.86	0.76
IMWBF	6.45	—	6.50	0.40

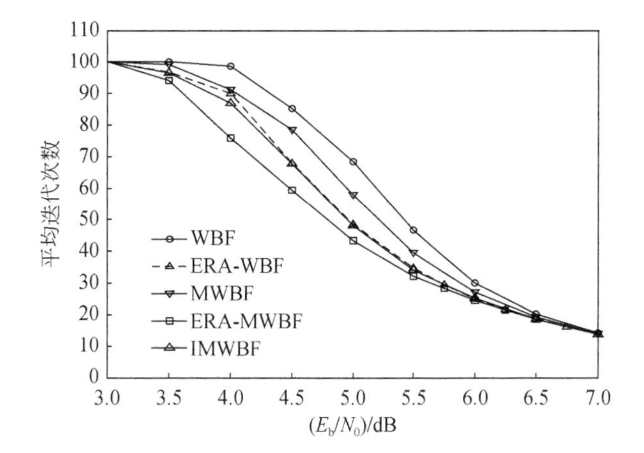

图 6-11　码 B 在各译码算法下平均迭代次数统计

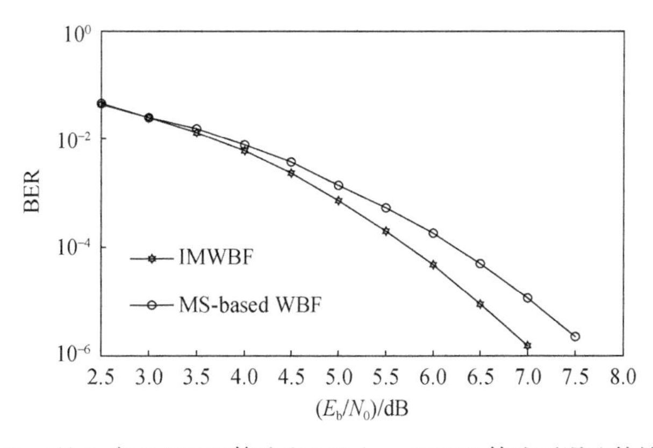

图 6-12　码 A 在 IMWBF 算法和 MS-based WBF 算法下误比特性能图

6.5　本章小结

本章以文献[5]的分析为基础，首先提出一种实现简单且适用范围广的 WBF

算法 ESC。仿真结果表明，在 AWGN 信道条件下，该 ESC 能及时发现不可纠错的帧，停止此类帧的迭代过程能大大降低计算复杂度和时延。考虑到对于译码性能较为优异的 IMWBF 算法，一定数量处于不完全理想状态的帧被 ESC 误停，故又提出一种混合 ESC。在混合 ESC 中，如果待翻转 v_n 的 E_n 不大于零，但翻转 v_n 后能使 $\boldsymbol{s}$ 的汉明重量减小，仍翻转 v_n，迭代继续进行，否则，停止迭代。混合 ESC 大大降低了误停止率，且基本不降低译码性能。

此外，同样以文献[5]的分析为基础，本章提出一种可靠度外信息修正方案对 WBF 算法和 MWBF 算法进行改进。仿真结果表明，AWGN 信道下，当误比特率为 10^{-5}时，相比于传统算法，基于可靠度外信息修正方案的 WBF 算法和 MWBF 算法可分别获得约 0.70dB 和 0.76dB 的增益，同时计算复杂度有所降低，从而在纠错性能和计算复杂度之间达到了很好的平衡匹配。

参考文献

[1] Massey J L. Threshold Decoding[M]. Cambridge:MIT Press,1963.

[2] Lin S,Costello Jr D J. Error Control Coding:Fundamentals and Application[M]. Englewood Cliffs:Prentice-Hall,1983.

[3] Fossorier M P C,Mihaljevic M,Imai H. Reduced complexity iterative decoding low-density parity-check codes based on belief propagation[J]. IEEE Transactions on Communications, 1999,47(5):673-680.

[4] 张立军，刘明华，卢萌. 低密度奇偶校验码加权大数逻辑译码研究[J]. 西安交通大学学报, 2013,47(4):35-38,50.

[5] 张高远，周亮，文红. LDPC 码加权比特翻转译码算法研究[J]. 电子与信息学报, 2014, 36(9):2093-2097.

[6] Hagenauer J,Offer E,Papke L. Iterative decoding of block and convolutional codes[J]. IEEE Transactions on Information Theory,1996,42(2):429-445.

[7] Wei X,Akansu A N. Density evolution for low-density parity-check codes under max-log-MAP decoding[J]. Electronics Letters,2001,37(18):1125-1126.

[8] Wu X F,Ling C,Jiang M,et al. New insights into weighted bit-flipping decoding[J]. IEEE Transactions on Communications,2009,57(8):2177-2180.

[9] 王新梅，肖国镇. 纠错码——原理与方法[M]. 修订版. 西安：西安电子科技大学出版社,2002.

[10] 文红，符初生，周亮. LDPC 码原理与应用[M]. 成都：电子科技大学出版社,2006.

[11] Kienle F,Wehn N. Low complexity stopping criterion for LDPC code decoders[C]//2005 IEEE 61st Vehicular Technology Conference,Stockholm,2005:606-609.

[12] Shin D,Heo K,Oh S,et al. A stopping criterion for low-density parity-check codes[C]// 2007 IEEE 65th Vehicular Technology Conference,Dublin,2007:1529-1533.

[13] Shao R Y,Lin S,Fossorier M P C. Two simple stopping criteria for Turbo decoding[J]

. IEEE Transactions on Communications,1999,47(8):1117-1120.
[14] Ma Z, Honary B, Fan P Z, et al. Stopping criterion for complexity reduction of sphere decoding[J]. IEEE Communications Letters,2009,13(6):402-404.
[15] Li S,Xie L,Chen H F,et al. A new stopping criterion for duo-binary Turbo codes[C]//2010 International Conference on Communications and Mobile Computing, Shenzhen, 2010: 271-274.
[16] Gounai S,Ohtsuki T. Decoding algorithms based on oscillation for low-density parity-check codes[J]. IEICE Transactions on Fundamentals of Electronics, Communications and Computer Sciences,2005,88(8):2216-2226.
[17] Liu B, Dou G Q, Tao W, et al. Efficient stopping criterion for hybrid weighted symbol-flipping decoding of nonbinary LDPC codes[J]. IEEE Communications Letters, 2011, 15(3):337-339.
[18] Liu Y, Tang H, Lin S, et al. An interactive concatenated Turbo coding system[C]//2000 IEEE International Symposium on Information Theory, Sorrento, 2000.
[19] Chen G T, Cao L, Yu L, et al. An efficient stopping criterion for Turbo product codes[J]. IEEE Communications Letters,2007,11(6):525-527.
[20] Matache A,Dolinar S,Pollara F. Stopping rules for Turbo decoders[R]. Pasadena: Jet Propulsion Laboratory,California Institute of Technology,2002.
[21] Berrou C,Glavieux A. Near Shannon limit error-correcting coding and decoding: Turbo codes [J]. IEEE Transactions on Communications,1996,44(10):1261-1271.
[22] Moher M. Decoding via cross-entropy minimization[C]//IEEE Global Telecommunications Conference, Houston, 1993:809-813.
[23] Buckley M E, Krishnamachari B, Wicker S B, et al. Improving Turbo decoding via cross-entropy minimization[C]//2000 IEEE International Symposium on Information Theory, Sorrento, 2000.
[24] Kocarev L, Lehmann F, Maggio G M, et al. Nonlinear dynamics of iterative decoding systems: Analysis and applications[J]. IEEE Transactions on Information Theory, 2006, 52(4): 1366-1384.
[25] Land I, Hoeher P A. Using the mean reliability as a design and stopping criterion for Turbo codes[C]//2001 IEEE Information Theory Workshop, Cairns, 2001:27-29.
[26] Zhai F, Fair I J. New error detection techniques and stopping criteria for Turbo decoding[C]// 2000 Canadian Conference on Electrical and Computer Engineering, Halifax, 2000:58-62.
[27] Zhai F Q, Fair I J. Techniques for early stopping and error detection in Turbo decoding[J]. IEEE Transactions on Communications,2003,51(10):1617-1623.
[28] Wu Y, Woerner B D, Ebel W J. A simple stopping criterion for Turbo decoding[J]. IEEE Communications Letters,2000,4(8),258-260.
[29] Ngatched T M N, Takawira F. Simple stopping criterion for Turbo decoding[J]. Electronics Letters,2001,37(22):1350-1351.

[30] Taffin A. Generalised stopping criterion for iterative decoders[J]. Electronics Letters,2003,39(13):993-994.

[31] Shibutani A,Suda H,Adachi F. Reducing average number of Turbo decoding iterations[J]. Electronics Letters,1999,35(9):701-702.

[32] Li F M,Wu A Y. On the new stopping criteria of iterative Turbo decoding by using decoding threshold[J]. IEEE Transactions on Signal Processing,2007,55(11):5506-5516.

[33] Heo J,Chung K,Chugg K M. Simple stopping criterion for min-sum iterative decoding-algorithm[J]. Electronics Letters,2001,37(25):1530-1531.

[34] Gilbert F,Kienle F,Wehn N. Low complexity stopping criteria for UMTS Turbo-decoders [C]//The 57th IEEE Semiannual Vehicular Technology Conference,Jeju,2003:2376-2380.

[35] Yu N Y,Kim M G,Kim Y S,et al. Efficient stopping criterion for iterative decoding of Turbo codes[J]. Electronics Letters,2003,39(1):73-75.

[36] Wu Z J,Peng M G,Wang W B. A new parity-check stopping criterion for Turbo decoding[J]. IEEE Communications Letters,2008,12(4):304-306.

[37] Hunt A,Crozier S,Gracie K,et al. A completely safe early-stopping criterion for max-log Turbo code decoding[C]//The 4th International Symposium on Turbo Codes & Related Topics; The 6th International ITG-Conference on Source and Channel Coding,Munich,2006:1-6.

[38] Chen J Y,Zhang L,Qin J. Average-entropy variation in iterative decoding of Turbo codes and its application[J]. Electronics Letters,2008,44(22):1314-1315.

[39] Huang L,Zhang Q T,Cheng L L. Information theoretic criterion for stopping Turbo iteration[J]. IEEE Transactions on Signal Processing,2011,59(2):848-853.

[40] Wei Y J,Yang Y H,Wei L L,et al. Comments on "a new parity-check stopping criterion for Turbo decoding"[J]. IEEE Communications Letters,2012,16(10):1664-1667.

[41] Lin C H,Wei C C. Efficient window-based stopping technique for double-binary Turbo decoding[J]. IEEE Communications Letters,2013,17(1):169-172.

[42] Fossorier M P C. Iterative reliability-based decoding of low-density parity check codes[J]. IEEE Journal on Selected Areas in Communications,2001,19(5):908-917.

[43] Kwon Y H,Oh M K,Park D J. A new LDPC decoding algorithm aided by segmented CRCs for erasure channels[C]//IEEE Vehicular Technology Conference,Stockholm,2005:705-708.

[44] Li J,You X H,Li J. Early stopping for LDPC decoding:Convergence of mean magnitude[J]. IEEE Communications Letters,2006,10(9):667-669.

[45] Lin C Y,Ku M K. Node operation reduced decoding for LDPC codes[C]//2009 IEEE International Symposium on Circuits and Systems,Taipei,2009:896-899.

[46] Han G J,Liu X C. A unified early stopping criterion for binary and nonbinary LDPC codes based on check-sum variation patterns[J]. IEEE Communications Letters,2010,14(11):1053-1055.

[47] Lin C H, Huang T H, Chen C C, et al. Efficient layer stopping technique for layered LDPC decoding[J]. Electronics Letters, 2013, 49(16): 994-996.

[48] Xia T, Wu H C, Huang S C H. A new stopping criterion for fast low-density parity-check decoders[C]//2013 IEEE Global Communications Conference, Atlanta, 2013: 3661-3666.

[49] Gallager R G. Low-density parity-check codes[J]. IRE Transactions on Information Theory, 1962, 8(1): 21-28.

[50] Richardson T J, Urbanke R L. The capacity of low-density parity-check codes under message-passing decoding[J]. IEEE Transactions on Information Theory, 2001, 47(2): 599-618.

[51] Sipser M, Spielman D A. Expander codes[J]. IEEE Transactions on Information Theory, 1996, 42(6): 1710-1722.

[52] Chan A M, Kschischang F R. A simple taboo-based soft-decision decoding algorithm for expander codes[J]. IEEE Communications Letters, 1998, 2(7): 183-185.

[53] Kou Y, Lin S, Fossorier M P C. Low-density parity-check codes based on finite geometries: A rediscovery and new results[J]. IEEE Transactions on Information Theory, 2001, 47(7): 2711-2736.

[54] Zhang J T, Fossorier M P C. A modified weighted bit-flipping decoding of low-density parity-check codes[J]. IEEE Communications Letters, 2004, 8(3): 165-167.

[55] Guo F, Hanzo L. Reliability ratio based weighted bit-flipping decoding for low-density parity-check codes[J]. Electronics Letters, 2004, 40(21): 1356-1358.

[56] Jiang M, Zhao C M, Shi Z, et al. An improvement on the modified weighted bit flipping decoding algorithm for LDPC codes[J]. IEEE Communications Letters, 2005, 9(9): 814-816.

[57] Liu Z Y, Pados D A. A decoding algorithm for finite-geometry LDPC codes[J]. IEEE Transactions on Communications, 2005, 53(3): 415-421.

[58] Lee C H. Wolf W. Implementation-efficient reliability ratio based weighted bit-flipping decoding for LDPC codes[J]. Electronics Letters, 2005, 41(13): 755-757.

[59] 张高远, 周亮, 文红. LDPC 码加权比特翻转译码算法的低复杂度提前停止准则[J]. 电子与信息学报, 36(12): 2869-2875.

[60] Nouh A, Banihashemi A H. Bootstrap decoding of low-density parity-check codes[J]. IEEE Communications Letters, 2002, 6(9): 391-393.

[61] Nouh A, Banihashemi A H. Reliability-based schedule for bit-flipping decoding of low-density parity-check codes[J]. IEEE Transactions on Communications, 2004, 52(12): 2038-2040.

[62] Wadayama T, Nakamura K, Yagita M, et al. Gradient descent bit flipping algorithms for decoding LDPC codes[J]. IEEE Transactions on Communications, 2010, 58(6): 1610-1614.

[63] Chen J H, Fossorier M P C. Decoding low-density parity check codes with normalized APP-based algorithm[C]//IEEE Global Telecommunications Conference, San Antonio, 2001:

1026-1030.

[64] Darabiha A, Carusone A C, Kschischang F R. A bit-serial approximate min-sum LDPC decoder and FPGA implementation[C]//2006 IEEE International Symposium on Circuits and Systems. Island of Kos, 2006: 149-152.

[65] 张高远,周亮,苏伟伟,等. 基于平均幅度的LDPC码加权比特翻转译码算法[J]. 电子与信息学报,2013,35(11):2572-2578.

第7章　深空通信中的数字调制技术

7.1 引　　言

调制是为了使发送信号与信道的特征相匹配。深空通信具有距离远、衰减大的特性，故在信号调制方面，要求功率利用高的调制方式。同时，为满足远距离传输的需要，还需对发送信号进行高功率放大。鉴于深空信道具有幅度调制/相位调制效应，已调信号需具有恒包络或准恒包络的调制方式，目的在于减轻信号放大带入的非线性影响。本章将对适用于深空通信的几种具体恒包络或准恒包络特性的数字调制技术进行分析，随后将其与编码进行结合，构成编码调制系统，借此通过解调器和译码器之间信息的交互迭代过程来获取增益，进一步提高系统可靠性。

7.2 多相信号的相位特性及相干检测

7.2.1 CPM信号的相位特性及相干检测

二元CPM信号在单个符号周期内的波形为[1,2]

$$s(t)=\sqrt{\frac{2E}{T}}\cos[2\pi f_c t+\varphi(t;\boldsymbol{I})+\varphi_0],\quad nT\leqslant t\leqslant(n+1)T \tag{7-1}$$

其中，E 和 T 分别表示符号能量和持续时间；f_c 表示载波频率；φ_0 为初始相位，可设为0；$\varphi(t;\boldsymbol{I})$ 为载波相位。$\varphi(t;\boldsymbol{I})$ 可表示为[1]

$$\varphi(t;\boldsymbol{I})=2\pi\sum_{k=-\infty}^{n}I_k h_k q(t-kT_b),\quad nT_b\leqslant t\leqslant(n+1)T_b \tag{7-2}$$

其中，$\{I_k\}$ 是双极性序列，$I_k\in\{\pm1\}$；调制指数 $\{h_k\}$ 随时间变化时称为多重调制指数CPM；$q(t)$ 是归一化波形，可表示为某个脉冲 $g(t)$ 的积分[1]：

$$q(t)=\int_0^t g(\tau)\mathrm{d}\tau$$

若 $t>T$ 时 $g(t)=0$，则CPM信号称为全响应CPM，否则，称为部分响应CPM。经常采用的 $g(t)$ 是矩形脉冲或升余弦脉冲，持续时间为 LT，L 为不小于1的正整数[1]。

MSK是调制指数 $h=1/2$ 的全响应CPM方案，$g(t)$、$q(t)$ 和 $s(t)$ 分别为[1]

$$g(t)=\begin{cases}\dfrac{1}{2T}, & 0\leqslant t\leqslant T\\ 0, & \text{其他}\end{cases} \tag{7-3}$$

$$q(t)=\begin{cases}\dfrac{t}{2T}, & 0\leqslant t\leqslant T\\ \dfrac{1}{2}, & \text{其他}\end{cases} \tag{7-4}$$

$$s(t)=\sqrt{\frac{2E}{T}}\cos\left[2\pi f_c t+\frac{\pi}{2T}\sum_{k=-\infty}^{n} I_k(t-kT)\right],\quad nT\leqslant t\leqslant (n+1)T \tag{7-5}$$

$\varphi(t;\boldsymbol{I})$ 的相位图或相位轨迹可描述 CPM 信号在时间上的相位变化过程。物理上相位仅在$(0,2\pi)$内变化,所以 $\varphi(t;\boldsymbol{I})$ 以模 2π 形式表现的相位树是一个栅格图,MSK 的相位网格图如图 7-1 所示[3]。

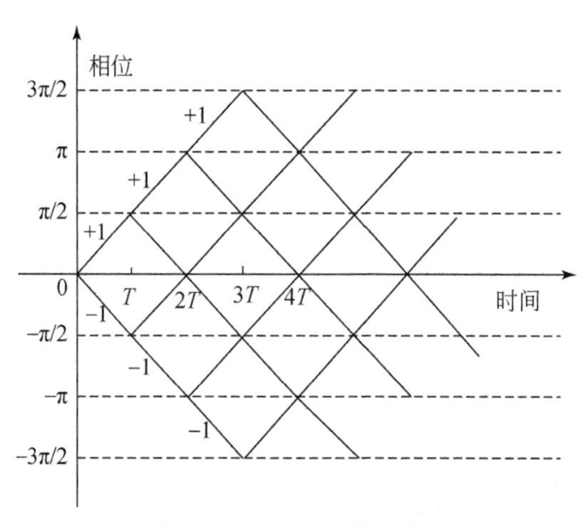

图 7-1　MSK 的相位网格图

由图 7-1 可知,当数据比特为$+1$时,相位在单位时间内增加 $\pi/2$,否则,减小 $\pi/2$。

MSK 也可看成一种特殊的 OQPSK 调制,此时,可将式(7-5)表示为[4]

$$s(t)=\sqrt{\frac{2E}{T}}\left[\cos\varphi(t,\boldsymbol{I})\cos(2\pi f_c t)-\sin\varphi(t,\boldsymbol{I})\sin(2\pi f_c t)\right],\quad nT\leqslant t\leqslant (n+1)T$$

其中

$$\begin{cases}\cos\varphi(t,\boldsymbol{I})=\cos\left(I_k\dfrac{\pi}{2T_b}t+x_k\right)=a_n\cos\left(\dfrac{\pi}{2T_b}t\right), & a_k=\cos x_k=\pm 1\\ \sin\varphi(t,\boldsymbol{I})=sin\left(I_k\dfrac{\pi}{2T_b}t+x_k\right)=b_n\cos\left(\dfrac{\pi}{2T_b}t\right), & b_k=I_k\cos x_k=\pm 1\\ x_k=\dfrac{\pi}{2}\sum\limits_{i\leqslant k-1} I_i\end{cases} \tag{7-6}$$

式(7-6)中的 x_k 表示第 k 时刻的累积相位。由 MSK 的相位网格特性可知，当 k 为奇数时，x_k 为 $\pi/2$ 的奇整数倍；当 k 为偶数时，x_k 为 $\pi/2$ 的偶整数倍。

相关器加最大似然序列检测器构成 CPM 信号的最佳接收机。接收机可采用维特比算法在各时刻终值状态网格中搜索最小欧氏距离路径。为此，需建立 CPM 信号的一般状态网格图[1]。

通常 CPM 信号的相位轨迹比较复杂，较为简单的相位轨迹表示方法为仅显示 $t=kT$ 时刻的相位终值。对于固定调制指数的 h，式(7-2)可变为[1]

$$\begin{aligned}\varphi(t;\boldsymbol{I}) &= 2\pi\sum_{k=-\infty}^{n} I_k h q(t-kT) = \pi h\sum_{k=-\infty}^{n-L} I_k + 2\pi h\sum_{k=n-L+1}^{n} I_k q(t-kT)\\ &= \theta_n + \theta(t;\boldsymbol{I}),\quad nT \leqslant t \leqslant (n+1)T\end{aligned} \tag{7-7}$$

其中，θ_n 表示 $t=(n-L)T$ 时刻之前的相位贡献；$\theta(t;\boldsymbol{I})$ 表示 $t=(n-L+1)T$ 到 $t=nT$ 时间段内的相位贡献。限定 h 为有理数，即 $h=n/p$，其中，n 和 p 是整数且互素。当 n 为偶数时，全响应 CPM 信号在 $t=kT$ 的终值相位状态为[1]

$$\Theta=\left\{0,\frac{n\pi}{p},\frac{2n\pi}{p},\cdots,\frac{(p-1)n\pi}{p}\right\} \tag{7-8}$$

当 n 为奇数时，有

$$\Theta=\left\{0,\frac{n\pi}{p},\frac{2n\pi}{p},\cdots,\frac{2(p-1)\pi}{p}\right\} \tag{7-9}$$

当 $L=1$ 时，$t=kT$ 时刻的相位状态由式(7-8)或式(7-9)唯一决定，相邻符号间无记忆。例如，对于 MSK，由于 $\theta_{n+1}=\theta_n+(\pi I_n)/2$，因此若 $I_n=+1$，则 $\theta_{n+1}=\theta_n+\pi/2$，否则，$\theta_{n+1}=\theta_n-\pi/2$。如果 $L>1$，符号间的记忆性将引入附加状态[1]，附加状态可通过对式(7-7)中 $t=(n-L+1)T$ 到 $t=nT$ 时间段内的相位贡献 $\theta(t;\boldsymbol{I})$ 进行再次拆分来识别。此时，可将 $\theta(t;\boldsymbol{I})$ 表示为[1]

$$\theta(t;\boldsymbol{I})=2\pi h\sum_{k=n-L+1}^{n-1} I_k q(t-kT)+2\pi h I_n q(t-nT) \tag{7-10}$$

式(7-10)右端第一项是由 $\{I_{n-1},I_{n-2},\cdots,I_{n-L+1}\}$ 决定的相关状态向量，第二项称为 I_n 的相位贡献。对于长度为 LT 的部分脉冲响应信号，CPM 信号在 $t=nT$ 的终值相位状态可表示由累积状态 θ_n 和相关状态向量决定，记为

$$S_n=\{\theta_n,I_{n-1},\cdots,I_{n-L+1}\} \tag{7-11}$$

则在 $t=(n+1)T_b$ 时刻的状态为

$$S_{n+1}=\{\theta_{n+1},I_n,\cdots,I_{n-L+2}\} \tag{7-12}$$

由 θ_n 的表示形式可知 $\theta_{n+1}=\theta_n+\pi h I_{n-L+1}$。由 (S_n,S_{n+1}) 可建立相位状态网格图[1]。图 7-2 给出 MSK 和 $h=3/4$，$L=2$ 的部分响应 CPM 状态网格图[1]。

设经 AWGN 信道传输的接收信号为 $r(t)$，则 nT 时刻维特比算法所需的状态度量为[1]

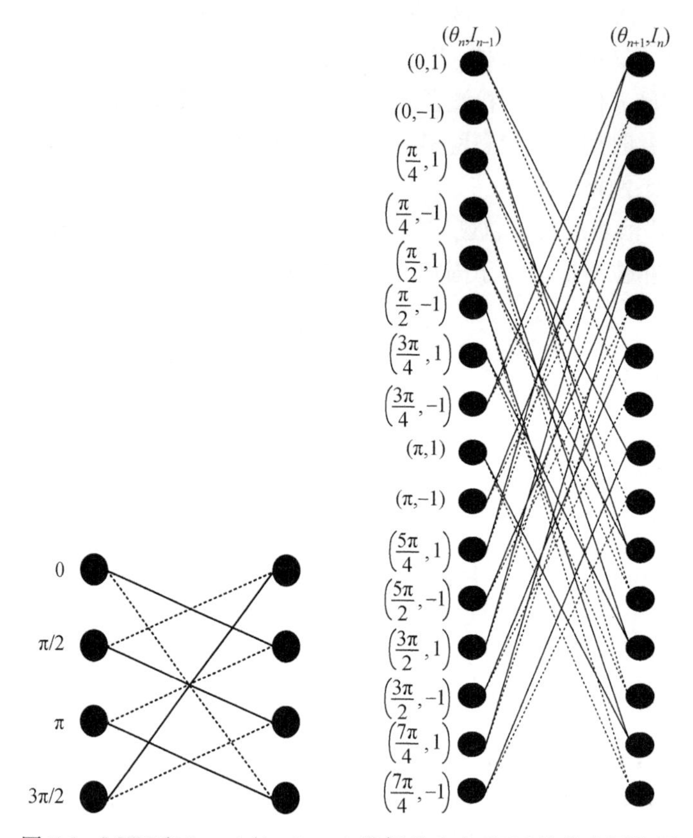

图 7-2　MSK 和 $h=3/4$, $L=2$ 的部分响应 CPM 的状态网格图

$$\gamma(\theta_n;\boldsymbol{I})=\int_{nT}^{(n+1)T} r(t)\cos[\omega_c t+\theta(t;\boldsymbol{I})+\theta_n]\mathrm{d}t \tag{7-13}$$

符号序列 $\{I_n,I_{n-1},\cdots,I_{n-L+2}\}$ 有 M^L 种可能，$\{\theta_n\}$ 有 p 或 $2p$ 种可能，故每个信号间隔内要计算 pM^L 或 $2pM^L$ 个 $\gamma(\theta_n;\boldsymbol{I})$ 。具体的实现结构如图 7-3 所示[1]。

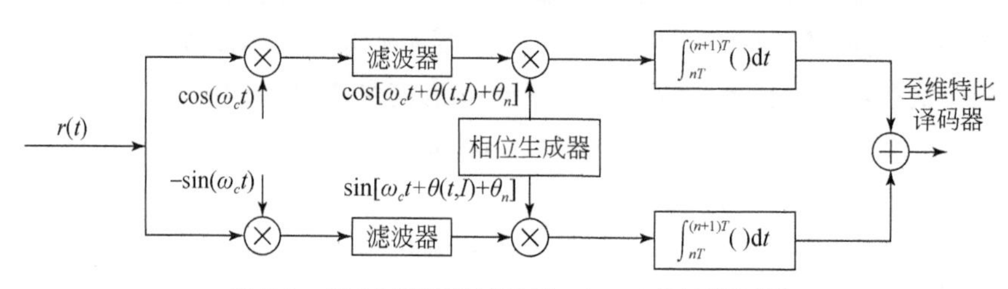

图 7-3　CPM 信号度量增量 $\gamma(\theta_n;\boldsymbol{I})$的计算框图

7.2.2 MPSK 信号的相干检测

在 M 相相位调制(M-ary phase shift keying,MPSK)调制中,每个传输符号间隔内的 M 个可能传输波形可表示为[1,2]

$$
\begin{aligned}
s(t) &= \mathrm{Re}[g(t)\mathrm{e}^{\mathrm{j}2\pi(k-1)/M}\mathrm{e}^{\mathrm{j}2\pi f_c t}] = g(t)\cos\left[2\pi f_c t + \frac{2\pi}{M}(k-1)\right] \\
&= g(t)\cos\frac{2\pi}{M}(k-1)\cos 2\pi f_c t - g(t)\sin\frac{2\pi}{M}(k-1)\cos(2\pi f_c t), \\
& nT \leqslant t \leqslant (n+1)T
\end{aligned}
\tag{7-14}
$$

其中,$g(t)$ 是成形脉冲。$\theta_m = \frac{2\pi}{M}(m-1), m \in [1, M]$ 表示载波的 M 种可能相位。输入调制器的二元编码序列被分割成单个 m 比特分组,再以特定方式被映射成 M 种相位之一。

MPSK 信号的另一种表示方式为[2]

$$
\begin{cases}
s_k(t) = A\cos(2\pi f_c t + \theta_k) \\
\theta_k = \frac{\pi}{M}(2k-1)
\end{cases}
\tag{7-15}
$$

式(7-15)还可表示为[2]

$$
\begin{aligned}
s_k(t) &= A\cos\theta_k\cos(2\pi f_c t) + A\sin\theta_k\sin(2\pi f_c t) \\
&= s_{k1}\varphi_1(t) + s_{k2}\varphi_2(t)
\end{aligned}
\tag{7-16}
$$

其中,$\varphi_1(t)$ 和 $\varphi_2(t)$ 为正交基信号,且[2]

$$
\begin{cases}
s_{k1} = \int_0^T s_k(t)\varphi_1(t)\mathrm{d}t = \sqrt{E}\cos\theta_k \\
s_{k2} = \int_0^T s_k(t)\varphi_2(t)\mathrm{d}t = \sqrt{E}\sin\theta_k
\end{cases}
\tag{7-17}
$$

s_{k1} 和 s_{k2} 共同决定已调信号的初始相位:$\theta_k = \arctan\frac{s_{k2}}{s_{k1}}$。在由 $\varphi_1(t)$ 和 $\varphi_2(t)$ 张成的二维欧氏信号空间中,每个调制信号 $s_k(t)$ 都可以用 (s_{k1}, s_{k2}) 来表示,极坐标表示形式为 $(\sqrt{E}, \theta_i)$。m 比特分组与 M 种相位间的非线性对应关系在本书中被称为符号映射,CCSDS 标准中规范的 Gray 映射 8PSK 信号空间如图 7-4 所示[1,2]。

整个时间轴上的 MPSK 信号可表示为[2]

$$
s(t) = s_1(t)\cos(2\pi f_c t) - s_2(t)\sin(2\pi f_c t), \quad -\infty < t < +\infty \tag{7-18}
$$

其中

$$
\begin{cases}
s_1(t) = A\sum_{k=-\infty}^{\infty}\cos(\theta_k)p(t-kT) \\
s_2(t) = A\sum_{k=-\infty}^{\infty}\sin(\theta_k)p(t-kT)
\end{cases}
$$

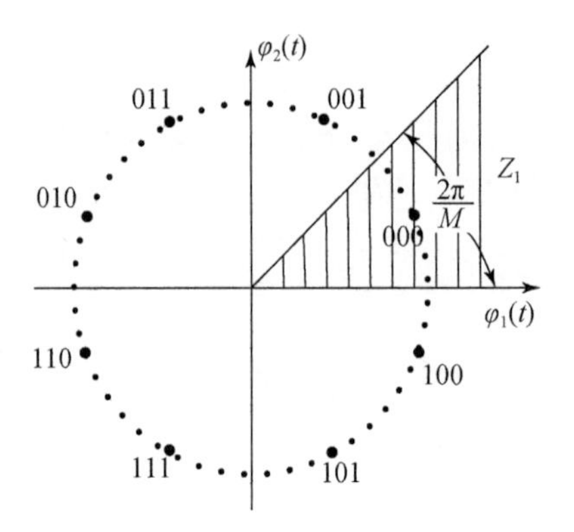

图 7-4　Gray 映射 8PSK 信号空间图

MPSK 的调制框图如图 7-5 所示[2]。

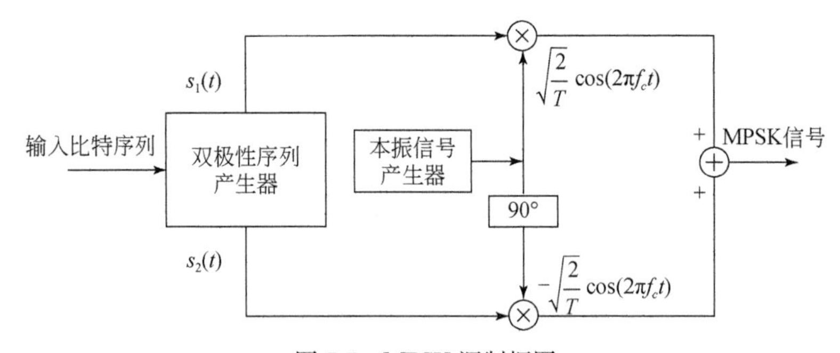

图 7-5　MPSK 调制框图

MPSK 相干检测所需的充分统计量为[2]

$$\begin{aligned} l_k &= \int_0^T r(t) s_k(t) \mathrm{d}t = \int_0^T r(t) [s_{k1} \varphi_1(t) + s_{k2} \varphi_2(t)] \mathrm{d}t \\ &= \int_0^T r(t) [\sqrt{E} \cos\theta_k \varphi_1(t) + \sqrt{E} \sin\theta_k \varphi_2(t)] \mathrm{d}t \\ &= \sqrt{E} (r_1 \cos\theta_k + r_2 \sin\theta_k) \end{aligned}$$

其中

$$\begin{cases} r_1 = \int_0^T r(t) \varphi_1(t) \mathrm{d}t = \int_0^T [s(t) + n(t)] \varphi_1(t) \mathrm{d}t = s_{k1} + n_1 \\ r_2 = \int_0^T r(t) \varphi_2(t) \mathrm{d}t = \int_0^T [s(t) + n(t)] \varphi_2(t) \mathrm{d}t = s_{k2} + n_2 \end{cases} \tag{7-19}$$

r_1 和 r_2 是均值分别为 s_{k1} 和 s_{k2}，方差都为 $N_0/2$ 的高斯随机变量，且相互独立。令

$$\begin{cases} r_1 = \rho\cos\theta \\ r_2 = \rho\sin\theta \end{cases} \tag{7-20}$$

从而，有[2]

$$\begin{cases} \rho = \sqrt{r_1^2 + r_2^2} \\ \theta = \arctan\dfrac{r_2}{r_1} \\ l_k = \sqrt{E}[\rho\cos\theta\cos\theta_k + \rho\sin\theta\sin\theta_k] = \sqrt{E}\rho\cos(\theta_k - \theta) \end{cases} \tag{7-21}$$

无噪声干扰时有 $\theta = \arctan(r_2/r_1) = \arctan(s_{k2}/s_{k1}) = \theta_k$，有噪声干扰情况下的 θ 将偏离 θ_k。MPSK 相干接收机结构如图 7-6 所示[1]，本振信号的幅度对 θ 没有影响，可以任意选择，图中选为 $\sqrt{2/T}$。假设 H_i 表示发送 M 种信号的第 i 种，则有[2]

$$P(\boldsymbol{r}/H_i) = \frac{1}{\pi N_0}\exp\left\{-\frac{1}{N_0}[(r_1 - \sqrt{E}\cos\theta_i)^2 + (r_2 - \sqrt{E}\sin\theta_i)^2]\right\} \tag{7-22}$$

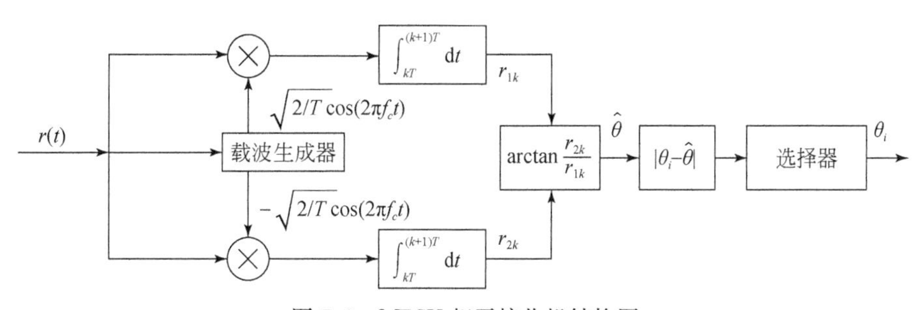

图 7-6　MPSK 相干接收机结构图

将式(7-21)代入式(7-22)可得

$$P(\rho,\theta/H_i) = \frac{\rho}{\pi N_0}\exp\left\{-\frac{1}{N_0}[\rho^2 + E - 2\rho\sqrt{E}\cos(\theta - \theta_i)]\right\} \tag{7-23}$$

则符号差错概率可表示为

$$\begin{aligned} P_s &= 1 - \int_{Z_i}\frac{1}{\pi N_0}\exp\left\{-\frac{1}{N_0}[\rho^2 + E - 2\rho\sqrt{E}\cos(\theta - \theta_i)]\right\}\mathrm{d}\rho\mathrm{d}\theta \\ &= 1 - \int_{Z_i} p(\rho,\theta/H_i)\mathrm{d}\rho\mathrm{d}\theta \end{aligned} \tag{7-24}$$

令 $\varphi = \theta - \theta_i$ 表示相位误差，则式(7-23)变为[2]

$$P(\rho,\theta/H_i) = \frac{\rho}{\pi N_0}\exp\left\{-\frac{1}{N_0}[\rho^2 + E - 2\rho\sqrt{E}\cos\varphi]\right\} \tag{7-25}$$

显然，式(7-25)与 H_i 无关，故式(7-25)为(ρ,θ)的联合概率分布。容易证明，ρ 服从莱斯分布[2]，即

$$P(\rho) = \frac{\rho}{\sigma^2}\exp\left(-\frac{\rho^2 + E}{2\sigma^2}\right)\mathrm{I}_0\left(\frac{\rho\sqrt{E}}{\sigma^2}\right) \tag{7-26}$$

其中，$I_0(\cdot)$为第一类 0 阶修正贝塞尔函数。

7.3　多相信号的相位误差分布

7.3.1　先验分布模型

为得到 $p(\varphi/H_i)$，需对式(7-25)中的指数部分做如下变形[2]：

$$\rho^2+E-2\rho\sqrt{E}\cos\varphi=(\rho-\sqrt{E}\cos\varphi)^2-E\cos^2\varphi+E=(\rho-\sqrt{E}\cos\varphi)^2+E\sin^2\varphi \tag{7-27}$$

则有

$$\begin{aligned}P(\varphi/H_i)&=\int_0^{\infty}\frac{\rho}{\pi N_0}\exp\left\{-\frac{1}{N_0}\left[(\rho-\sqrt{E}\cos\varphi)^2+E\sin^2\varphi\right]\right\}\mathrm{d}\rho\\&=\exp\left(-\frac{E}{N_0}\sin^2\varphi\right)\int_0^{\infty}\frac{\rho}{\pi N_0}\exp\left\{-\frac{1}{N_0}\left[(\rho-\sqrt{E}\cos\varphi)^2\right]\right\}\mathrm{d}\rho\end{aligned} \tag{7-28}$$

令 $t=-\frac{1}{\sqrt{N_0}}(\rho-\sqrt{E}\cos\varphi)^2$，反变换得 $\rho=\sqrt{N_0}\,t+\sqrt{E}\cos\varphi$ 。注意到 $\mathrm{d}\rho=\sqrt{N_0}\,t$ 和 $\rho=0$ 时，$t=-\sqrt{E/N_0}\cos\varphi$ ，式(7-28)可变为[2]

$$\begin{aligned}P(\varphi/H_i)&=\exp\left(-\frac{E}{N_0}\sin^2\varphi\right)\int_{-\sqrt{E/N_0}\cos\varphi}^{\infty}\frac{1}{\pi\sqrt{N_0}}(\sqrt{N_0}\,t+\sqrt{E}\cos\varphi)\exp(-t^2)\,\mathrm{d}t\\&=\exp\left(-\frac{E}{N_0}\sin^2\varphi\right)\left[\int_{-\sqrt{E/N_0}\cos\varphi}^{\infty}\frac{\sqrt{N_0}\,t}{\pi\sqrt{N_0}}\exp(-t^2)\,\mathrm{d}t\right.\\&\quad\left.+\int_{-\sqrt{E/N_0}\cos\varphi}^{\infty}\frac{\sqrt{E}\cos\varphi}{\pi\sqrt{N_0}}\exp(-t^2)\,\mathrm{d}t\right]\end{aligned} \tag{7-29}$$

式(7-29)第 2 个等号后的中括号中的第 1 项可变为[2]

$$\int_{-\sqrt{E/N_0}\cos\varphi}^{\infty}\frac{t}{\pi}\exp(-t^2)\,\mathrm{d}t=-\frac{1}{2\pi}\exp(-t^2)\Big|_{-\sqrt{E/N_0}\cos\varphi}^{\infty}=\frac{1}{2\pi}\exp\left(-\frac{E}{N_0}\cos^2\varphi\right) \tag{7-30}$$

第 2 项可变为[2]

$$\begin{aligned}\int_{-\sqrt{E/N_0}\cos\varphi}^{\infty}\frac{\sqrt{E}\cos\varphi}{\pi\sqrt{N_0}}\exp(-t^2)\,\mathrm{d}t&=\frac{\cos\varphi}{2\pi}\sqrt{\frac{E}{N_0}}\int_{-\sqrt{E/N_0}\cos\varphi}^{\infty}\frac{2}{\pi}\exp(-t^2)\,\mathrm{d}t\\&=\frac{\cos\varphi}{2\pi}\sqrt{\frac{E}{N_0}}\left[1+\mathrm{erf}\left(\sqrt{\frac{E}{N_0}}\cos\varphi\right)\right]\end{aligned} \tag{7-31}$$

其中，$\mathrm{erf}(x)\overset{\mathrm{def}}{=}\frac{2}{\sqrt{\pi}}\int_0^x \mathrm{e}^{-t^2}\,\mathrm{d}t$ 为误差函数。

将式(7-30)和式(7-31)代入式(7-29)可得[2]

$$P(\varphi/H_i)=\exp\left(-\frac{E}{N_0}\sin^2\varphi\right)\left\{\frac{1}{2\pi}\exp\left(-\frac{E}{N_0}\cos^2\varphi\right)+\frac{\cos\varphi}{2\sqrt{\pi}}\sqrt{\frac{E}{N_0}}\left[1+\mathrm{erf}\left(\sqrt{\frac{E}{N_0}}\cos\varphi\right)\right]\right\} \tag{7-32}$$

考虑到 $\frac{1}{2\pi}\exp\left(-\frac{E}{N_0}\cos^2\varphi\right)$ 为公共项，则有[2]

$$P(\varphi/H_i)=\frac{\mathrm{e}^{-E/N_0}}{2\pi}\left\{1+\sqrt{\frac{\pi E}{N_0}}\cos\varphi\mathrm{e}^{(E/N_0)\cos^2\varphi}\left[1+\mathrm{erf}\left(\sqrt{\frac{E}{N_0}}\cos\varphi\right)\right]\right\}=P(\varphi) \tag{7-33}$$

而 $\varphi=\theta-\theta_i$，故有 $\theta=\varphi+\theta_i$。则 θ 的概率分布为[2]

$$P(\theta/H_i)=\frac{\mathrm{e}^{-E/N_0}}{2\pi}\left\{1+\sqrt{\frac{\pi E}{N_0}}\cos(\theta-\theta_i)\mathrm{e}^{(E/N_0)\cos^2(\theta-\theta_i)}\left[1+\mathrm{erf}\left(\sqrt{\frac{E}{N_0}}\cos(\theta-\theta_i)\right)\right]\right\}=P(\theta) \tag{7-34}$$

令符号信号噪声功率比为 $\gamma=\frac{E}{N_0}$（十进制表示形式），则有

$$\begin{cases}P(\varphi)=\frac{\mathrm{e}^{-\gamma}}{2\pi}\{1+\sqrt{\pi\gamma}\cos\varphi\mathrm{e}^{\gamma\cos^2\varphi}[1+\mathrm{erf}(\sqrt{\gamma}\cos\varphi)]\}\\P(\theta)=\frac{\mathrm{e}^{-\gamma}}{2\pi}\{1+\sqrt{\pi\gamma}\cos(\theta-\theta_i)\mathrm{e}^{\gamma\cos^2(\theta-\theta_i)}[1+\mathrm{erf}(\sqrt{\gamma}\cos(\theta-\theta_i))]\}\end{cases} \tag{7-35}$$

由式(7-35)可知，$P(\varphi)$ 和 $P(\theta)$ 只和 γ 有关，与 ρ 无关，故可称为先验概率分布。当 $\gamma=0$ 时，式(7-19) 变为 $\begin{cases}r_1=n_1\\r_2=n_2\end{cases}$，此时 φ 服从均匀分布[2]。同时，式(7-35)也变为 $P(\varphi)=\frac{1}{2\pi}$。当 $\gamma\neq0$ 时，φ 不再服从均匀分布。

7.3.2　后验分布模型

由 7.3.1 节的分析可知，二维随机变量(ρ,φ)的联合分布和边缘分布分别为

$$\begin{cases}P(\rho,\varphi)=\frac{\rho}{\pi N_0}\exp\left[-\frac{1}{N_0}(\rho^2+E-2\rho\sqrt{E}\cos\varphi)\right]\\P(\rho)=\frac{\rho}{N_0/2}\exp\left(-\frac{\rho^2+E}{N_0}\right)I_0\left(\frac{\rho\sqrt{E}}{N_0/2}\right)\\P(\varphi)=\frac{\mathrm{e}^{-\gamma}}{2\pi}\{1+\sqrt{\pi\gamma}\cos(\varphi)\mathrm{e}^{\gamma\cos^2\varphi}[1+\mathrm{erf}(\sqrt{\gamma}\cos\varphi)]\}\end{cases}$$

检测器的最终目的是从接收向量 $\boldsymbol{r}=(r_1,r_2)$ 中恢复出 φ，此时已有 $\rho=\sqrt{r_1^2+r_2^2}$ 的信息，ρ 能够为检测提供有用信息[5,6]。据此可得更加精确的后验概率

模型[5,6]为

$$P(\varphi/\rho)=\frac{P(\rho,\varphi)}{P(\rho)}=\frac{\frac{\rho}{\pi N_0}\exp\left[-\frac{1}{N_0}(\rho^2+E-2\rho\sqrt{E}\cos\varphi)\right]}{\frac{\rho}{N_0/2}\exp\left(-\frac{\rho^2+E}{N_0}\right)I_0\left(\frac{\rho\sqrt{E}}{N_0/2}\right)}=\frac{\exp\left(-\frac{\rho\sqrt{E}\cos\varphi}{N_0/2}\right)}{2\pi I_0\left(\frac{\rho\sqrt{E}}{N_0/2}\right)} \tag{7-36}$$

由式(7-36)得到的 $P(\varphi/\rho)$ 是 γ 和 ρ 的函数。式(7-36)得到的是 Tikhonov 分布[5,6]。更多相关分析可参考文献[7]～文献[10]。

7.3.3 比特误差分布

图 7-7 和图 7-8 分别给出 γ 为 1 和 4 时，由式(7-35)得到的 $P(\varphi)$ 和通过实验仿真得到的 $P(\varphi)$ 的比较。由图 7-7 和图 7-8 可知，理论分析和实验结果达到了很好的匹配，误差可忽略不计。

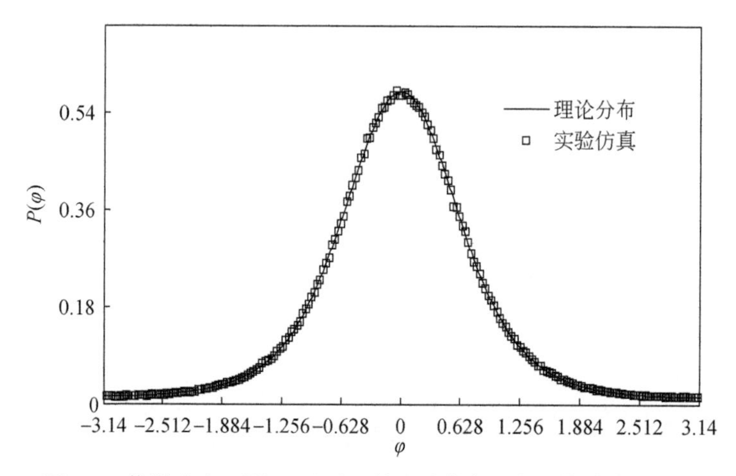

图 7-7 信噪比为 1(即 0dB)时 φ 的理论分布和实验统计分布比较

为分析方便，图 7-9 对 Gray 映射的 8PSK 信号星座点进行标识。由 7.3.1 节和 7.3.2 节的分析可知，相位误差分布与发送符号无关，故假设发送符号为 φ^1。记检测器误判为 φ^2、φ^3、φ^4 和 φ^5 的概率分别为 p_1、p_2、p_3 和 p_4，则 $p_1>p_2>p_3>p_4$。由对称性可知，检测器误判为 φ^8、φ^7、φ^6 的概率分别为 p_1、p_2、p_3。表 7-1 给出已知发送 $\varphi^i(i\in[1,8])$ 的条件下，比特 $b_i(i\in\{1,2,3\})$ 的错误概率。如果记 $b_i(i\in\{1,2,3\})$ 的错误概率分别为 P_1、P_2 和 P_3，由表 7-1 可知：

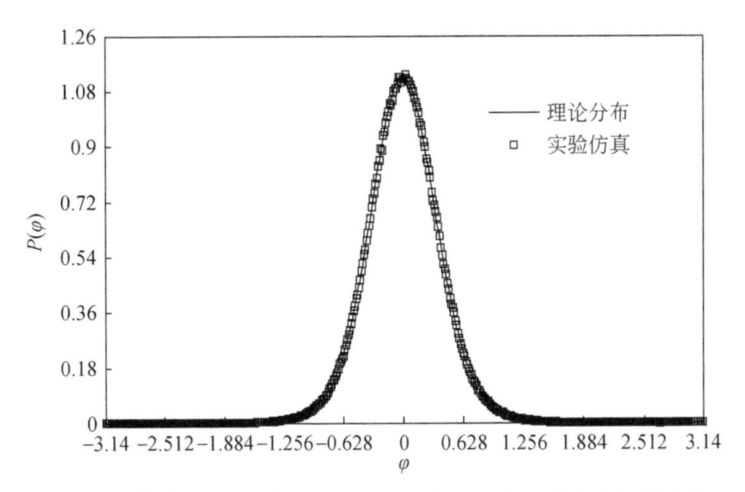

图 7-8　信噪比为 4(即 6dB)时 φ 的理论分布和实验统计分布比较

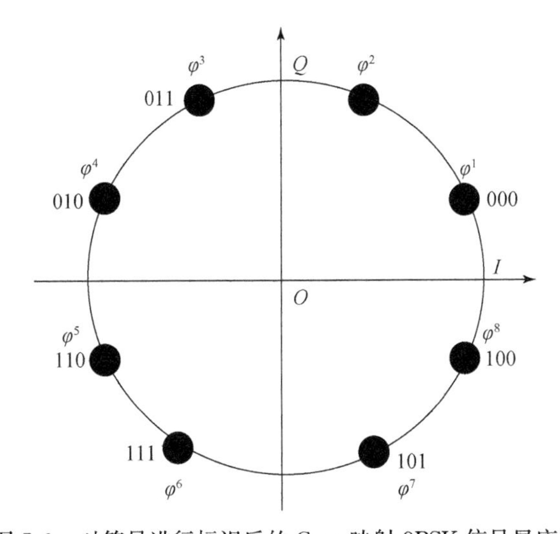

图 7-9　对符号进行标识后的 Gray 映射 8PSK 信号星座图

$$
\begin{cases}
P_1 = \dfrac{1}{8}[4(p_1 + p_2 + p_3 + p_4) + 4(p_2 + 2p_3 + p_4)] \\
P_2 = \dfrac{1}{8}[4(p_1 + p_2 + p_3 + p_4) + 4(p_2 + 2p_3 + p_4)] \\
P_3 = \dfrac{1}{8}[8(p_1 + 2p_2 + p_3)] = \dfrac{1}{8}[4(p_1 + 2p_2 + p_3) + 4(p_1 + 2p_2 + p_3)]
\end{cases}
\tag{7-37}
$$

由式(7-37)可知，$P_1 = P_2 < P_3$，即 Gray 映射 8PSK 调制具有两种不同的比特

差错保护程度。运用类似的分析方法可对其他映射方式的比特错误概率进行分析，这里不再赘述。

表 7-1 每个发送符号对应的比特错误概率

发送符号	b_1 错误	b_2 错误	b_3 错误
φ^1	$p_1+p_2+p_3+p_4$	$p_2+2p_3+p_4$	$p_1+2p_2+p_3$
φ^2	$p_2+2p_3+p_4$	$p_1+p_2+p_3+p_4$	$p_1+2p_2+p_3$
φ^3	$p_2+2p_3+p_4$	$p_1+p_2+p_3+p_4$	$p_1+2p_2+p_3$
φ^4	$p_1+p_2+p_3+p_4$	$p_2+2p_3+p_4$	$p_1+2p_2+p_3$
φ^5	$p_1+p_2+p_3+p_4$	$p_2+2p_3+p_4$	$p_1+2p_2+p_3$
φ^6	$p_2+2p_3+p_4$	$p_1+p_2+p_3+p_4$	$p_1+2p_2+p_3$
φ^7	$p_2+2p_3+p_4$	$p_1+p_2+p_3+p_4$	$p_1+2p_2+p_3$
φ^8	$p_1+p_2+p_3+p_4$	$p_2+2p_3+p_4$	$p_1+2p_2+p_3$

7.4 相位调制系统的渐近性能评估

典型的二元编码 BICM 系统如图 7-10 所示。K 长二元序列 $\boldsymbol{i}$ 经编码后生成 N 长码字 $\boldsymbol{w}=(w_1,w_2,\cdots,w_n,\cdots,w_N)$ 。对 $\boldsymbol{w}$ 进行比特交织并分割成 N/m 个子块，每个子块含 $m=\log_2 M$ 个比特。N/m 个子块经调制映射后输出符号序列 $\boldsymbol{\chi}=(\chi_1,\chi_2,\cdots,\chi_n,\cdots,\chi_{N/m})$ 。$\boldsymbol{\chi}$ 经 AWGN 信道传输后输出为 $\boldsymbol{r}=(r_1,r_2,\cdots,r_n,\cdots,r_{N/m})$ ，其中，$r_n=\chi_n+\eta_n$ ，η_n 为复高斯白噪声。解调器对 $\boldsymbol{r}$ 处理后得到每个码元的 LLR 值，译码判决结果为 $\hat{\boldsymbol{i}}$ 。

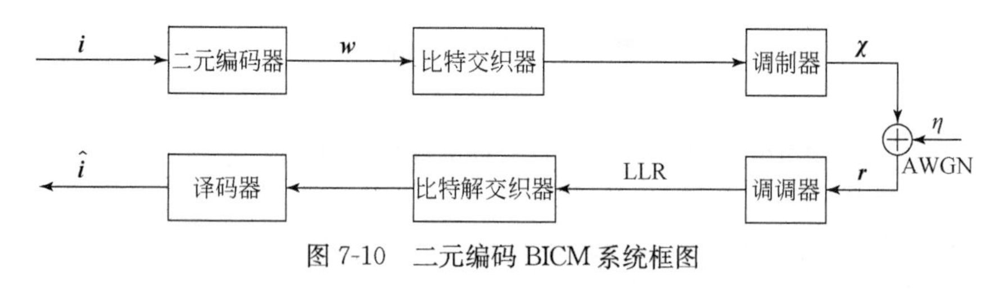

图 7-10 二元编码 BICM 系统框图

采用 Caire 并行等效模型[11]时，BPSK 调制模式下的译码算法可直接运用于高阶调制 BICM 系统。记 M 元调制的星座点集合为 $\boldsymbol{\Psi}=\{\varphi^1,\varphi^2,\cdots,\varphi^M\}$ ，则 $\boldsymbol{\chi}_n\in\Psi$ ，且有 $\chi_n=\mu(w_{m(n-1)+1},w_{m(n-1)+2},\cdots,w_{mn})$ ，$\mu(\cdot)$ 表示非线性映射函数。解调器由 r_n 得到 m 个比特 LLR[11,12]为

$$\mathrm{LLR}_{m(n-1)+i}=\ln\frac{P(w_{m(n-1)+i}=0)}{P(w_{m(n-1)+i}=1)}=\ln\frac{\sum\limits_{\chi_n\in\Psi_i^0}P(\chi_n\mid r_n)}{\sum\limits_{\chi_n\in\Psi_i^1}P(\chi_n\mid r_n)}$$

$$=\ln\frac{\sum\limits_{\chi_n\in\Psi_i^0}P(r_n\mid\chi_n)P(\chi_n)}{\sum\limits_{\chi_n\in\Psi_i^1}P(r_n\mid\chi_n)P(\chi_n)},\quad i\in\{1,2,\cdots,m\}\tag{7-38}$$

其中，$\Psi_i^b,b\in\{0,1\}$ 表示第 i 位为 b 的星座点集合；$p(\chi_n)$ 表示 χ_n 的先验概率。

每个星座点等概发送时，式(7-38)变为

$$\mathrm{LLR}_{m(n-1)+i}=\ln\frac{\sum\limits_{\chi_n\in\Psi_i^0}P(r_n\mid\chi_n)}{\sum\limits_{\chi_n\in\Psi_i^1}P(r_n\mid\chi_n)},\quad i\in\{1,2,\cdots,m\}\tag{7-39}$$

AWGN 信道条件下，$P(r_n\mid\chi_n=\varphi^j)$ 的计算方法为[12,13]

$$P(r_n\mid\chi_n=\varphi^j)=\frac{1}{2\pi\sigma^2}\exp\left(-\frac{\|r_n-\varphi^j\|^2}{2\sigma^2}\right)\tag{7-40}$$

其中，$\|r_n-\varphi^j\|^2$ 表示 r_n 与 φ^j 间的平方欧氏距离[1,14]。

利用近似关系：

$$\begin{aligned}\ln[\exp(\delta_1)+\exp(\delta_2)+\cdots+\exp(\delta_J)]&\approx\max(\delta_1,\delta_2,\cdots,\delta_J)\\&=\max[\ln\exp(\delta_1),\ln\exp(\delta_2),\cdots,\ln\exp(\delta_J)]\\&=\ln[\max(\exp(\delta_1),\exp(\delta_2),\cdots,\exp(\delta_J))]\end{aligned}$$

可得式(7-39)的一种简化形式为

$$\begin{aligned}\mathrm{LLR}_{m(n-1)+i}&=\ln\frac{\sum\limits_{\chi_n\in\Psi_i^0}P(r_n\mid\chi_n)}{\sum\limits_{\chi_n\in\Psi_i^1}P(r_n\mid\chi_n)}\approx\max_{\chi_n\in\Psi_i^0}\{P(r_n\mid\chi_n)\}-\max_{\chi_n\in\Psi_i^1}\{P(r_n\mid\chi_n)\}\\&=\min_{\chi_n\in\Psi_i^0}\{\|r_n-\chi_n\|^2\}-\min_{\chi_n\in\Psi_i^1}\{\|r_n-\chi_n\|^2\}\end{aligned}\tag{7-41}$$

文献[15]和文献[16]几乎同时提出在解调器和译码器间引入迭代过程，BICM 系统在 AWGN 信道条件下的性能得到很好的改善。二元编码 BICM-ID 系统可细分为硬判决反馈和软判决反馈两种形式，软判决反馈形式的实现结构如图 7-11 所示[16]。

在软判决 BICM-ID 系统中，译码器得到的码元外信息送入解调器，解调器利用这些信息对每个星座点的先验概率进行修正。此时有

$$\mathrm{LLR}_{m(n-1)+i}=\ln\frac{\sum\limits_{\chi_n\in\Psi_i^0}P(r_n\mid\chi_n)\prod\limits_{j\in\{1,2,\cdots,m\},j\neq i}P(w_{m(n-1)+j})}{\sum\limits_{\chi_n\in\Psi_i^1}P(r_n\mid\chi_n)\prod\limits_{j\in\{1,2,\cdots,m\},j\neq i}P(w_{m(n-1)+j})},\quad i\in\{1,2,\cdots,m\}\tag{7-42}$$

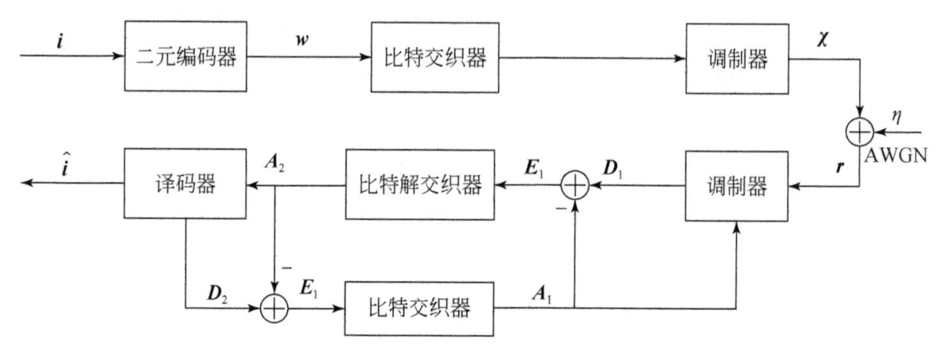

图 7-11　BICM-ID 软判决反馈系统框图

其中，$P(w_{m(n-1)+j})$ 通过译码器得到的 LLR 外信息计算得到[12]。

以 8PSK 为例，常用的映射方案包括 Gray 映射、集分割（set partitioning，SP）映射、anti-Gray 映射和基于最大平方欧氏重量（maximum squared Euclidean weight，MSEW）映射准则的映射[12,13]。每个映射方案的星座点分布如图 7-12 所示[12,13]。

7.4.1　不同映射方式的信道容量

BICM 系统的信道容量是分析不同映射方式的有效工具之一[11]。记编码调制系统的信道容量为 C_{CM}，则有[13]

$$
\begin{aligned}
C_{\mathrm{CM}} &= I(\chi;r)=E\left[\log_2\frac{P(r\mid\chi=\varphi^j)}{\sum\limits_{\varphi^j\in\Psi}P(\chi=\varphi^j)P(r\mid\chi=\varphi^j)}\right]\\
&= m-E\left[\log_2\frac{\sum\limits_{\varphi^j\in\Psi}P(r\mid\chi=\varphi^j)}{P(r\mid\chi=\varphi^j)}\right]
\end{aligned}
\tag{7-43}
$$

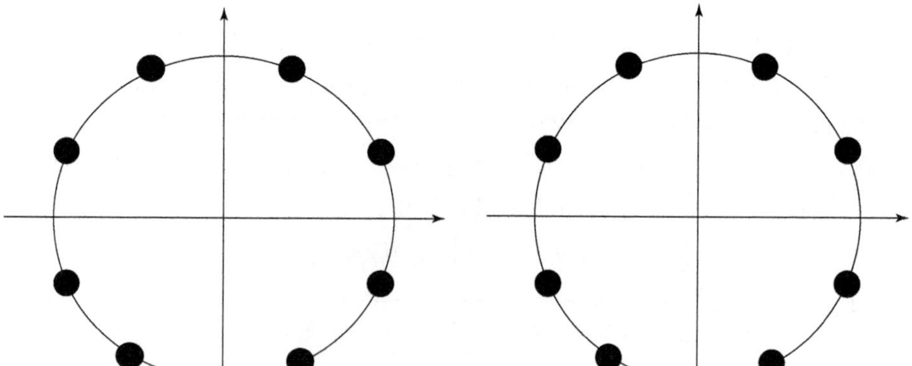

(a) Gray 映射　　　　(b) SP映射

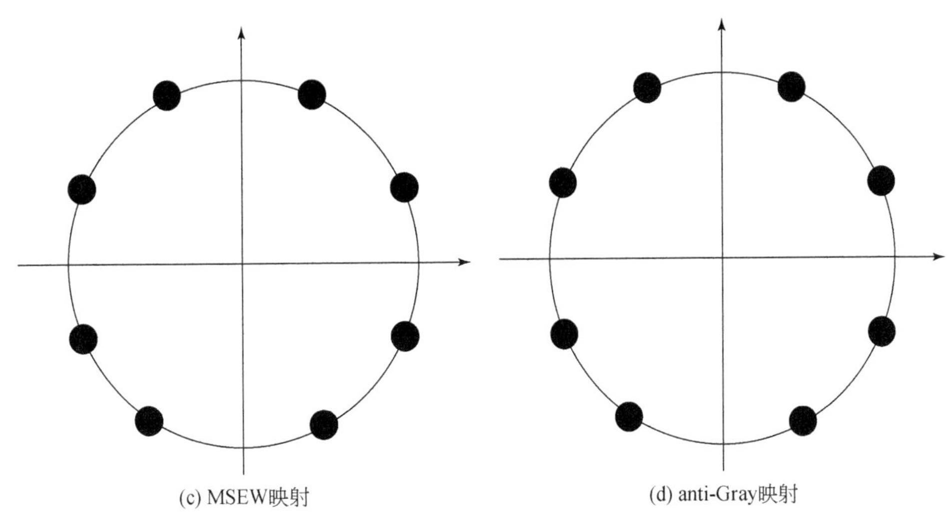

图 7-12　不同映射方案的星座点分布

文献[13]在理论上证明了如果传输码率不高于 CM 信道容量，则存在可能的编码调制来实现可靠传输。由于不涉及迭代过程，接收端关于每个调制符号的信息完全未知。式(7-43)中第 3 步的得出正是基于每个星座符号先验等概发送的假设，即 $P(\chi=\varphi^i)=1/M$ 。图 7-13 给出不同相位调制的信道容量。

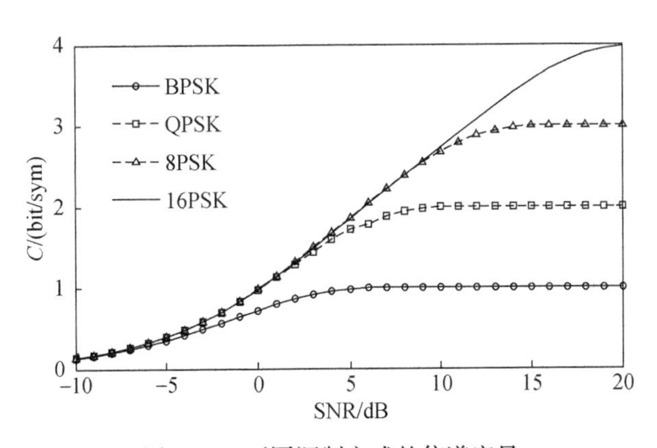

图 7-13　不同调制方式的信道容量

图 7-14 给出 BICM 系统的并行传输等效模型[11]。理想交织条件下，组成 χ_n 的 m 个比特被认为相互独立。m 个比特可等价于经由 m 个相互独立的 BPSK 并行信道传输后到达接收端。根据图 7-14 给出的等效模型，第 n 个调制符号中第 i 个比特的先验概率计算方法为

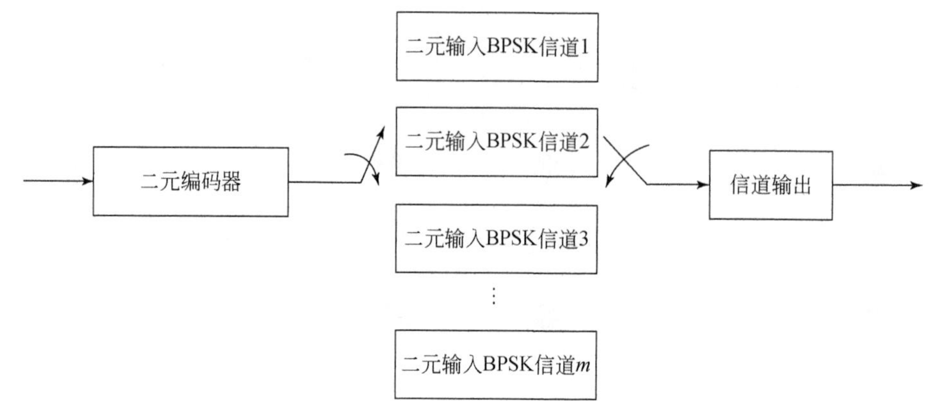

图 7-14 BICM 系统的并行传输等效模型

$$P(w_{m(n-1)+i}=b)=\frac{\sum_{\varphi^j\in\Psi_i^b}P(r_n\mid\chi_n=\varphi^j)P(\chi_n=\varphi^j)}{|\Psi_i^b|},$$

$$i\in\{1,2,\cdots,m\},j\in\{1,2,\cdots,M\},b\in\{0,1\} \tag{7-44}$$

此时,BICM 系统第 i 个子信道的容量为[11]

$$C_{\mathrm{BICM},i}=I(b;r\mid i)=E\left[\log_2\frac{\sum_{\varphi^j\in\Psi_i^b}P(\chi=\varphi^j)P(r\mid\chi=\varphi^j)}{\sum_{\varphi^j\in\Psi}P(\chi=\varphi^j)P(r\mid\chi=\varphi^j)}\right]$$

$$=1-E\left[\log_2\frac{\sum_{\varphi^j\in\Psi}P(r\mid\chi=\varphi^j)}{\sum_{\varphi^j\in\Psi_i^b}P(r\mid\chi=\varphi^j)}\right] \tag{7-45}$$

式(7-45)第 3 步是基于每个星座符号等概发送的假设。BICM 系统的总容量为[11]

$$C_{\mathrm{BICM}}=\sum_{i=1}^{m}I(b;r\mid i)=mE\left[\log_2\frac{\sum_{\varphi^j\in\Psi_i^b}P(\chi=\varphi^j)P(r\mid\chi=\varphi^j)P(r\mid\chi)}{\sum_{\varphi^j\in\Psi_i^b}P(\chi=\varphi^j)P(r\mid\chi=\varphi^j)}\right]$$

$$=m-E\left[\log\frac{\sum_{\varphi^j\in\Psi}P(r\mid\chi=\varphi^j)}{\sum_{\varphi^j\in\Psi_i^b}P(r\mid\chi=\varphi^j)}\right] \tag{7-46}$$

比较式(7-43)和式(7-46)可知,$C_{\mathrm{BICM}}<C_{\mathrm{CM}}$。因此,在并行传输等效模型下的 BICM 系统并非最优的,基于此模型得到的译码算法也是次优译码算法[11~13]。

对于不同的映射方式，$\sum_{\varphi^j \in \Psi_i^b} P(\chi=\varphi^j)P(r \mid \chi=\varphi^j)$ 不同，通过式(7-46)得到的 C_{BICM} 也不同，图 7-15 给出 AWGN 信道条件下的 C_{CM} 和 4 种不同映射方式的 C_{BICM}。由图 7-15 可知，C_{BICM} 都小于 C_{CM}。采用 Gray 映射的 C_{BICM} 和 C_{CM} 最为接近。因此，对于 BICM 系统，Gray 映射是最佳的映射方式。

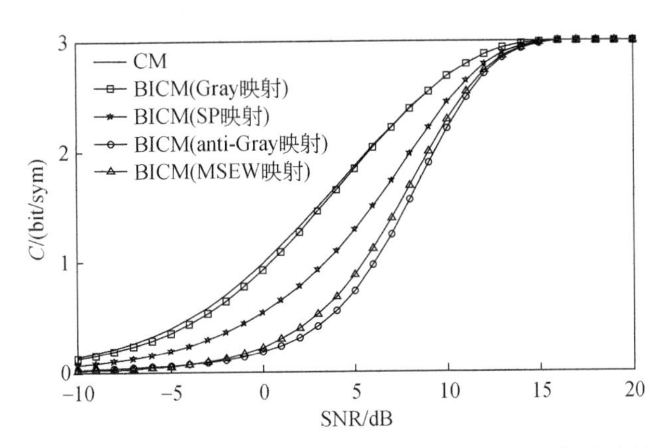

图 7-15　AWGN 信道条件下，8PSK 的 C_{CM} 和 4 种典型映射方式的 C_{BICM}

7.4.2　比特级互信息度量准则

基于不同映射方式的调制器在 BICM-ID 系统中的性能可以通过互信息来衡量[17~19]。以 8PSK 为例，由 r 和 $\{w_i(i=1,2,3)\}$ 可定义 9 种比特级互信息，分别为[17~19]

$$\begin{cases} I_{10}=I(w_1;r \mid w_2 \text{ 和 } w_3 \text{ 中有 0 个已知}) \\ I_{11}=I(w_1;r \mid w_2 \text{ 和 } w_3 \text{ 中有 1 个已知}) \\ I_{12}=I(w_1;r \mid w_2 \text{ 和 } w_3 \text{ 中有 2 个已知}) \end{cases} \tag{7-47}$$

$$\begin{cases} I_{20}=I(w_2;r \mid w_1 \text{ 和 } w_3 \text{ 中有 0 个已知}) \\ I_{21}=I(w_2;r \mid w_1 \text{ 和 } w_3 \text{ 中有 1 个已知}) \\ I_{22}=I(w_2;r \mid w_1 \text{ 和 } w_3 \text{ 中有 2 个已知}) \end{cases} \tag{7-48}$$

$$\begin{cases} I_{30}=I(w_3;r \mid w_1 \text{ 和 } w_2 \text{ 中有 0 个已知}) \\ I_{31}=I(w_3;r \mid w_1 \text{ 和 } w_2 \text{ 中有 1 个已知}) \\ I_{32}=I(w_3;r \mid w_1 \text{ 和 } w_2 \text{ 中有 2 个已知}) \end{cases} \tag{7-49}$$

从而，有[17~19]

$$\begin{cases} I_0 = \dfrac{1}{3}\sum_i I_{i0} \\ I_1 = \dfrac{1}{3}\sum_i I_{i1} \\ I_2 = \dfrac{1}{3}\sum_i I_{i2} \end{cases} \tag{7-50}$$

其中，$I_j(j=0,1,2)$ 表示 $\{w_i(i=1,2,3)\}$ 中有 j 个比特已知时，从 r 中获得的比特级平均互信息。

根据互信息的链式法则有 $\sum_j I_j = C_{8PSK}$[19]。$I_j(j=0,1,2)$ 的具体计算方法可参考文献[19]。对于不同的映射方式，可得到不同 $I_j(j=0,1,2)$，且 $I_j(j=0,1,2)$ 与信噪比有关。显然有 $mI_0 = \sum_i I_{i0}$，即为 BICM 系统并行等效模型条件下的信道容量[19]。图 7-16～图 7-18 为 4 种映射方式的比特级互信息图。

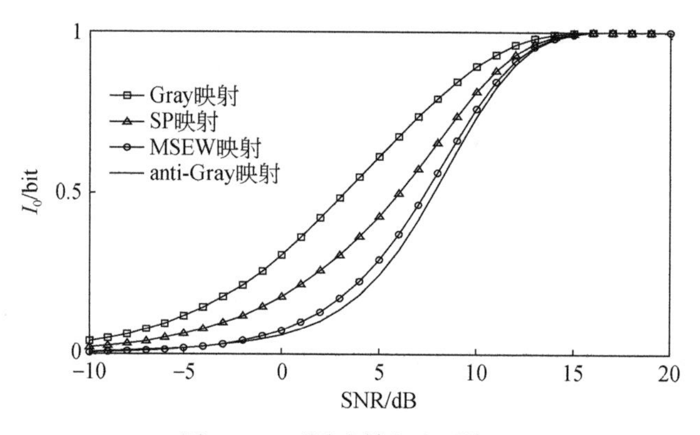

图 7-16　不同映射方式下的 I_0

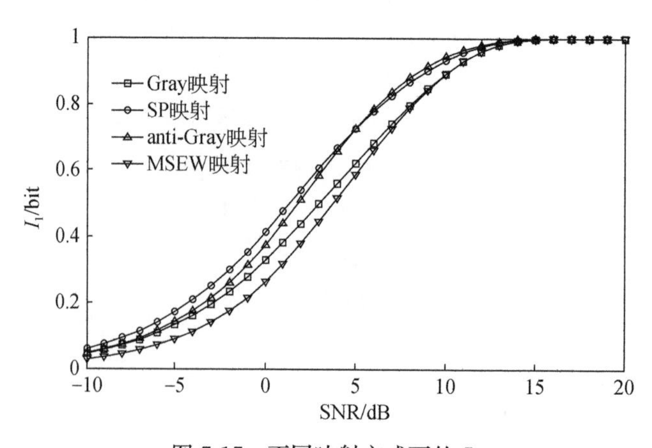

图 7-17　不同映射方式下的 I_1

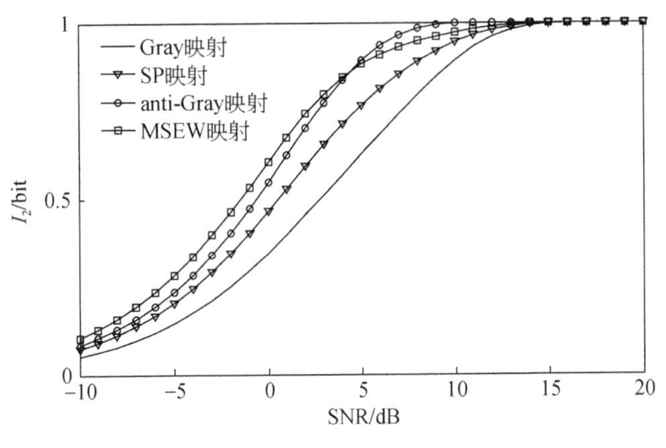

图 7-18　不同映射方式下的 I_2

7.4.3　EXIT 曲线度量准则

解调器 EXIT 图的横轴表示输入解调器的先验信息 L_A 与发送比特 $b \in \{0,1\}$ 间的互信息 $I_A(L_A,b)$，纵轴表示解调器输出外信息 L_E 与 b 间的互信息 $I_E(L_E,b)$。图 7-19 给出计算 $I_E(L_E,b)$ 的框图[20]。由图 7-19 可知，调制输出符号经实际 AWGN 信道传输，比特序列 $\{w_n\}_{n=1}^{\text{Number}}$ 则经虚拟 AWGN 信道传输，由此在解调器输入端形成两种不同的可靠度信息。

解调器通过式(7-42)计算比特的 LLR 外信息 L_{E_n}，则 $I(L_E,b)$ 可表示为[20]

$$I(L_E,b)=\frac{1}{\text{Number}}\sum_{n=1}^{\text{Number}} H_2(p_{\text{en}}) \tag{7-51}$$

其中，$p_{\text{en}}=\dfrac{1}{1+\exp(-|L_{En}|)}$；$H_2(\cdot)$ 为二元熵函数；Number 为发送的比特总数。图 7-19 模型的得出是基于 L_A 服从高斯分布的假设，虚拟信道的标准差为 $J^{-1}(I(L_A,b))$，其中，$J^{-1}(\cdot)$ 是 $J(\cdot)$ 的反函数，函数 $J(\cdot)$ 的具体定义可参考文献[18]。

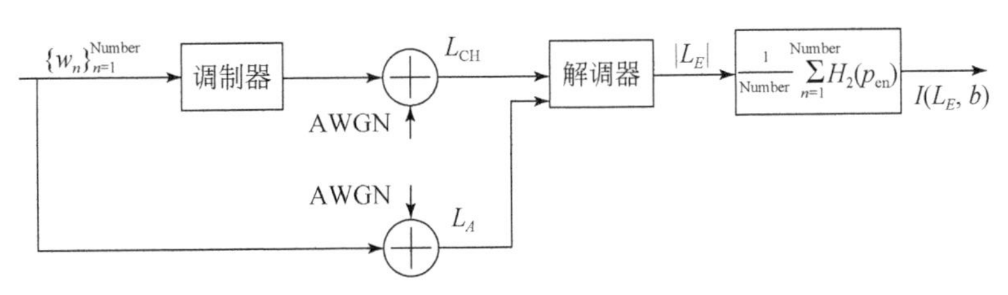

图 7-19　解调器互信息计算框图

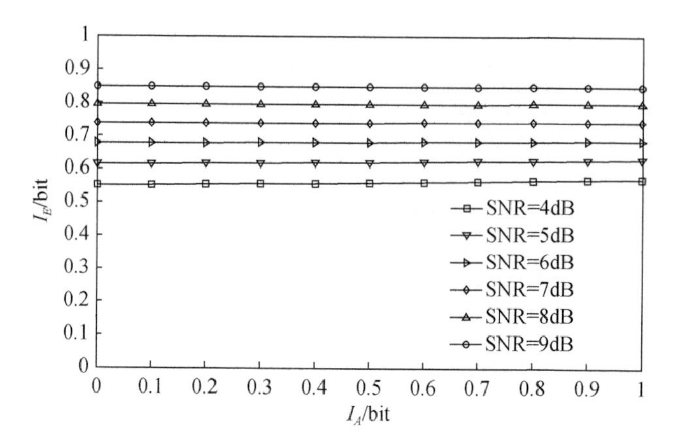

图 7-20　Gray 映射的 EXIT 图

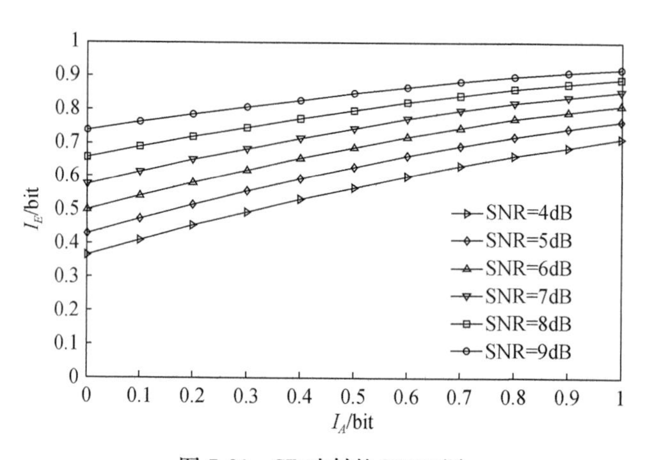

图 7-21　SP 映射的 EXIT 图

$I(L_E, b)$ 与映射方式和信噪比有关。图 7-20～图 7-23 给出 4 种映射方式的 EXIT 曲线。由图 7-20 可知，Gray 映射 EXIT 曲线的斜率基本为 0。这表明，当采用最优译码算法时，解调器和译码器间的迭代无法带来增益。

在不涉及外迭代，即 $I_A=0$ 时，$I_E(I_A)$ 等于 I_0。而 $I_A=1$，即完美信息反馈时，$I_E(I_A)$ 等于 I_2。为获得 BICM-ID 系统的最佳映射，应使 $I_E(I_A=1)$ 尽可能大，从而保证尽可能低的错误平层。理想条件下 $I_E(I_A=1)=1$，即点 $(I_A, I_E)=(1,1)$ 可达。为保证初始迭代能够提供足够性能，应使 $I_E(I_A=0)$ 尽可能大[19]。若这两个条件能同时满足，则初始迭代能够为后续迭代提供足够的可靠度信息，且后续迭代能够利用这些可靠度信息获得更低的错误平层。由于 $\sum_j I_j = C_{\text{CM}}$，因此上述两个条件不能同时满足。

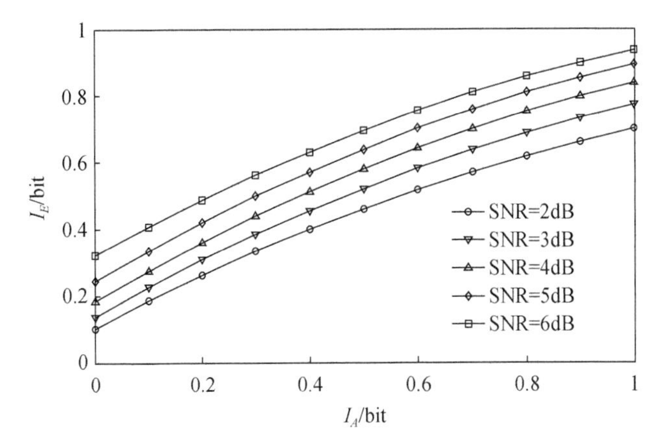

图 7-22　anti-Gray 映射的 EXIT 图

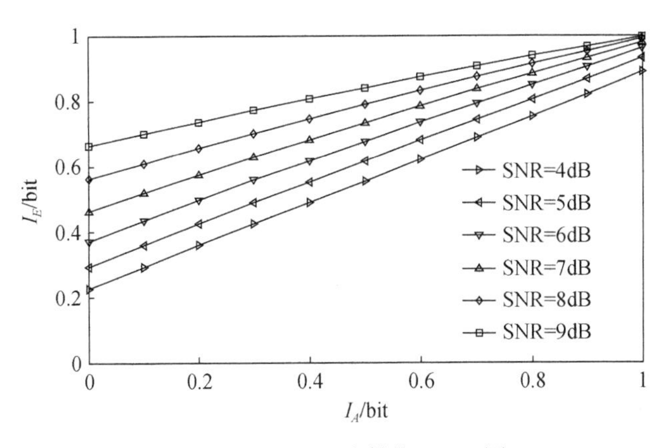

图 7-23　MSEW 映射的 EXIT 图

7.5　非线性影响下的 MPSK 相位误差分布

7.5.1　接收机乘法器的非线性分析

图 7-24 为双输入单输出吉尔伯特乘法器[21]的非线性输入输出关系，具体可表示为

$$z = f(x, y) = K\tanh x \cdot \tanh y \tag{7-52}$$

其中，K 为正常数。双曲正切函数的泰勒级数展开为[21]

$$\tanh x = x - x^3/3 + 2x^5/15 + \cdots, \quad |x| < 1 \tag{7-53}$$

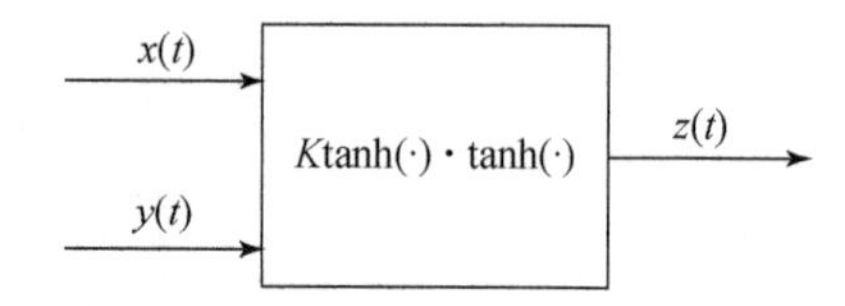

图 7-24　吉尔伯特乘法器的输入输出关系示意图

图 7-25 给出双曲正切函数的示意图。由图 7-25 可知，当输入信号幅度处于 OA 区间时，$\tanh x$ 可用线性函数来近似，此时乘法器工作于线性状态。但当输入信号幅度处于 AB 区间时，仅用线性项来近似计算会造成较大误差，应考虑引入非线性项，此时乘法器工作于非线性状态。

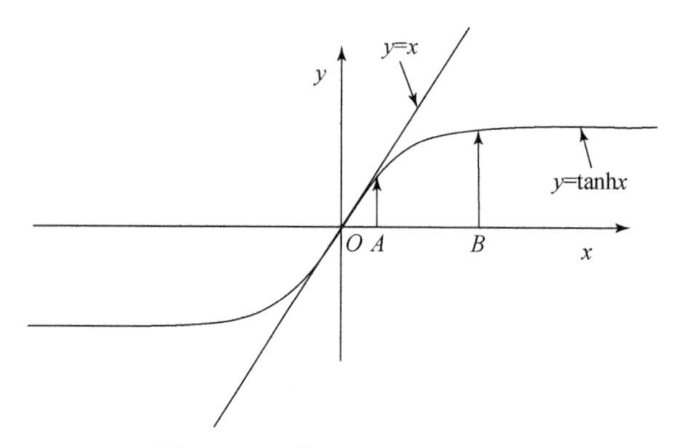

图 7-25　双曲正切函数的示意图

MPSK 相干检测中常采用吉尔伯特乘法器来实现混频[21]。此时，幅度较大的本振信号看成图 7-24 中的 $x(t)$，接收信号看成 $y(t)$。大的本振信号可使双曲正切函数近似为双向开关函数，则 $\tanh[x(t)]\approx \text{sign}(\omega_c t)$。

设 $y(t)=A\cos(\omega_p t)$，同时将双向开关函数用傅里叶级数展开为[21]

$$\text{sign}(\omega_c t)=\frac{4}{\pi}\left[\cos(\omega_c t)-\frac{1}{3}\cos(3\omega_c t)+\frac{1}{5}\cos(5\omega_c t)-\cdots\right] \tag{7-54}$$

则有

$$\begin{aligned} z(t) &= KA\cos(\omega_p t)\cdot\frac{4}{\pi}\left[\cos(\omega_c t)-\frac{1}{3}\cos(3\omega_c t)+\frac{1}{5}\cos(5\omega_c t)-\cdots\right] \\ &= KA\cos(\omega_p t)\cdot\frac{4}{\pi}\cos(\omega_c t)-KA\cos(\omega_p t)\cdot\frac{4}{\pi}\cdot\frac{1}{3}\cos(3\omega_c t) \\ &\quad +KA\cos(\omega_p t)\cdot\frac{4}{\pi}\cos(\omega_c t)+\frac{1}{5}\cos(5\omega_c t) \end{aligned} \tag{7-55}$$

式(7-55)第 2 个等号后的第 1 项为混频项。

由于同向分量和正交分量统计独立，可单独对图 7-6 中 I 路分析，具体混频过程如图 7-26 所示。

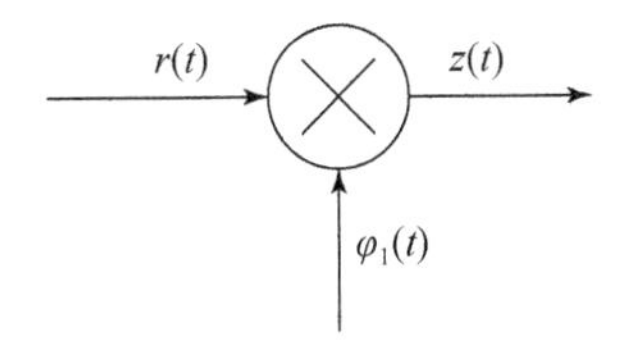

图 7-26　乘法器实现混频过程

由图 7-26 可得

$$z(t)=K\tanh[r(t)]\cdot\tanh[\varphi_1(t)]=K\tanh[s_{ik}\varphi_1(t)+s_{qk}\varphi_2(t)+n(t)]\cdot\tanh[\varphi_1(t)] \tag{7-56}$$

理想条件下有

$$\begin{aligned}z(t)&=K[s_{ik}\varphi_1(t)+s_{qk}\varphi_2(t)+n(t)]\varphi_1(t)\\&=Ks_{ik}\varphi_1(t)\varphi_1(t)+Ks_{qk}\varphi_2(t)\varphi_1(t)+n(t)\varphi_1(t)\end{aligned} \tag{7-57}$$

由于 $\varphi_1(t)$ 和 $\varphi_2(t)$ 在 $[0,T]$ 内正交，经积分采样后式(7-57)第 2 个等号后的第 2 项被消除，只留下充分统计量 $r=s_{ik}+n_{ik}$ 。

设接收信号为 $y(t)=A\cos(\omega_c t)+n(t)$ ，考虑式(7-53)中 3 次和 5 次分量的影响，则有

$$\tanh[A\cos(\omega_c t)+n(t)]=[A\cos(\omega_c t)+n(t)]-\frac{[A\cos(\omega_c t)+n(t)]^3}{3}+\frac{2[A\cos(\omega_c t)+n(t)]^5}{15} \tag{7-58}$$

若信噪比较大，则式(7-58)中 $n(t)$ 幅度很小，等号右端第 2 项和第 3 项相对第 1 项较小，可忽略不计。随着信噪比的降低，噪声 $n(t)$ 幅度相对增大，等号右端第 2 项和第 3 项相对第 1 项较大，不能忽略。

7.5.2　BPSK 接收统计量的概率分布

设调制输出信号为 $S_k(t)=s_k\varphi_1(t)$ ，其中，$s_k\in\{+1,-1\}$ 。$n(t)$ 可表示为 $n(t)=n_k\varphi_1(t)+n(t)$ ，其中，n_k 是服从高斯分布的随机变量，$n(t)=n(t)-n_k\varphi_1(t)$ 。理论分析表明：$n(t)$ 中不含任何对检测接收有价值的统计量[1]，可不考虑 $n(t)$ 的影响，直接用 $n_k\varphi_1(t)$ 表示噪声。则接收信号可表示为

$$r(t)=s_k\varphi_1(t)+n_k\varphi_1(t)=(s_k+n_k)\varphi_1(t) \tag{7-59}$$

理想条件下，对式(7-59)在 $[0,T]$ 内积分采样可得

$$r=s_k+n_k$$

若混频器工作在非线性状态，且仅考虑 3 次和 5 次分量的影响，则

$$\tanh[r(t)]=[(s_k+n_k)\varphi_1(t)]-\frac{[(s_k+n_k)\varphi_1(t)]^3}{3}+\frac{2[(s_k+n_k)\varphi_1(t)]^5}{15}$$
$$=(s_k+n_k)\varphi_1(t)-\frac{(s_k+n_k)^3}{3}\varphi_1^3(t)+\frac{2(s_k+n_k)^5}{15}\varphi_1^5(t) \quad (7\text{-}60)$$

而

$$\begin{cases}\varphi_1^3(t)=A^3\left[\frac{3}{4}\cos(\omega_c t)+\frac{1}{4}\cos(3\omega_c t)\right]\\ \varphi_1^5(t)=A^5\left[\frac{5}{8}\cos(\omega_c t)+\frac{5}{16}\cos(3\omega_c t)+\frac{1}{16}\cos(5\omega_c t)\right]\end{cases} \quad (7\text{-}61)$$

从而有等价关系为

$$\begin{cases}\varphi_1^3(t)=\frac{3}{4}A^2\varphi_1(t)+\frac{A^3}{4}\cos(3\omega_c t)\\ \varphi_1^5(t)=\frac{5}{8}A^4\varphi_1(t)+A^5\left[\frac{5}{16}\cos(3\omega_c t)+\frac{1}{16}\cos(5\omega_c t)\right]\end{cases} \quad (7\text{-}62)$$

故式(7-60)变为

$$\tanh[r(t)]=[(s_k+n_k)\varphi_1(t)]-\frac{[(s_k+n_k)\varphi_1(t)]^3}{3}+\frac{2[(s_k+n_k)\varphi_1(t)]^5}{15}$$
$$=(s_k+n_k)\varphi_1(t)-\frac{(s_k+n_k)^3}{3}\left[\frac{3}{4}A^2\varphi_1(t)+\frac{A^3}{4}\cos(3\omega_c t)\right]$$
$$+\frac{2(s_k+n_k)^5}{15}\left\{\frac{5}{8}A^4\varphi_1(t)+A^5\left[\frac{5}{16}\cos(3\omega_c t)+\frac{1}{16}\cos(5\omega_c t)\right]\right\}$$
$$=[(s_k+n_k)+\alpha_1(s_k+n_k)^3+\alpha_2(s_k+n_k)^5]\varphi_1(t)+B \quad (7\text{-}63)$$

其中

$$\begin{cases}\alpha_1=-\frac{A^2}{4}\\ \alpha_2=\frac{A^4}{12}\\ B=-\frac{(s_k+n_k)^3}{3}\frac{A^3}{4}\cos(3\omega_c t)+\frac{2(s_k+n_k)^5}{15}A^5\left[\frac{5}{16}\cos(3\omega_c t)+\frac{1}{16}\cos(5\omega_c t)\right]\end{cases}$$

结合式(7-63)和图 7-25 可得

$$z(t)=K\{[(s_k+n_k)+\alpha_1(s_k+n_k)^3+\alpha_2(s_k+n_k)^5]\varphi_1(t)+B\}\varphi_1(t)$$
$$=K[(s_k+n_k)+\alpha_1(s_k+n_k)^3+\alpha_2(s_k+n_k)^5]\varphi_1^2(t)+KB\varphi_1(t) \quad (7\text{-}64)$$

对式(7-64)在 $[0,T]$ 内积分采样，暂不考虑 K 的影响可得

$$r=(s_k+n_k)+\alpha_1(s_k+n_k)^3+\alpha_2(s_k+n_k)^5 \quad (7\text{-}65)$$

首先，只考虑 3 次项的影响，则式(7-65)可变为

$$r=(s_k+n_k)+\alpha_1(s_k+n_k)^3 \quad (7\text{-}66)$$

乘法器处于线性工作状态时，有 $r=s_k+n_k$，从而得

$$\begin{cases} P(r|s_k=1)=\dfrac{1}{\sqrt{2\pi\sigma^2}}\exp\left[\dfrac{-(r_k-1)^2}{2\sigma^2}\right] \\ P(r|s_k=-1)=\dfrac{1}{\sqrt{2\pi\sigma^2}}\exp\left[\dfrac{-(r_k+1)^2}{2\sigma^2}\right] \end{cases} \tag{7-67}$$

乘法器处于非线性状态时，有 $r=(s_k+n_k)+\alpha_1(s_k+n_k)^3$，其中，$\alpha_1(s_k+n_k)^3$ 为随机变量。令 $\xi=\alpha_1(s_k+n_k)^3$，则有

$$\begin{cases} P(r|s_k=+1,\xi)=\dfrac{1}{\sqrt{2\pi\sigma^2}}\exp\left[\dfrac{-(r_k-1-\xi)^2}{2\sigma^2}\right] \\ P(r|s_k=-1,\xi)=\dfrac{1}{\sqrt{2\pi\sigma^2}}\exp\left[\dfrac{-(r_k+1-\xi)^2}{2\sigma^2}\right] \end{cases} \tag{7-68}$$

从而有

$$\begin{cases} P(r|s_k=+1)=\displaystyle\int_{-\infty}^{\infty}\dfrac{1}{\sqrt{2\pi\sigma^2}}\exp\left[\dfrac{-(r_k-1-\xi)^2}{2\sigma^2}\right]f(\xi)\mathrm{d}\xi \\ P(r|s_k=-1)=\displaystyle\int_{-\infty}^{\infty}\dfrac{1}{\sqrt{2\pi\sigma^2}}\exp\left[\dfrac{-(r_k+1-\xi)^2}{2\sigma^2}\right]f(\xi)\mathrm{d}\xi \end{cases} \tag{7-69}$$

其中，$f(\xi)$ 表示 ξ 的概率密度函数。

若再考虑5次项的影响，则有 $r=(s_k+n_k)+\alpha_1(s_k+n_k)^3+\alpha_2(s_k+n_k)^5$，其中，$\alpha_1(s_k+n_k)^3$ 和 $\alpha_2(s_k+n_k)^5$ 都为随机变量。令 $\zeta=\alpha_2(s_k+n_k)^5$，则有

$$\begin{cases} P(r|s_k=+1,\xi,\zeta)=\dfrac{1}{\sqrt{2\pi\sigma^2}}\exp\left[\dfrac{-(r_k-1-\xi-\zeta)^2}{2\sigma^2}\right] \\ P(r|s_k=-1,\xi,\zeta)=\dfrac{1}{\sqrt{2\pi\sigma^2}}\exp\left[\dfrac{-(r_k+1-\xi-\zeta)^2}{2\sigma^2}\right] \end{cases} \tag{7-70}$$

从而有

$$\begin{cases} P(r|s_k=+1)=\displaystyle\iint\limits_{(-\infty,\infty)}\dfrac{1}{\sqrt{2\pi\sigma^2}}\exp\left[\dfrac{-(r_k-1-\xi-\zeta)^2}{2\sigma^2}\right]f(\xi)f(\zeta)\mathrm{d}\xi\mathrm{d}\zeta \\ P(r|s_k=-1)=\displaystyle\iint\limits_{(-\infty,\infty)}\dfrac{1}{\sqrt{2\pi\sigma^2}}\exp\left[\dfrac{-(r_k+1-\xi-\zeta)^2}{2\sigma^2}\right]f(\xi)f(\zeta)\mathrm{d}\xi\mathrm{d}\zeta \end{cases} \tag{7-71}$$

其中，$f(\zeta)$ 表示 ζ 的概率密度函数。

7.5.3 MPSK 相位误差分布分析

MPSK 调制的接收信号模型可表示为 $r(t)=s_i\varphi_1(t)+s_q\varphi_2(t)+n(t)$，其中 s_i，$s_q\in\{\pm 1\}$。$n(t)$ 可表示为

$$n(t)=n_i\varphi_1(t)+n_q\varphi_2(t)+n(t) \tag{7-72}$$

其中，n_i 和 n_q 是服从高斯分布的随机变量，$n(t)=n(t)-n_i\varphi_1(t)-n_q\varphi_2(t)$ 。

不考虑 $n(t)$ 的影响,则 $r(t)$ 可表示为

$$r(t)=(s_i+n_i)\varphi_1(t)+(s_q+n_q)\varphi_2(t) \tag{7-73}$$

若混频器工作在非线性状态,且至多考虑 3 次和 5 次项的影响,则有

$$\tanh[r(t)]=[(s_i+n_i)\varphi_1(t)+(s_q+n_q)\varphi_2(t)]-\frac{[(s_i+n_i)\varphi_1(t)+(s_q+n_q)\varphi_2(t)]^3}{3}+\frac{2[(s_i+n_i)\varphi_1(t)+(s_q+n_q)\varphi_2(t)]^5}{15} \tag{7-74}$$

首先只考虑 3 次项的影响,则式(7-74)变为

$$\tanh[r(t)]=[(s_i+n_i)\varphi_1(t)+(s_q+n_q)\varphi_2(t)]-\frac{[(s_i+n_i)\varphi_1(t)+(s_q+n_q)\varphi_2(t)]^3}{3}$$

考虑到

$$\begin{cases}\varphi_1^3(t)=A^3\left[\frac{3}{4}\cos(\omega_c t)+\frac{1}{4}\cos(3\omega_c t)\right]=\frac{3}{4}A^2\varphi_1(t)+\frac{A^3}{4}\cos(3\omega_c t)\\ \varphi_2^3(t)=-A^3\left[\frac{3}{4}\sin(\omega_c t)+\frac{1}{4}\sin(3\omega_c t)\right]=\frac{3}{4}A^2\varphi_2(t)-\frac{A^3}{4}\sin(3\omega_c t)\\ \varphi_1^2(t)\varphi_2(t)=A^2\varphi_2(t)-\varphi_2^3(t)=\frac{1}{4}A^2\varphi_2(t)+\frac{A^3}{4}\sin(3\omega_c t)\\ \varphi_2^2(t)\varphi_1(t)=A^2\varphi_1(t)-\varphi_1^3(t)=\frac{1}{4}A^2\varphi_1(t)-\frac{A^3}{4}\cos(3\omega_c t)\end{cases} \tag{7-75}$$

则有

$$\begin{aligned}[(s_i+n_i)\varphi_1(t)+(s_q+n_q)\varphi_2(t)]^3=&(s_i+n_i)^3\varphi_1^3(t)+(s_q+n_q)^3\varphi_2^3(t)\\&+3(s_i+n_i)(s_q+n_q)^2\varphi_1(t)\varphi_2^2(t)\\&+3(s_i+n_i)^2(s_q+n_q)\varphi_1^2(t)\varphi_2(t)\end{aligned} \tag{7-76}$$

$$\begin{cases}(s_i+n_i)^3\varphi_1^3(t)=(s_i+n_i)^3\left[\frac{3}{4}A^2\varphi_1(t)+\frac{A^3}{4}\cos(3\omega_c t)\right]\\ (s_q+n_q)^3\varphi_2^3(t)=(s_q+n_q)^3\left[\frac{3}{4}A^2\varphi_2(t)-\frac{A^3}{4}\sin(3\omega_c t)\right]\\ 3(s_i+n_i)(s_q+n_q)^2\varphi_1(t)\varphi_2^2(t)=3(s_i+n_i)(s_q+n_q)^2\left[\frac{1}{4}A^2\varphi_2(t)+\frac{A^3}{4}\sin(3\omega_c t)\right]\\ 3(s_i+n_i)^2(s_q+n_q)\varphi_1^2(t)\varphi_2(t)=3(s_i+n_i)^2(s_q+n_q)\left[\frac{1}{4}A^2\varphi_1(t)-\frac{A^3}{4}\cos(3\omega_c t)\right]\end{cases} \tag{7-77}$$

故经采样后,得

$$
\begin{cases}
r_i = (s_i + n_i) - \dfrac{1}{4}A^2\,(s_i + n_i)^3 - \dfrac{1}{4}A^2\,(s_i + n_i)^2(s_q + n_q) \\
\quad = (s_i + n_i) - \alpha\,(s_i + n_i)^3 - \alpha\,(s_i + n_i)^2(s_q + n_q) \\
r_q = (s_q + n_q) - \dfrac{1}{4}A^2\,(s_q + n_q)^3 - \dfrac{1}{4}A^2\,(s_q + n_q)^2(s_i + n_i) \\
\quad = s_q + n_q - \alpha\,(s_q + n_q)^3 - \alpha\,(s_q + n_q)^2(s_i + n_i)
\end{cases}
\tag{7-78}
$$

其中，$\alpha = -\dfrac{1}{4}A^2$。由式(7-78)可知，受非线性影响，$I$ 路和 Q 路的统计量不再独立。

7.5.4 仿真结果与统计分析

BPSK 调制下，受 3 次项影响时的接收检测量 r 的概率分布由式(7-69)给出，由于该积分比较复杂，通过化简得出准确的表达式比较困难，考虑通过实验仿真得到其概率统计直方图。不失一般性地，信源发送全 1 序列，设定式(7-66)中的系数 $\alpha_1 = 1/10$，共采样 10^6 bit，图 7-27 给出 r 的概率分布。由图 7-27 可知，不同信噪比下，$P(r|s_k = 1)$ 展现出不同的分布情况。

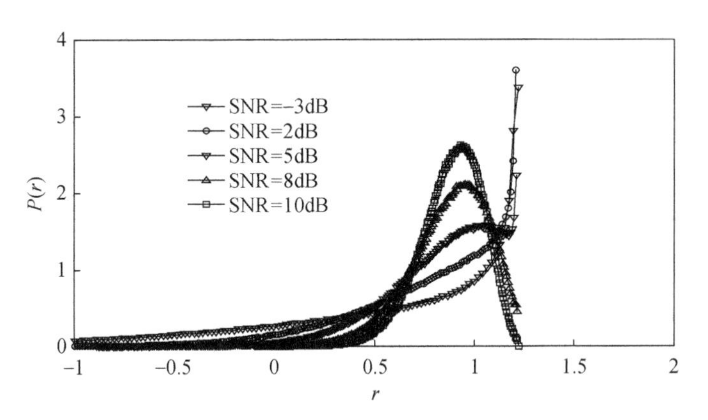

图 7-27　$\alpha_1 = 1/10$ 时，不同信噪比条件下 r 的概率分布

出现图 7-27 中情况的原因分析如下：图 7-28 给出函数 $y = x - \dfrac{1}{10}x^3$ 的示意图，由图 7-28 可知，当 $x = \pm\sqrt{\dfrac{10}{3}}$ 时，函数 $y = x - \dfrac{1}{10}x^3$ 存在两个局部最小值点。图 7-29 和图 7-30 给出不同信噪比条件下，x 的取值处于 3σ 区间时 y 的取值情况。由图 7-29 可知，当 $x = \sqrt{\dfrac{10}{3}}$ 处于 3σ 区间时，y 的值将会达到极值点，且 y 的取值以很大的概率分布在极值点附近，$\alpha_1\,(s_k + n_k)^3$ 对 $P(r|s_k = 1)$ 的概率分布起

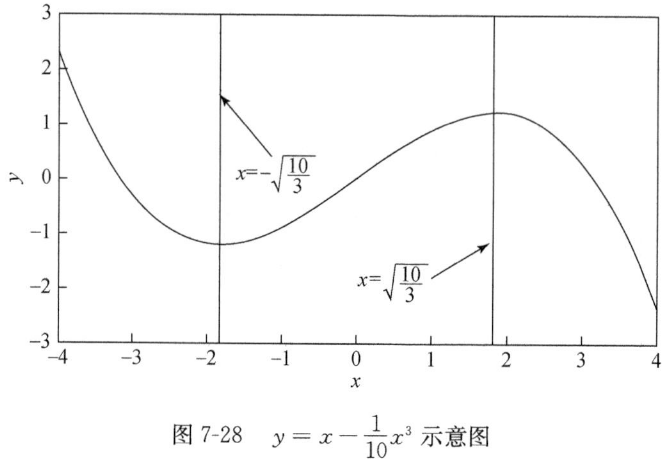

图 7-28 $y=x-\frac{1}{10}x^3$ 示意图

主导作用，此时，$P(r|s_k=1)$ 并不呈现出类似于高斯分布的钟形形状。随着信噪比的增大（图 7-30），$x=\sqrt{\frac{10}{3}}$ 逐渐移出 3σ 区间，$\alpha_1(s_k+n_k)^3$ 对 r 的影响逐渐减弱，s_k+n_k 对 $P(r|s_k=1)$ 的概率分布起主导作用，此时，$P(r|s_k=1)$ 逐渐呈现出类似于高斯分布的钟形形状。

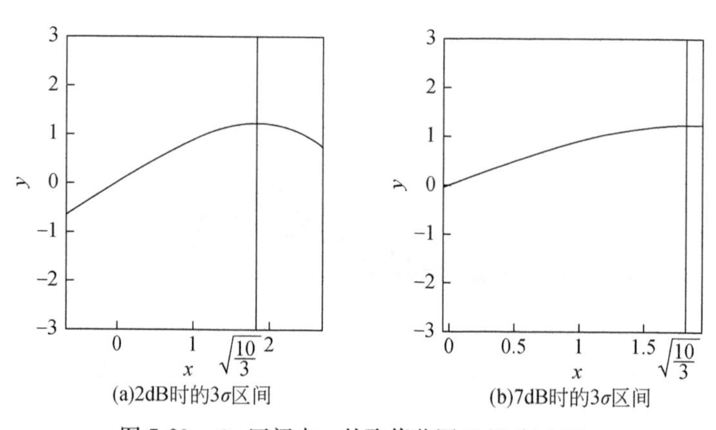

图 7-29 3σ 区间内 y 的取值范围(2dB 和 7dB)

当 α_1 较小且信噪比较高时，式(7-66)可近似为 $r\approx(s_k+n_k)+\alpha_1 s_k=(1+\alpha_1)s_k+n_k$，则 r 服从均值为 $1+\alpha_1$ 的高斯分布。对于图 7-27，10dB 条件下，r 近似服从均值为 0.9 的高斯分布。此近似分布与式(7-69)给出的精确概率分布间的差异或距离可由信息论中的相对熵(relative entropy)来表征[14]。相对熵表示当用概率分布来拟合真实分布时的信息损耗[14]。

图 7-31 给出当 $\alpha=\frac{1}{10}$ 时，8PSK 的相位误差概率分布 $P(\varphi)$。由图 7-31 可知，

随着信噪比的降低，$P(\varphi)$ 仍然逐渐趋于均匀分布，且 $P(\varphi)$ 趋于均匀分布的速率要快于不受非线性影响时的情况。随着信噪比的增大，非线性项对 r 的影响减弱，其对 $P(\varphi)$ 的影响也减弱，从而使得 $P(\varphi)$ 仍然呈现出类似于不受非线性影响时的钟形形状。

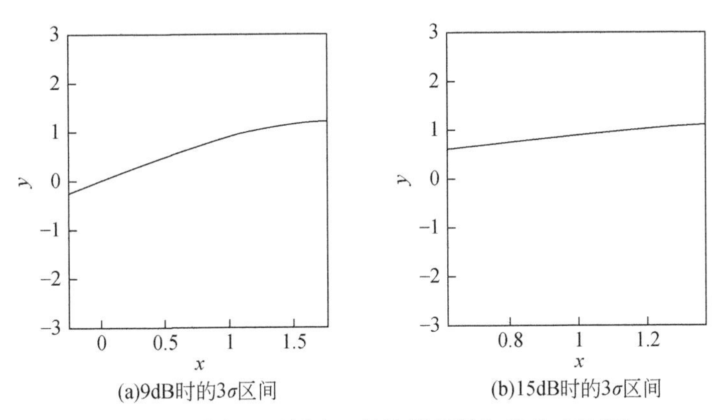

(a)9dB时的3σ区间　　(b)15dB时的3σ区间

图 7-30　不同 3σ 区间内 y 的取值范围(9dB 和 159dB)

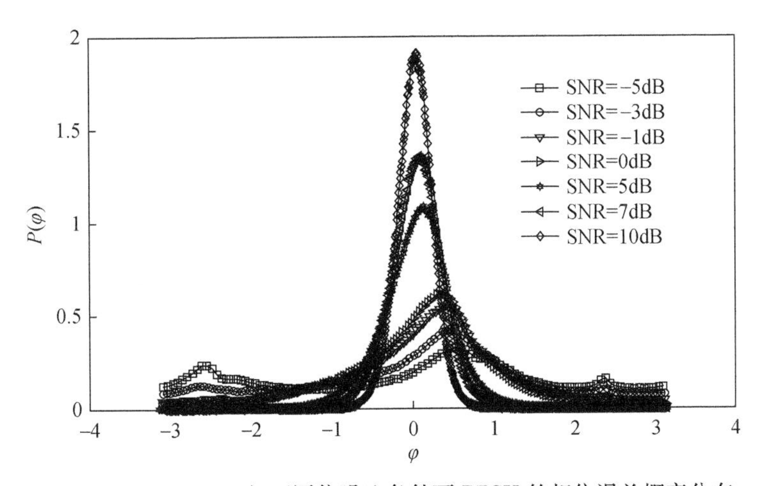

图 7-31　$\alpha = 1/10$ 时，不同信噪比条件下 BPSK 的相位误差概率分布

图 7-32 和图 7-33 分别给出信噪比为−3dB 和 0dB 时，不同 α 值影响下的相位误差概率分布。由图 7-32 和图 7-33 可知，随着 α 的减小，非线性对误差概率分布的影响逐渐削弱。

在 AWGN 信道条件下采用 BPSK 调制，迭代次数设定为 50，图 7-34 给出不同算法在 CCSDS 标准中的(2048，1024)LDPC 码条件下的仿真性能。由图 7-34 可知，在乘法器非线性影响下，如果仍将 BPSK 接收统计量看成高斯分布，译码性能将会削弱。

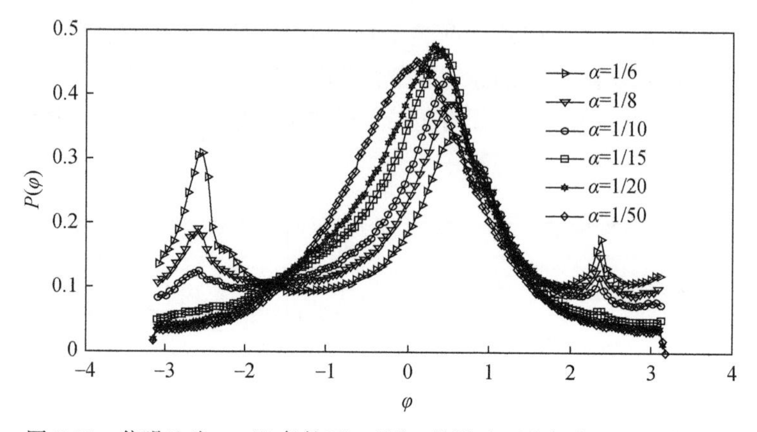

图 7-32　信噪比为−3dB 条件下，不同 α 值影响下的相位误差概率分布

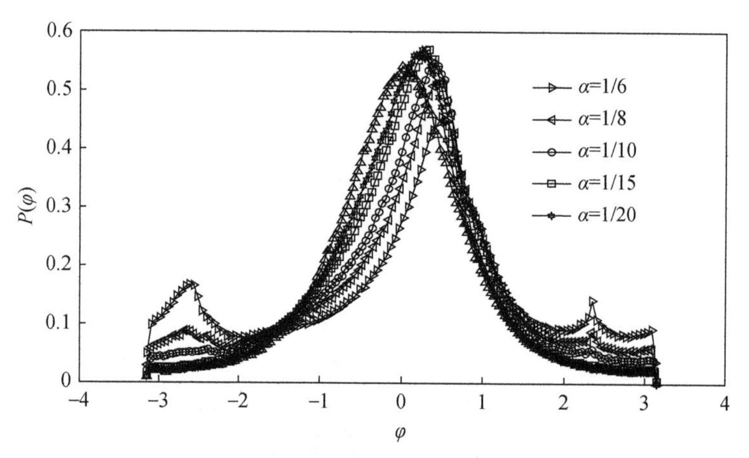

图 7-33　信噪比为 0dB 条件下，不同 α 值影响下的相位误差概率分布

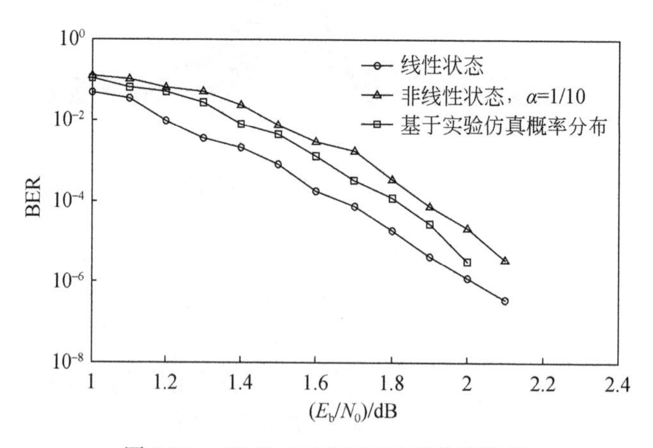

图 7-34　(2048,1024)LDPC 码仿真性能

采用实验仿真得出的概率分布模型能有效地改善译码性能，但由于实验仿真中存在一定的误差，译码结果与线性状态时的性能仍有一定差距。图7-34中E_b/N_0为1dB时对应的SNR约为−2dB；E_b/N_0为2.4dB时对应的SNR约为−0.6dB。

7.6 FQPSK调制

FQPSK调制由Feher发明，受到多项美国专利保护，并专门授权由Digcom公司使用[3,22]。美国国防部三军联合高级靶场遥测项目已经采纳这种调制手段作为其一级调制方法，用于导弹、飞机和靶场测控，取代现有的脉冲编码调制/频率调制(PCM/FM)系统。在原来的基础上，又派生出了不同的信号处理方式，进而出现了FQPSK-KF、DJ-FQPSK、CB-FQPSK等调制方式，经过仿真和分析，得出其性能优于当前占主导地位的调制技术，如π/4-DQPSK(π/4差分正交相移键控)、QPSK及GMSK等。

7.6.1 LJF-QPSK调制

LJF-QPSK调制是FQPSK的前身，它具有良好的频谱效率，它的实施方案以$s_0(t)$和$s_e(t)$两个波形的定义为基础(它们分别是符号间隔$-T_s/2 \leqslant t \leqslant T_s/2$内关于时间的奇函数和偶函数)，然后利用两个函数及其负值$-s_0(t)$和$-s_e(t)$组成的四进制信号集，根据I支路和Q支路输入的符号值与前一个时刻的值的相关性，进行波形选择，然后再进行QPSK调制，调制框图如7-35所示[3]。

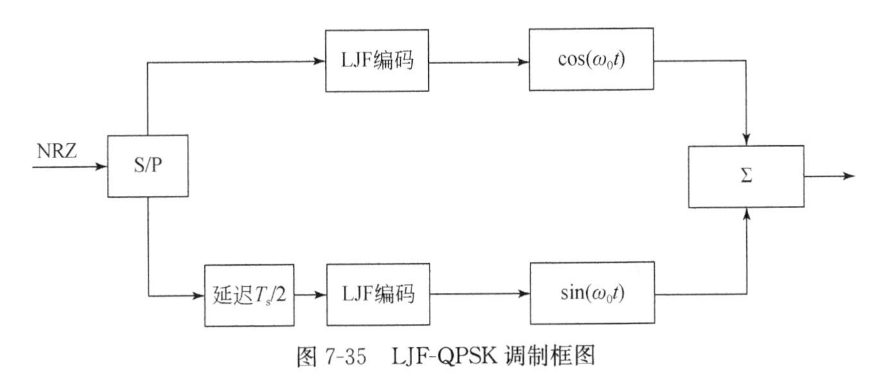

图7-35 LJF-QPSK调制框图

如果用$d_{I,n}$表示$[(n-1)/2]T_s \leqslant t \leqslant [(n+1)/2]T_s$间隔内$I$信道发送的数据符号，那么在同一时间间隔内发送的波形，$x_I(t)$可以确定如下：

$$x_I(t)=s_e(t-nT_s)=s_0(t-nT_s), \quad d_{I,n-1}=1, d_{I,n}=1$$

$$x_I(t)=-s_e(t-nT_s)=s_1(t-nT_s), \quad d_{I,n-1}=-1, d_{I,n}=-1$$

$$x_I(t)=s_0(t-nT_s)=s_2(t-nT_s), \quad d_{I,n-1}=-1, d_{I,n}=1$$

$$x_I(t)=-s_0(t-nT_s)=s_3(t-nT_s),\quad d_{I,n-1}=1,d_{I,n}=-1$$

同样，利用 Q 信道的发送数据 $d_{Q,n}$ 来确定波形的映射，然后延迟半个符号发送。这样可以确保信号的包络没有太大的起伏。$s_0(t)$ 与 $s_e(t)$ 的波形如图 7-36 所示[3]。

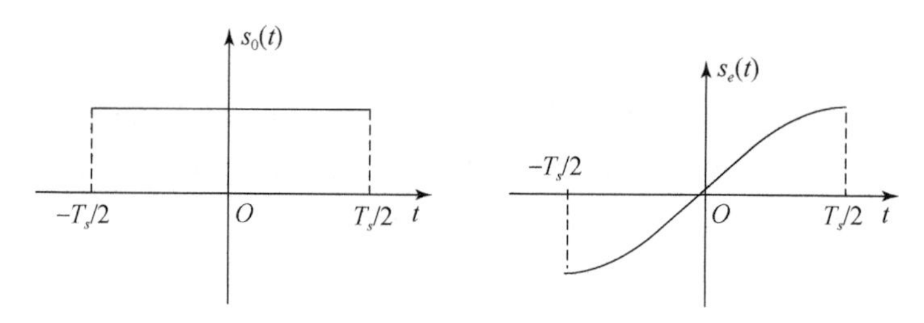

图 7-36　LJF-QPSK 调制映射的基带波形

这种调制方式是一种高带宽的调制方式，但它有 3dB 的包络起伏。

文献[16]把 FQPSK 在每个符号间隔内对 LJF 编码器输出对进行互相关操作，变为在每个符号间隔内直接对 I 和 Q 输入数据序列进行一次映射。为此，定义了时间间隔 $-T_s/2\leqslant t\leqslant T_s/2$ 内的 16 种波形 $s_i(t)(i=0,1,2,\cdots,15)$，它们共同组成 I 信道和 Q 信道的发送信号集。对于每条信道上的任意间隔 T_s，I 波形和 Q 波形的选择取决于该信道上的数据跳变以及另一信道上的两次相继数据跳变。其波形如图 7-37 所示[3]。

波形相对应的表达式如式(7-79)所示，从图 7-37 可以看出，波形近似为两类，为了使波形连续，需遵循一定的交叉相关运算。

$$s_0(t)=A,\quad -\frac{T_s}{2}\leqslant t\leqslant\frac{T_s}{2};\quad s_8(t)=-s_0(t)$$

$$s_1(t)=\begin{cases}A, & -\dfrac{T_s}{2}\leqslant t\leqslant 0\\ 1-(1-A)\cos^2\dfrac{\pi t}{T_s}, & 0\leqslant t\leqslant\dfrac{T_s}{2}\end{cases};\quad s_9(t)=-s_1(t)$$

$$s_2(t)=\begin{cases}1-(1-A)\cos^2\dfrac{\pi t}{T_s}, & -\dfrac{T_s}{2}\leqslant t\leqslant 0\\ A, & 0\leqslant t\leqslant\dfrac{T_s}{2}\end{cases};\quad s_{10}(t)=-s_2(t)$$

$$s_3(t)=1-(1-A)\cos^2\frac{\pi t}{T_s},\quad -\frac{T_s}{2}\leqslant t\leqslant\frac{T_s}{2};\quad s_{11}(t)=-s_3(t)$$

$$s_4(t)=\begin{cases}\sin\dfrac{\pi t}{T_s}+(1-A)\sin^2\dfrac{\pi t}{T_s}, & -\dfrac{T_s}{2}\leqslant t\leqslant 0\\ \sin\dfrac{\pi t}{T_s}-(1-A)\sin^2\dfrac{\pi t}{T_s}, & 0\leqslant t\leqslant\dfrac{T_s}{2}\end{cases};\quad s_{12}(t)=-s_4(t)$$

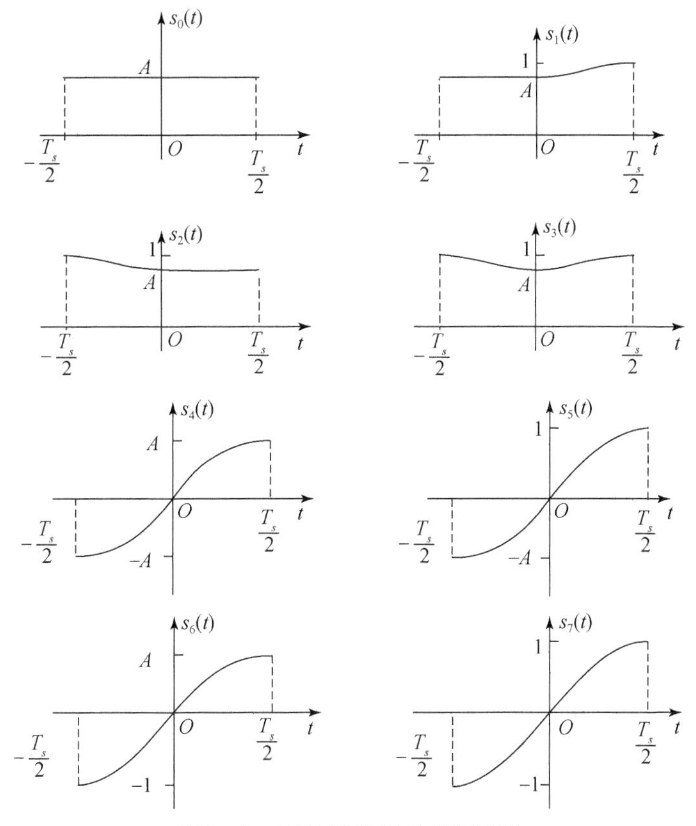

图 7-37　FQPSK 调制的基带波形

$$s_5(t)=\begin{cases}\sin\frac{\pi t}{T_s}+(1-A)\sin^2\frac{\pi t}{T_s}, & -\frac{T_s}{2}\leqslant t\leqslant 0\\ \sin\frac{\pi t}{T_s}, & 0\leqslant t\leqslant\frac{T_s}{2}\end{cases};\quad s_{13}(t)=-s_5(t)$$

$$s_6(t)=\begin{cases}\sin\frac{\pi t}{T_s}, & -\frac{T_s}{2}\leqslant t\leqslant 0\\ \sin\frac{\pi t}{T_s}-(1-A)\sin^2\frac{\pi t}{T_s}, & 0\leqslant t\leqslant\frac{T_s}{2}\end{cases};\quad s_{14}(t)=-s_6(t)$$

$$s_7(t)=\sin\frac{\pi t}{T_s},-\frac{T_s}{2}\leqslant t\leqslant\frac{T_s}{2};\quad s_{15}(t)=-s_7(t) \tag{7-79}$$

这里的 $s_4(t)$、$s_5(t)$、$s_6(t)$ 采用改进的 FQPSK 信号，这种改进的 FQPSK 信号在其中点处斜率是连续的，因而在定义间隔的其他地方的斜率也是连续的，并且在其边界点处保持零斜率，这就保证了这种信号在任何时间都是连续的。同时，由于信号的频谱滚降速率与其平滑度有关，改进的 FQPSK 信号频谱滚降速率显著提高，同时提高了频谱的利用率。

根据 I 和 Q 数据符号序列的跳变特性可以确定映射函数，该函数用来分配式(7-79)集合内选定的第 n 个发信间隔内发送的具体 I 信道和 Q 信道的基带波形。例如，如果 $d_{I,n-1}=1, d_{I,n}=1$（即 I 序列不发生跳变且两数据比特均为正），那么在第 n 个发信间隔 $[(n-1)/2]T_s \leqslant t \leqslant [(n+1)/2]T_s$ 内发送的 I 信道信号 $y_I(t)=s_I(t)$ 选定如下：

如果 $d_{Q,n-2}$ 、$d_{Q,n-1}$ 两者的值相同且 $d_{Q,n-1}$ 、$d_{Q,n}$ 没有引起值的改变，那么 $y_I(t)=s_0(t-nT_s)$ 。

如果 $d_{Q,n-2}$ 、$d_{Q,n-1}$ 两者的值相同且 $d_{Q,n-1}$ 、$d_{Q,n}$ 没有引起值的改变（正向或反向），那么 $y_I(t)=s_1(t-nT_s)$ 。

如果 $d_{Q,n-2}$ 、$d_{Q,n-1}$ 两者的值不同（正向或反向）且 $d_{Q,n-1}$ 、$d_{Q,n}$ 的值相同，那么 $y_I(t)=s_2(t-nT_s)$ 。

如果 $d_{Q,n-2}$ 、$d_{Q,n-1}$ 两者的值不同（正向或反向）且 $d_{Q,n-1}$ 、$d_{Q,n}$ 的值也不相同（正向或反向），那么 $y_I(t)=s_3(t-nT_s)$ 。

7.6.2 FQPSK 调制方案

I 映射和 Q 映射的(0,1)表示法描述为

$$\begin{cases} D_{I,n}=\dfrac{1-d_{I,n}}{2} \\ D_{Q,n}=\dfrac{1-d_{Q,n}}{2} \end{cases} \tag{7-80}$$

这两者都在集合(0,1)内取值。然后，定义索引 i 和 j 的计算方式为

$$\begin{cases} i=I_3\times 2^3+I_2\times 2^2+I_1\times 2^1+I_0\times 2^0 \\ j=Q_3\times 2^3+Q_2\times 2^2+Q_1\times 2^1+Q_0\times 2^0 \end{cases} \tag{7-81}$$

其中

$$\begin{cases} I_0=D_{Q,n}\oplus D_{Q,n-1}; & Q_0=D_{I,n+1}\oplus D_{I,n} \\ I_1=D_{Q,n-1}\oplus D_{Q,n-2}; & Q_1=D_{I,n}\oplus D_{I,n-1} \\ I_2=D_{I,n}\oplus D_{I,n-1}; & Q_2=D_{Q,n}\oplus D_{Q,n-1} \\ I_3=D_{I,n}; & Q_3=D_{Q,n} \end{cases} \tag{7-82}$$

这样可得到 $y_I(t)=s_i(t-nT_s)$ 和 $y_Q(t)=s_j[t-(n+1/2)T_s]$ 。也就是说，在 $y_I(t)$ 的每个符号间隔 $(n-1/2)T_s\leqslant t\leqslant(n+1/2)T_s$ 内以及 $y_Q(t)$ 的 $nT_s\leqslant t\leqslant(n+1)T_s$ 内，根据由式(7-81)和式(7-82)共同定义的索引值，I 信道和 Q 信道的基带信号分别从 16 种信号集 $s_i(t)(i=0,1,2,\cdots,15)$ 中选取。图 7-38 为 FQPSK 调制的图解说明[3]。

图 7-38 中映射的另一种表示是作为 16 态的网格编码，该网格编码有两个二

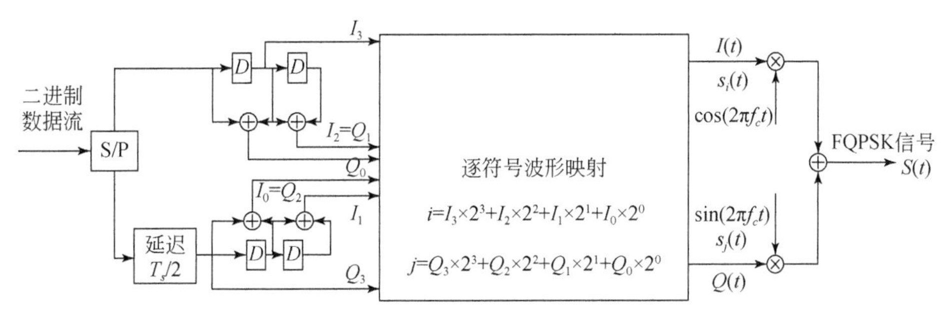

图 7-38　FQPSK 调制的结构图

进制(0,1)输入 $D_{I,n+1}$ 、D_{Qn} 及两个波形输出 $s_i(t)$ 、$s_j(t)$ ，在此状态由四比特序列 D_{In} 、$D_{I,n-1}$ 、$D_{Q,n-1}$ 、$D_{Q,n-2}$ 来确定。这种网格编码也可看成是卷积编码的一种形式，在编码中，可根据编码输出的二进制数转换成十进制数，根据下标 i、j 的值，选择其对应的下标的波形。这种网格可由表 7-2 来表示[3]。

表 7-2　非递归系统卷积编码状态下的网格状态转移

当前状态	输入	输出	下一状态
0 0 0 0	0 0	0 0	0 0 0 0
0 0 0 0	0 1	1 12	0 0 1 0
0 0 0 0	1 0	0 1	1 0 0 0
0 0 0 0	1 1	1 13	1 0 1 0
0 0 1 0	0 0	3 4	0 0 0 1
0 0 1 0	0 1	2 8	0 0 1 1
0 0 1 0	1 0	3 5	1 0 0 1
0 0 1 0	1 1	2 9	1 0 1 1
1 0 0 0	0 0	12 3	0 1 0 0
1 0 0 0	0 1	13 15	0 1 1 0
1 0 0 0	1 0	12 2	1 1 0 0
1 0 0 0	1 1	13 14	1 1 1 0
1 0 1 0	0 0	15 7	0 1 0 1
1 0 1 0	0 1	14 11	0 1 1 1
1 0 1 0	1 0	15 6	1 1 0 1
1 0 1 0	1 1	14 10	1 1 1 1
0 0 0 1	0 0	2 0	0 0 0 0
0 0 0 1	0 1	3 12	0 0 1 0

续表

当前状态	输入	输出	下一状态
0 0 0 1	1 0	2 1	1 0 0 0
0 0 0 1	1 1	3 13	1 0 1 0
0 0 1 1	0 0	1 4	0 0 0 1
0 0 1 1	0 1	0 8	0 0 11
0 0 1 1	1 0	1 5	1 0 0 1
0 0 1 1	1 1	0 9	1 0 1 1
1 0 0 1	0 0	14 3	0 1 0 0
1 0 0 1	0 1	15 15	0 1 1 0
1 0 0 1	1 0	14 2	1 1 0 0
1 0 0 1	1 1	15 14	1 1 1 0
0 1 1 0	0 0	7 6	0 0 0 1
0 1 1 0	0 1	6 10	0 0 1 1
0 1 1 0	1 0	7 7	1 0 0 1
0 1 1 0	1 1	6 11	1 0 1 1
1 1 0 0	0 0	8 1	0 1 0 0
1 1 0 0	0 1	9 13	0 1 1 0
1 1 0 0	1 0	8 0	1 1 0 0
1 1 0 0	1 1	9 12	1 1 1 0
1 1 1 0	0 0	11 5	0 1 0 1
1 1 1 0	0 1	10 9	0 1 1 1
1 1 1 0	1 0	11 4	1 1 0 1
1 1 1 0	1 1	10 8	1 1 1 1
0 1 0 1	0 0	6 2	0 0 0 0
0 1 0 1	0 1	7 14	0 0 1 0
0 1 0 1	1 0	6 3	1 0 0 0
0 1 0 1	1 1	7 15	1 0 1 0
0 1 1 1	0 0	5 6	0 0 0 1
0 1 1 1	0 1	4 10	0 0 1 1
0 1 1 1	1 0	5 7	1 0 0 1
0 1 1 1	1 1	4 11	1 0 1 1
1 1 0 1	0 0	10 1	0 1 0 0
1 1 0 1	0 1	11 13	0 1 1 0

续表

当前状态	输入	输出	下一状态
1 1 0 1	1 0	10 0	1 1 0 0
1 1 0 1	1 1	11 12	1 1 1 0
1 1 1 1	0 0	9 5	0 1 0 1
1 1 1 1	0 1	8 9	0 1 1 1
1 1 1 1	1 0	9 4	1 1 0 1
1 1 1 1	1 1	8 8	1 1 1 1
0 1 0 0	0 0	4 2	0 0 0 0
0 1 0 0	0 1	5 14	0 0 1 0
0 1 0 0	1 0	4 3	1 0 0 0
0 1 0 0	1 1	1 15	1 0 1 0
1 0 1 1	0 0	13 7	0 1 0 1
1 0 1 1	0 1	12 11	0 1 1 1
1 0 1 1	1 0	13 6	1 1 0 1
1 0 1 1	1 1	12 10	1 1 1 1

7.6.3　FQPSK 调制的特性分析

例如，考虑到一个输入序列 $\boldsymbol{x}=(0,1,0,1,1,1,0,0,0,1,0,1,0,0,0,0,1,1,1,0)$；经过串并转化分别得到同相信道输入序列 $\boldsymbol{x}_i=(0,0,1,0,0,0,0,0,1,1)$；正交信道输入序列为 $\boldsymbol{x}_q=(1,1,1,0,1,1,0,0,1,0)$；经过卷积编码的交叉相关运算可得 $\boldsymbol{I}_{\text{out}}=(1,2,0,13,7,2,1,2,1,15,10)$；$\boldsymbol{Q}_{\text{out}}=(12,8,9,7,14,8,4,0,13,6,1)$。我们根据其值选择波形，其中 Q 路波形延迟 I 路波形半个码元周期，这有利于防止码元转换发生大的相位跳变，使调制波形维持恒包络，通过波形选择可得波形如图 7-39 所示[3]。

从图 7-40 可以看出，调制后的波形近似为恒包络。这也说明 FQPSK 调制是一种准恒包络调制，在线性功放中，可以减小其频谱扩张；在数字功放中，对于包络恒定的调制系统，由于功放只随包络变化而改变，因此预失真只需要改变其相位的变化即可。

从图 7-41 的功率谱比较来看，FQPSK 调制的旁瓣衰减快，主瓣比较窄，对相邻频谱信号干扰小。

从图 7-42 可以看出，QPSK 调制方式是将信息序列中一对相邻信息码元的 4 种状态，用 4 个对应的正交相位中的 1 个对载波信号进行相位调制，其调制信号所占的频带只是 BPSK 调制信号的一半，可采用相干解调方式。但是，QPSK 调制信

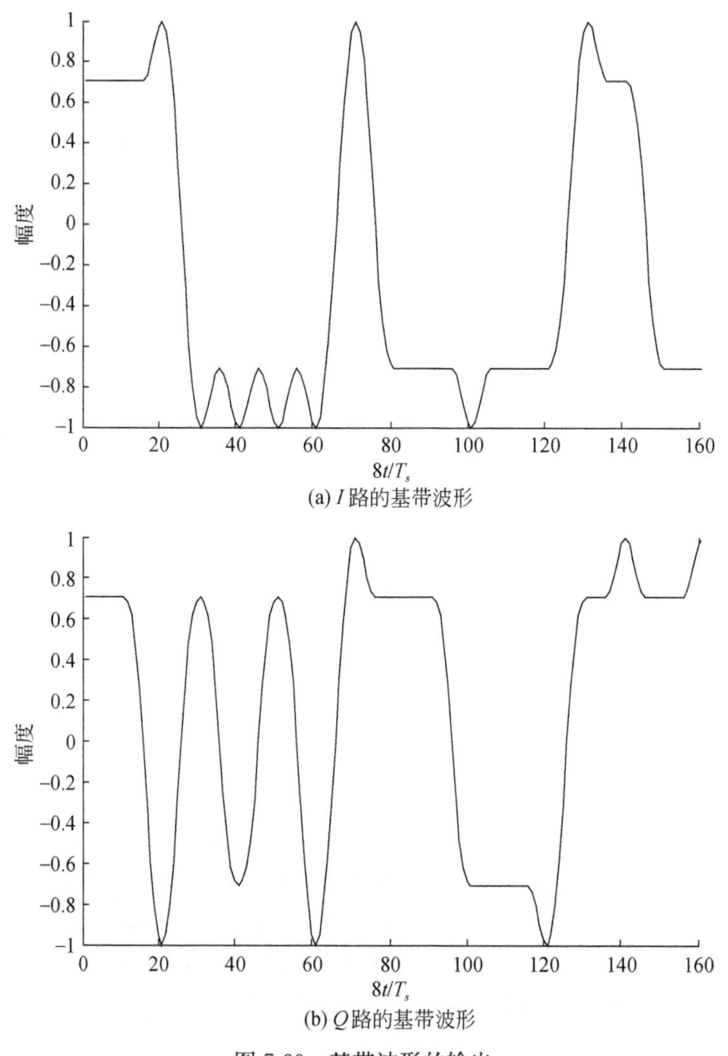

(a) I 路的基带波形

(b) Q 路的基带波形

图 7-39　基带波形的输出

号在码元转换时刻要产生±180°的相位突变，引起调制信号包络起伏变化，使功率谱中高频分量缓慢收敛，带外辐射增加。OQPSK 调制方式是对 QPSK 调制的相位迁移进行修正。由于该调制方式相位迁移不通过原点，包络线的变动比较少，而且不易受到功率放大器的非线性影响，因此其解调方式既可以采用同步检波，也可以采用延迟检波。FQPSK 调制的信号状态轨迹近似为一个圆，只有很小的包络起伏，限带的 QPSK 调制的包络不能保持恒定，相邻符号间可能发生 180°相移时，信号轨迹在对角线上变化，多于限带后可能出现 0 包络。此时，必须采用线性功放，不然会出现频谱扩展，引起邻道干扰，使发送的限带滤波失去作用。

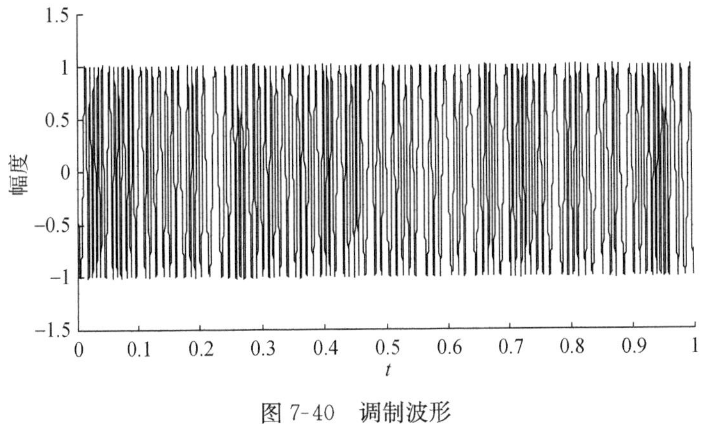

图 7-40　调制波形

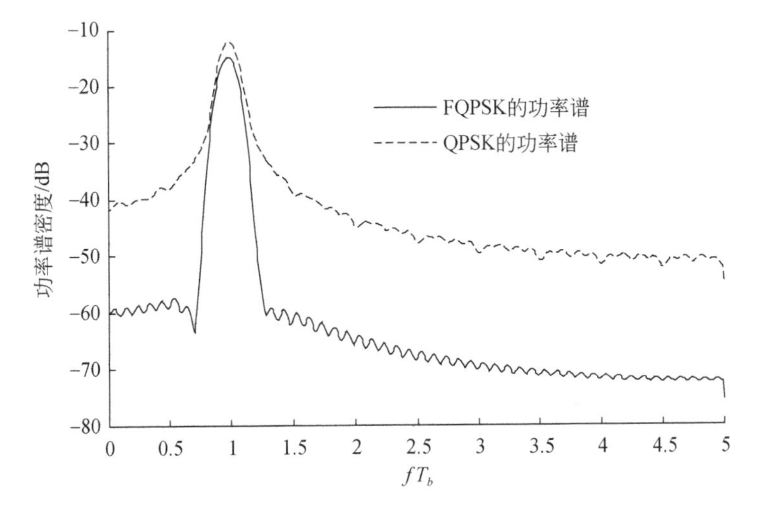

图 7-41　QPSK 与 FQPSK 的功率谱密度比较图

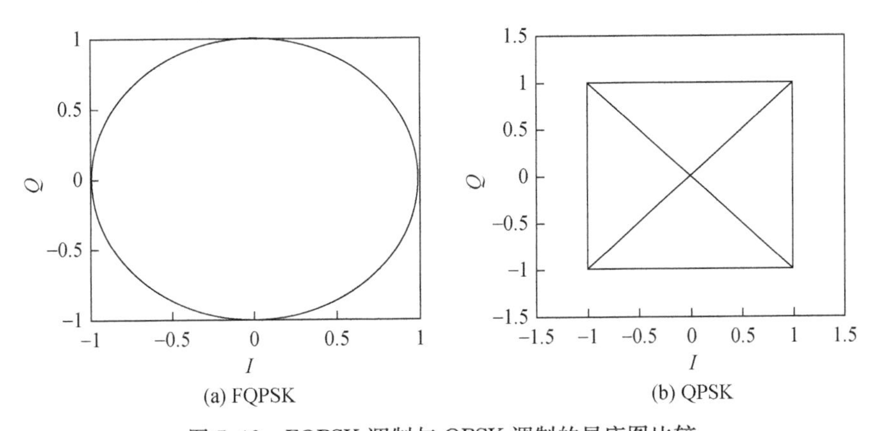

图 7-42　FQPSK 调制与 QPSK 调制的星座图比较

7.6.4 FQPSK 调制的常规解调方法

1. OQPSK 接收机

FQPSK 调制是一种偏移调制方式，同相和正交相偏移 $T_s/2$（即半个符号周期），这使相位跳变为$\pm\pi/2$，这样使我们能很好地分析 FQPSK 调制与 OQPSK 调制的异同点，FQPSK 调制的信号形式可表示[3]为

$$s_{\mathrm{FQPSK}}(t)=I(t)\cos(\omega_0 t)-Q(t)\sin(\omega_0 t) \tag{7-83}$$

其中

$$I(t)=\sum_k s_i(k)(t-kT_s)$$

$$Q(t)=\sum_k s_q(k)(t-T_s/2-kT_s)$$

T_s 是符号周期（是两倍比特周期）。波形 $s_i(k)(t-kT_s)$ 和 $s_q(k)(t-T_s/2-kT_s)$ 是从 16 种可能波形中选择的，并由数据转换决定，在文献[5]中得到描述。$i(k)$ 和 $q(k)$ 的索引是这样的集合：$\{0,1,2,\cdots,15\}$。

考虑到 FQPSK 调制实际上可以看成 OQPSK 调制的一种调制方式，在接收端，可以采用 OQPSK 调制的方式进行解调，检测滤波器的脉冲响应为

$$g(t)=\begin{cases}1, & 0\leqslant t\leqslant T_s\\0, & \text{其他}\end{cases} \tag{7-84}$$

那么，可以采用如图 7-43 所示的 OQPSK 接收机框图[3]，在固定周期内进行抽样判决，就可以得出相应的发送比特。

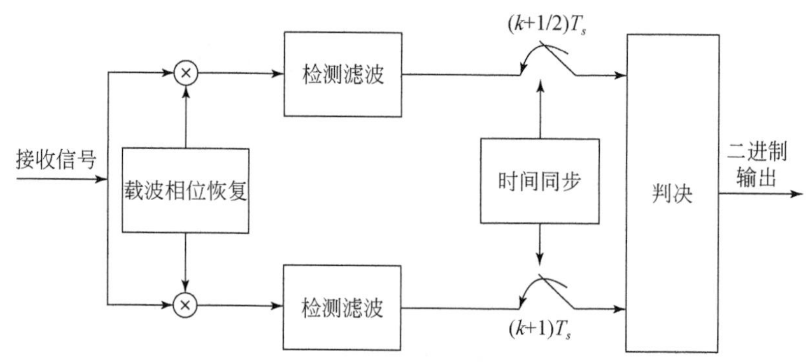

图 7-43　FQPSK 的逐符号检测框图

这种接收机采用接收滤波硬判决的模式来恢复发送信号，在没有噪声的情况下，采用 OQPSK 的接收机，可以得出采样点的分布，如图 7-44 所示。同时，我们也可以考虑波形的平均波形作为接收端的滤波器的脉冲响应，得到一种简化的接

收机模式。而性能比 OQPSK 稍有改进，后面给出性能比较图。这里就不再具体分析。

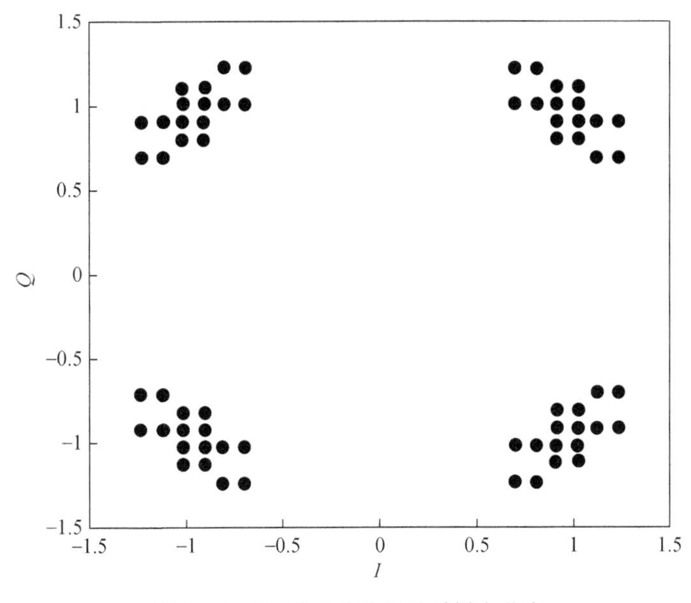

图 7-44　OQPSK 接收机的采样点分布

2. 维特比解调

FQPSK 调制的调制方案采用了卷积编码的方案，所提供的波形相异。因此，在接收端，可以采用波形匹配的滤波器，根据网格的状态转移关系，采用维特比解调方案进行解调。又因为 16 种状态的维特比译码的计算量大而且烦琐，这里只分析一种简化的维特比解调方案[3]。

从图 7-37 可以看出，前 4 种波形相似，后 4 种波形相似，这样，可以考虑波形的匹配滤波器为两种，匹配的波形分别为前、后 4 种波形的平均值，通过这种比较，只有少量的性能损失。这种调制方式利用了调制中的固有记忆特性，网格更为简化和复杂度更低。通过波形的分组，FQPSK 调制的网格编码结构分离成两个独立的 I 和 Q 双太网格。借助这种独立性，不再对 I 和 Q 进行联合判决，而是分别对源自 I 和 Q 解调信号的能量偏置相关性使用独立的 VA[3]。

图 7-45 给出了维特比解调的框图，可以看出这种判决是以最大似然准则为前提，假设通过滤波产生的接收信号 $\boldsymbol{r}=(r_1,r_2,\cdots,r_N)$，该向量包括接收信号波形中的所有有关信息。设发送信号为 s_m，那么判决发送波形，只需根据其最大后验概率大小即可，该后验概率可表示为 $p(s_m/\boldsymbol{r})$，为使其最大，根据贝叶斯规则，后验概率可表示为

$$p(s_m/\boldsymbol{r})=\frac{p(\boldsymbol{r}/s_m)p(s_m)}{p(\boldsymbol{r})}$$

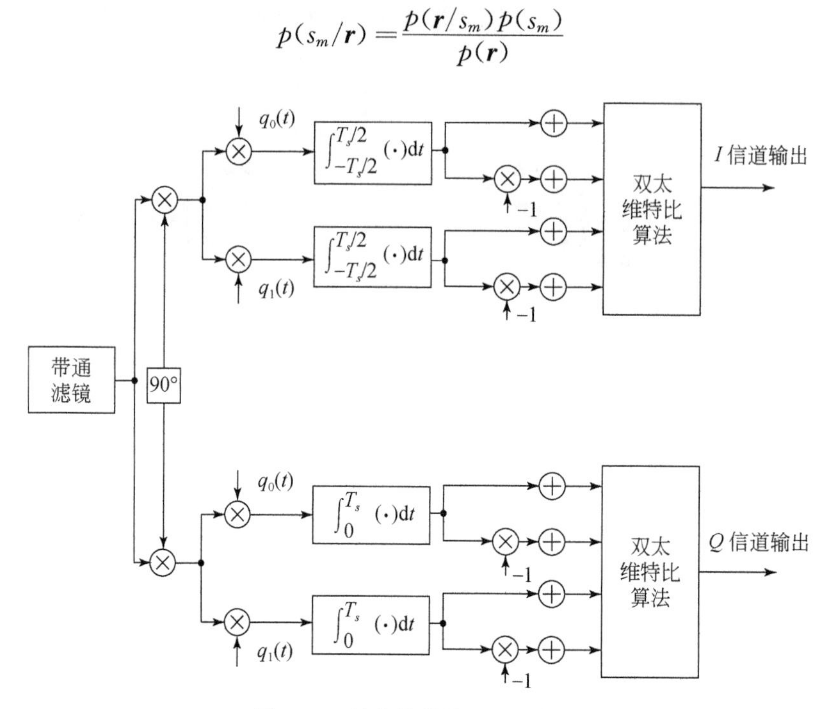

图 7-45　简化的维特比解调框图

当 M 个信号等概分布时，后验概率只与概率密度函数 $p(\boldsymbol{r}/s_m)$ 有关，与接收信号 $p(\boldsymbol{r})$ 无关，那么就变为使 $p(\boldsymbol{r}/\boldsymbol{s}_m)$ 最大。

在 AWGN 信道情况下，对 $p(\boldsymbol{r}/\boldsymbol{s}_m)$ 两边取对数，可以得

$$\ln p(\boldsymbol{r}/\boldsymbol{s}_m)=-\frac{1}{2}N\ln(\pi N_0)-\frac{1}{N_0}\sum_{k=1}^{N}(r_k-s_{mk})^2$$

要使 $p(\boldsymbol{r}/\boldsymbol{s}_m)$ 最大化，等价于找出欧氏距离最小的信号 $\boldsymbol{s}_m$ ，对上式右边，仅与距离相关，对式子展开，便可得

$$\begin{aligned}d(\boldsymbol{r},\boldsymbol{s}_m)&=\sum_{n=1}^{N}r_n^2-2\sum_{n=1}^{N}r_n s_{mn}+\sum_{n=1}^{N}s_{mn}^2\\&=\|\boldsymbol{r}\|^2-2\boldsymbol{r}\cdot\boldsymbol{s}_m+\|\boldsymbol{s}_m\|^2\end{aligned}$$

其中，$d(\boldsymbol{r},\boldsymbol{s}_m)$ 为距离度量；$\|\boldsymbol{r}\|^2$ 为公共量，对于判决没有直接的影响。因此，只需计算后面两项，即可判断出整个序列，要使 $d(\boldsymbol{r},\boldsymbol{s}_m)$ 最小，即使 $2\boldsymbol{r}\cdot\boldsymbol{s}_m-\|\boldsymbol{s}_m\|^2$ 最大，中间项可表示两向量的点积，也可说成是一向量在另一向量上的投影。最后一项为发送波形的能量。因此，对于发送波形，我们可以从相关度来度量，因此，上式可表示为

$$c(r,\boldsymbol{s}_m)=2\int_0^{T_s}\boldsymbol{r}(t)\boldsymbol{s}_m(t)\mathrm{d}t-\varepsilon_m$$

其中，$c(\boldsymbol{r},\boldsymbol{s}_m)$ 为相关度量；ε_m 为波形能量。这样，最大似然检测所得到的能量偏移值可用于下一步的维特比运算，它本身不带记忆特性，只用于维特比算法的状态转移的量度，从图 7-31 可以看出，这里波形采用近似波形匹配，同时，发送波形能量存在差异，这里仅以各自的平均波形的能量为量度，这样，传送给维特比算法的模块，可以直接进行运算，利用状态的转移特性和状态的记忆特性，可以很好地选择最优路径，完成对接收信号的解调，恢复发送信号。

这种接收方案采用近似波形匹配，对于 16 种发送信号，只有微小的性能损失，但运算量却降低了，采用 10bit 的截断路径，就已经能判决传输路径，得到优异的误码性能。

7.7　LDPC 编码的最小频移键控调制

MSK 是调制指数为 1/2 的 CPM，具有良好的频率特性，并可工作在非线性功率放大器最大功率效率的饱和或接近饱和工作区[1,23]。所以，MSK 及其改进形式，在无线、深空通信等场合得到广泛应用，已经被 CCSDS 确立为一种标准调制体制[24]。MSK 调制器可以分解成一个码率为 1/2 的二进制连续相位编码器(continuous phase encoder，CPE)和一个无记忆映射器[25]。将 MSK 与编码进行联合优化，利用 CPE 固有的记忆特性，可以提高系统性能。目前，国内外提出了许多具有网格结构或因子图结构的码与 MSK 调制构成串行或并行级联方案[26,27]。

CPE 有递归和非递归两种形式，为了提高系统增益，CPE 作为内码与外码进行编码级联时，需要采用递归形式[27]。目前，对于外码的选择，国内外研究主要集中在卷积码、LDPC 码、Turbo 码、Turbo 乘积码和重复累积码等[28,29]。其中，与 LDPC 码的串行级联结构，实现简单、性能优异。当外码是 LDPC 码时，如果校验矩阵设计合理，交织器可以忽略，且其与非递归 CPE 级联时，解调与译码之间无需迭代[30,31]。同时递归和非递归 MSK 解调错误模式存在巨大差异，相对而言，非递归形式的错误模式相关性要小很多，对校验矩阵结构性要求要低得多[32]。综合以上考虑，这里采用无交织、无外部迭代译码的非递归 MSK 与 LDPC 码的串行级联。

7.7.1　串行级联系统模型

根据研究目的的不同，基于 LDPC 码的 MSK 串行级联编码调制系统可采用三种方案[28]，本书采用如图 7-46 所示的方案。每一时刻包含 K 个二进制信息比特的序列 $\boldsymbol{U}=(u_1,u_2,\cdots,u_K)$，输入码率为 K/N 的 LDPC 码编码器，输出序列 $\boldsymbol{C}=(c_1,c_2,\cdots,c_N)$，将其送入 MSK 连续相位编码器 CPE。调制指数为 1/2 的 MSK 调制器可以分解成一个码率为 1/2 的 CPE 和一个无记忆映射器，且其分解形式不具有唯一性，有递归和非递归两种形式[25,27]。图 7-47 给出一种非递归实现形式，序列 C 经过码率为 1/2 的 CPE 编码后，输出新的序列 $\boldsymbol{C}'=(c'_1,c'_2,\cdots,c'_N)$，其中，$c'_k=(c'_{k,1},c'_{k,2})$。无记忆映射器的映射规则以文献[27]作为参考，最终将得到的波形序列 $\boldsymbol{Y}(t)=(y_1(t),y_2(t),\cdots,y_N(t))$ 送入信道，其中，$y_k(t)=M(c'_k)$。

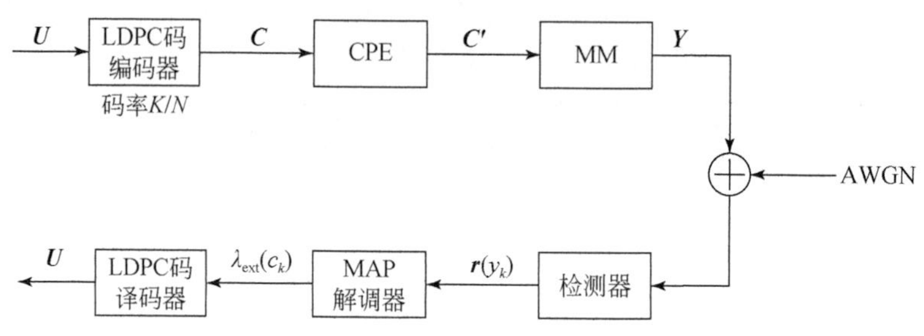

图 7-46 基于 LDPC 码的 MSK 串行级联编码调制系统

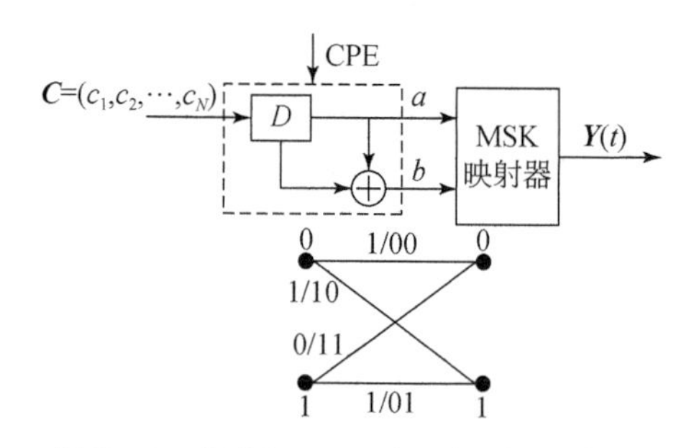

图 7-47 非递归 MSK 实现框图和网格图

设发送的已调波形为

$$s_0(t)=\sqrt{\frac{2E}{T}}\cos(2\pi f_1 t),\quad s_1(t)=\sqrt{\frac{2E}{T}}\cos(2\pi f_2 t) \tag{7-85}$$

且由于其具有正交性和发送能量相等的特性，现设其能量为 E。在高斯信道下，其接收机和接收机网格图如图 7-48 所示，其中

$$s_2(t)=-s_0(t),\quad s_3(t)=-s_1(t) \tag{7-86}$$

接收信号 $r(t)=\boldsymbol{Y}(t)+n(t)$，$n(t)$ 是加性高斯白噪声。接收信号经相关检测器处理后，得到接收序列 $\boldsymbol{r}=\boldsymbol{r}_1^N=(\boldsymbol{r}_1,\boldsymbol{r}_2,\cdots,\boldsymbol{r}_l,\cdots,\boldsymbol{r}_N)$，其中，$\boldsymbol{r}_l=(\boldsymbol{r}_{l,1},\boldsymbol{r}_{l,2},\boldsymbol{r}_{l,3},\boldsymbol{r}_{l,4})$。MAP 判决器根据检测器输入的序列 $\boldsymbol{r}$ 得到译码所需要的比特对数似然比外信息 $\lambda_{\text{ext},l}$，并将其作为先验信息，送入 LDPC 码译码器，译码器内部经过一定次数的迭代之后，最终判决得到比特信息 $\boldsymbol{U}$。

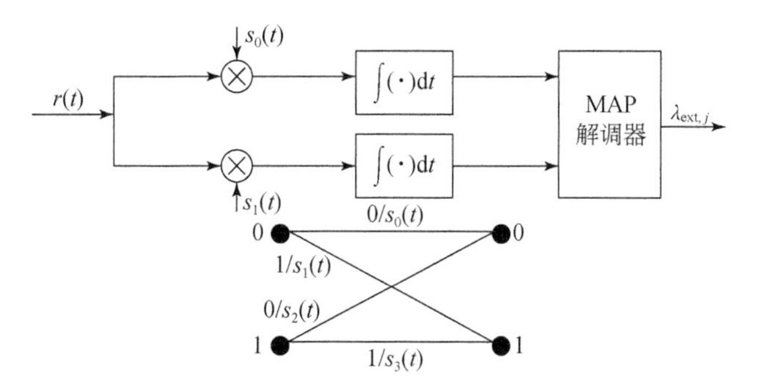

图 7-48　MSK 的 MAP 接收机及接收机网格图

7.7.2　MAP 算法及比外信息提取方法

在图 7-48 中的 MAP 解调器中，$\boldsymbol{r}=\boldsymbol{r}_1^N=(\boldsymbol{r}_1,\boldsymbol{r}_2,\cdots,\boldsymbol{r}_l,\cdots,\boldsymbol{r}_N)$，其中，$\boldsymbol{r}_l=(r_{l,1},r_{l,2},r_{l,3},r_{l,4})$。定义二进制符号 u_k 的先验信息和对数似然比信息分别为

$$\lambda=L(u_l)=\log\left[\frac{P(u_l=0)}{P(u_l=1)}\right] \tag{7-87}$$

$$\lambda_{l,r}=L(u_l\mid \boldsymbol{r})=\log\left[\frac{P(u_l=0\mid \boldsymbol{r})}{P(u_l=1\mid \boldsymbol{r})}\right] \tag{7-88}$$

运用 BCJR 算法[33]对式(7-88)进行推导可得

$$\lambda_{l,r}=\ln\left[\frac{\sum\limits_{(s',s)\in\Omega_l^+}p(s_l=m',s_{l+1}=m,\boldsymbol{r})}{\sum\limits_{(s',s)\in\Omega_l^-}p(s_l=m',s_{l+1}=m,\boldsymbol{r})}\right] \tag{7-89}$$

其中，s_l 和 s_{l+1} 分别表示 l 和 $l+1$ 时刻编码器的状态；Ω_l^+ 表示 l 时刻输入比特 $u_k=0$ 的所有状态转移的集合。而

$$p(s_l=m',s_{l+1}=m,\boldsymbol{r})=\alpha_l(m')\gamma_l(m',m)\beta_l(m) \tag{7-90}$$

其中，$\alpha_l(m')=p(m',\boldsymbol{r}_{t<l})$ 为前向递推；$\beta_l(m)=p(\boldsymbol{r}_{t>l}\mid m)$ 为后向递推；$\gamma_l(m',m)=p(m,r_l\mid m')$ 为状态 s' 与 s 之间的分支转移概率。

这三者满足如下关系：

$$\begin{cases}\alpha_{l+1}(m)=\sum\limits_{m'\in\delta_l}\gamma(m,m')\alpha_l(m')\\ \beta_l(m')=\sum\limits_{m\in\delta_{l+1}}\gamma_l(m',m)\beta_{l+1}(m)\end{cases} \tag{7-91}$$

其中，δ_l 表示 l 时刻所有与 $l+1$ 时刻的状态 s 连接的状态的集合；δ_{l+1} 表示 $l+1$ 时刻所有与 l 时刻的状态 m 连接的状态的集合。对分支转移概率 $\gamma_l(m',m)$ 变换可得

$$\gamma_l(m',m)=p\{s_{l+1}=m \mid s_l=m'\}p\{r_l \mid s_{l+1}=m,s_l=m'\}=p\{u_k\}p\{r_l \mid u_k\} \tag{7-92}$$

其中，$p\{u_k\}$ 是发送比特的先验概率；$p\{r_l \mid u_k\}$ 是由信道转移概率决定的。若信源发送比特先验等概,则根据图 7-48 所示的网格图可得

$$\begin{cases}\gamma_l(0,0)=p(r_l/s_0(t))\\ \gamma_l(0,1)=p(r_l/s_1(t))\\ \gamma_l(1,0)=p(r_l/s_2(t))\\ \gamma_l(1,1)=p(r_l/s_3(t))\end{cases} \tag{7-93}$$

现详细推出式(7-93)中的各个分支转移概率。假设发送信号为 $s_0(t)$，接收信号为

$$r(t)=s_0(t)+n(t)$$

其中，$n(t)$ 是均值为 0，方差为 σ^2 的加性高斯白噪声。则相关检测器在 l 时刻的输出 $r_l=(r_{l,1},r_{l,2},r_{l,3},r_{l,4})$，由正交性和发送信号能量相等的特性有

$$\begin{cases}r_{l,1}=\int_{kT}^{(k+1)T}r(t)s_0(t)\mathrm{d}t=E+n_0\\ r_{l,2}=\int_{kT}^{(k+1)T}r(t)s_1(t)\mathrm{d}t=n_1\\ r_{l,3}=\int_{kT}^{(k+1)T}r(t)s_2(t)\mathrm{d}t=-r_{l,1}\\ r_{l,4}=\int_{kT}^{(k+1)T}r(t)s_3(t)\mathrm{d}t=-r_{l,2}\end{cases}$$

其中，n_i 的方差为

$$\begin{aligned}\sigma_i^2&=E(n_i^2)\\ &=\int_0^T\int_0^T s_i(t)s_i(\tau)E[N_i(t)N_i(\tau)]\mathrm{d}t\mathrm{d}\tau\\ &=\sigma^2\int_0^T\int_0^T s_i(t)s_i(\tau)\delta(t-\tau)\mathrm{d}t\mathrm{d}\tau\\ &=\sigma^2\int_0^T s_i^2(t)\mathrm{d}t\\ &=\sigma^2E_i=\sigma^2E\end{aligned}$$

则有 $n_i\sim N(0,\sigma^2E)(i=0,1)$，那么有

$$\begin{aligned}\gamma_l(0,0)&=p[r_l/s_0(t)]\\ &=\prod_{i=1}^{4}p[r_{l,i}/s_0(t)]\\ &=\frac{1}{(2\pi\sigma^2)^2E^2}\exp\left[-\frac{(r_{l,1}-E)^2+(r_{l,3}+E)^2}{2\sigma^2E}\right]\exp\left(-\frac{r_{l,2}^2+r_{l,4}^2}{2\sigma^2E}\right)\end{aligned} \tag{7-94}$$

由于 $r_{l,1}$ 与 $r_{l,3}$ 符号相异，$r_{l,2}$ 与 $r_{l,4}$ 符号相异，式(7-94)可简化为

$$\gamma_l(0,0)=\frac{1}{(2\pi\sigma^2)^2E^2}\exp\left(-\frac{r_{l,1}^2-2r_{l,1}E+E^2+r_{l,2}^2}{\sigma^2E}\right) \tag{7-95}$$

同理可得

$$\gamma_l(0,1)=\frac{1}{(2\pi\sigma^2)^2E^2}\exp\left(-\frac{r_{l,2}^2-2r_{l,2}E+E^2+r_{l,1}^2}{\sigma^2E}\right) \tag{7-96}$$

$$\gamma_l(1,0)=\frac{1}{(2\pi\sigma^2)^2E^2}\exp\left(-\frac{r_{l,1}^2+2r_{l,1}E+E^2+r_{l,2}^2}{\sigma^2E}\right) \tag{7-97}$$

$$\gamma_l(1,1)=\frac{1}{(2\pi\sigma^2)^2E^2}\exp\left(-\frac{r_{l,2}^2+2r_{l,2}E+E^2+r_{l,1}^2}{\sigma^2E}\right) \tag{7-98}$$

将上述四式中对性能无影响的公共部分去除，得到经过简化的分支转移概率为

$$\begin{cases}\gamma'_t(0,0)=\mathrm{e}^{\frac{2r_{l,1}}{\sigma^2}}, & \gamma'_t(0,1)=\mathrm{e}^{\frac{2r_{l,2}}{\sigma^2}}\\ \gamma'_t(1,1)=\mathrm{e}^{-\frac{2r_{l,2}}{\sigma^2}}, & \gamma'_t(1,0)=\mathrm{e}^{-\frac{2r_{l,1}}{\sigma^2}}\end{cases} \tag{7-99}$$

根据式(7-99)中的分支转移概率和 $\alpha_l(m')$、$\beta_l(m)$ 初始状态的设定，结合式(7-89)～式(7-91)完成对式(7-88)的计算[33]。

在 l 时刻，比特 u_l 的内部信息可表示为

$$\lambda_{\text{int}}=L(u_l\mid r_l)=\log\left[\frac{P(u_l=0\mid r_l)}{P(u_l=1\mid r_l)}\right] \tag{7-100}$$

定义

$$\begin{cases}S(u_l=0)=\{i:y_l(t)=M(u_l=0)=s_i(t)\}\\ S(u_l=1)=\{i:y_l(t)=M(u_l=1)=s_i(t)\}\end{cases} \tag{7-101}$$

根据图7-48的网格图结构，式(7-100)可以表示为

$$\lambda_{\text{int}}=\log\left[\frac{\sum\limits_{S(u_l=0)}p(s_i(t)\mid r_l)}{\sum\limits_{S(u_l=1)}p(s_i(t)\mid r_l)}\right] \tag{7-102}$$

同样，当发送波形符号先验等概率时，式(7-100)可以变为

$$\lambda_{\text{int}}=\log\left[\frac{\sum\limits_{S(u_l=0)}p(r_l\mid s_i(t))}{\sum\limits_{S(u_l=1)}p(r_l\mid s_i(t))}\right] \tag{7-103}$$

将式(7-95)～式(7-98)代入式(7-103)，化简后可得

$$\lambda_{\text{int}}=\log\left[\frac{\gamma'_t(0,0)+\gamma'_t(1,0)}{\gamma'_t(0,1)+\gamma'_t(1,1)}\right] \tag{7-104}$$

由式(7-88)和式(7-104)可得比特外信息 $\lambda_{\text{ext},l}$ 的精确表示为

$$\lambda_{\text{ext},l}=\lambda_{l,r}-\lambda_{\text{int}}$$

利用雅可比(Jacobian)对数计算公式可以简化式(7-104)的运算为

$$\log(\mathrm{e}^x+\mathrm{e}^y)=\max(x,y)+\log[1+\exp(-|x-y|)] \tag{7-105}$$

当 $|x-y|\gg 1$ 时,可以有近似式:

$$\log(\mathrm{e}^x+\mathrm{e}^y)\approx\max(x,y)$$

则在此近似关系成立的条件下(实际为高信噪比条件下),式(7-104)可近似表示为

$$\lambda_{\text{int}}\approx\log\left[\frac{\max\left(\frac{2r_{l,1}}{\sigma^2},-\frac{2r_{l,1}}{\sigma^2}\right)}{\max\left(\frac{2r_{l,2}}{\sigma^2},-\frac{2r_{l,2}}{\sigma^2}\right)}\right] \tag{7-106}$$

最终,得到的式(7-88)与式(7-106)关于比特 u_l 外信息的近似表示为

$$\lambda_{\text{ext},l}\approx\lambda_{l,r}-\log\left[\frac{\max\left(\frac{2r_{l,1}}{\sigma^2},-\frac{2r_{l,1}}{\sigma^2}\right)}{\max\left(\frac{2r_{l,2}}{\sigma^2},-\frac{2r_{l,2}}{\sigma^2}\right)}\right] \tag{7-107}$$

式(7-107)作为 MAP 解调器的输出,将作为和积算法(sum-product algorithm)的比特先验信息,被输入 LDPC 码译码器。

7.8 卷积编码的 FQPSK 调制

文献[34]中提出了三种基于卷积码的 FQPSK-B 级联结构,包括两种串行级联结构和一种并行级联结构,本书采用如图 7-49 所示的串行级联方案。每一时刻包含 K 个二进制信息比特的序列 $\boldsymbol{U}=(u_1,u_2,\cdots,u_K)$ 输入码率为 K/N 的卷积码编码器,输出序列 $\boldsymbol{C}=(c_1,c_2,\cdots,c_N)$,将其送入 FQPSK 网格编码器。网格编码器有递归和非递归两种形式[1],如图 7-50 所示。为了获得编码增益,本书采用递归形式。序列 $\boldsymbol{U}_2$ 经编码和调制映射后,产生基带波形序列 $\boldsymbol{C}_2=(y_1(t),y_2(t),\cdots,y_{N/2}(t))$,其中,$y_k(t)=M(c'_k)=S_{I,k}(t)+\mathrm{j}S_{Q,k}(t)$。

7.8.1 FQPSK 的外信息提取

现存文献都运用 BCJR 算法对其进行解调,但并未得到比特似然比外信息。本小节首先详细论述了该算法,并给出比特外信息的提取方法。

FQPSK 调制共有 16 种基带波形 $s_i(t)(i=0,1,2,\cdots,15)$,根据波形相似性将其分为四类 $q_i(t)(i=0,1,2,3)$[31],其中

$$q_0(t)=\frac{1}{4}\sum_{i=0}^{3}s_i(t),\quad q_1(t)=\frac{1}{4}\sum_{i=4}^{7}s_i(t),\quad q_2(t)=-q_0(t),\quad q_3(t)=-q_1(t) \tag{7-108}$$

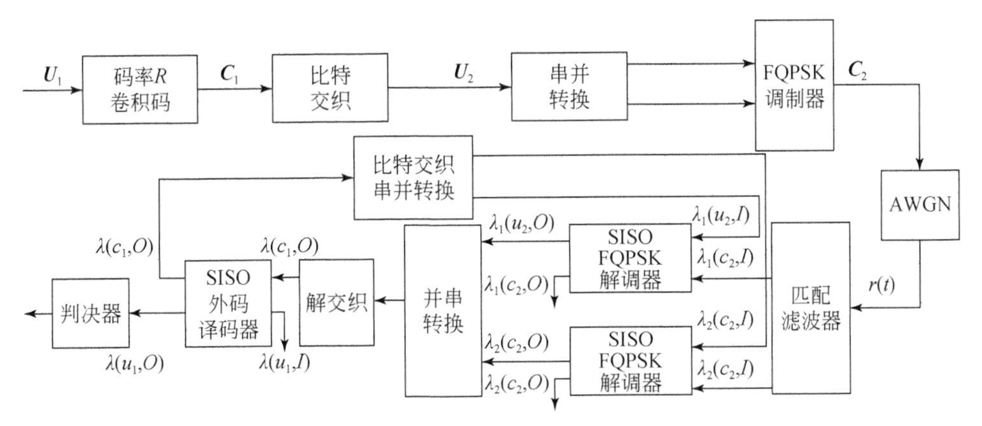

图 7-49　卷积编码的 FQPSK 串行级联系统

经过简化之后的基带波形集为二维信号，根据图 7-50 中的映射关系，发送波形看成是 4 种波形，且记忆长度为 1，正交信道和同相信道完全独立，由此得出简化的接收机的网格图如图 7-51 所示。

经简化处理后，同相信道和正交信道的调制和检测已相互独立，可以不加以区分，以下分析对同相信道和正交信道同时适用。接收信号 $r(t)=C_2+n(t)$，$n(t)$ 是均值为 0、方差为 σ^2 的加性高斯白噪声。$r(t)$ 经相干检测器处理后，在每一路中得到接收序列 $\boldsymbol{r}=\boldsymbol{r}_1^{N/2}=(\boldsymbol{r}_1,\cdots,\boldsymbol{r}_k,\cdots,\boldsymbol{r}_{N/2})$，其中，$\boldsymbol{r}_k=(r_{k,1},r_{k,2},r_{k,3},r_{k,4})$。在 BCJR 算法中，分支度量定义为

$$\begin{aligned}\gamma_k(s',s)&=p(S_k=s;\boldsymbol{r}_k\mid S_{k-1}=s')\\&=p(S_k=s\mid S_{k-1}=s')p(\boldsymbol{r}_k\mid S_k=s,S_{k-1}=s')\\&=p(u_k)p(\boldsymbol{r}_k\mid u_k)=p(u_k)p(\boldsymbol{r}_k\mid q_i^k(t))\end{aligned}\tag{7-109}$$

其中，$q_i^k(t)$ 表示由 $(S_k=s,S_{k-1}=s')$ 决定的发送基带波形。在文献[35]中已得

$$p(\boldsymbol{r}_k\mid q_0^k(k))=A\exp\left(-\frac{-2r_{k,1}+E_0}{\sigma^2}\right),\quad p(\boldsymbol{r}_k\mid q_1^k(k))=A\exp\left(-\frac{2r_{k,2}+E_1}{\sigma^2}\right)$$

$$p(\boldsymbol{r}_k\mid q_2^k(k))=A\exp\left(-\frac{2r_{k,1}+E_0}{\sigma^2}\right),\quad p(\boldsymbol{r}_k\mid q_3^k(k))=A\exp\left(-\frac{-2r_{k,2}+E_1}{\sigma^2}\right)\tag{7-110}$$

其中，$A=\dfrac{1}{(2\pi\sigma^2)^2E_0E_1}\exp\left(-\dfrac{r_{k,1}^2E_1+r_{k,2}^2E_0}{\sigma^2E_0E_1}\right)$ 为常量。定义关于 u_k 的先验信息为 $L^e(u_k)=\ln\dfrac{p(u_k=1)}{p(u_k=0)}$，在本书的卷积编码的 FQPSK 系统中，其由卷积码 SISO 译码器提供。则有 $p(u_k)=B_k\exp[u_kL^e(u_k)]$，其中 $B_k=\dfrac{1}{1+\exp[L^e(u_k)]}$ 为常量。则式(7-109)可变为 $\gamma_k(s',s)=AB_k\exp[u_kL^e(c_k)]\gamma_k'(s',s)$，其中 $\gamma_k'(s',s)$ 表

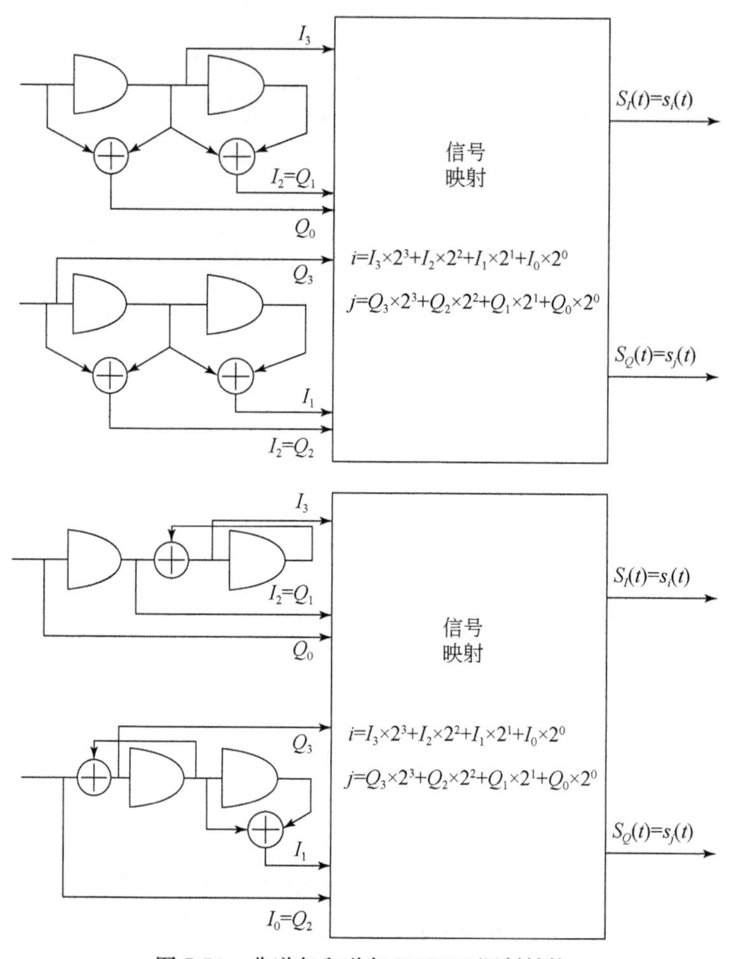

图 7-50　非递归和递归 FQPSK 调制结构

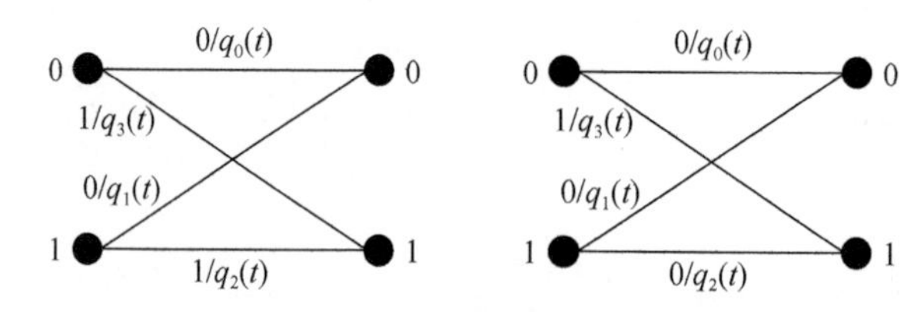

图 7-51　非递归和递归 FQPSK 网格图

示式(7-110)中的指数部分。则有

$$\lambda_{k,r}=\ln\left[\frac{P(c_k=1\mid \boldsymbol{r})}{P(c_k=0\mid \boldsymbol{r})}\right]=\ln\left[\frac{\sum\limits_{(s',s)\in\Omega_k^+}\alpha_k(s')\gamma_k(s',s)\beta_k(s)}{\sum\limits_{(s',s)\in\Omega_k^-}\alpha_k(s')\gamma_k(s',s)\beta_k(s)}\right]$$
$$=L^e(u_k)+\ln\left[\frac{\sum\limits_{(s',s)\in\Omega_k^+}\alpha_k(s')\gamma'_k(s',s)\beta_k(s)}{\sum\limits_{(s',s)\in\Omega_k^-}\alpha_k(s')\gamma'_k(s',s)\beta_k(s)}\right]=L^e(u_k)+\lambda_{\text{ext},k} \tag{7-111}$$

其中，$\lambda_{\text{ext},k}$ 可作为比特先验信息，经并串转换和解交织后输入卷积码译码器。

在级联迭代译码系统中，SISO 译码器得到的外信息有两种不同的使用方案。Berrou 等把外信息作为高斯分布的随机变量来处理，Robertson 等把外信息用来更新另一个成员译码器的先验信息，后者在 Turbo 迭代中的性能在整体上要略优于前者[36]，本书也采用 Robertson 方案。

7.8.2　改善系统迭代检测收敛性的方法

1. 系统的正反馈现象

在传统的迭代译码过程中，两个子译码器之间的外信息直接传递，可以称为简单传递法或直接传递法。当帧长较短时，交织深度不够，突发错误的可能性增大，外信息振荡加剧，随着迭代过程的不断进行，外信息的相互传递已经变成一种正反馈，导致系统性能基本保持不变或反复振荡，这种现象称为正反馈现象[36]。一系列仿真表明正反馈现象在本书的迭代系统中同样存在。图 7-52 为 AWGN 信道下，不同迭代次数时，帧长为 256 和 512 时的系统收敛性能曲线。其中，卷积码码率为 1/2，生成多项式为(7,5)，随机交织，每个信噪比点采集 2000 个错误比特。由图 7-52 可以看出，在两个短帧系统的瀑布区，在最初几次迭代中，误比特率迅速下降，而达到一定的迭代次数之后，正反馈现象加剧，系统性能基本保持不变或振荡严重。可见，正反馈现象是影响本书迭代系统性能的一个关键因素。

2. 比特外信息加权处理方案

文献[36]和文献[37]分别对基于卷积码和 LDPC 码的 CPM 串行级联迭代系统外信息进行指数形式[38]加权，通过削弱正反馈现象来改善系统性能。为了研究方便，本书只考虑对解调器输出的外信息进行加权处理，并未对 SISO 卷积码译码器输出的外信息进行加权。文献[38]中的指数形式加权处理对收敛性的改善并不明显。针对本书的串行级联迭代系统，现提出线性加权法。本方法对式(7-111)中的 $\lambda_{\text{ext},k}$ 进行加权，得到新的外信息 $\lambda'_{\text{ext},k}$ 后再传递给 SISO 卷积码译码器：$\lambda'_{\text{ext},k}=$

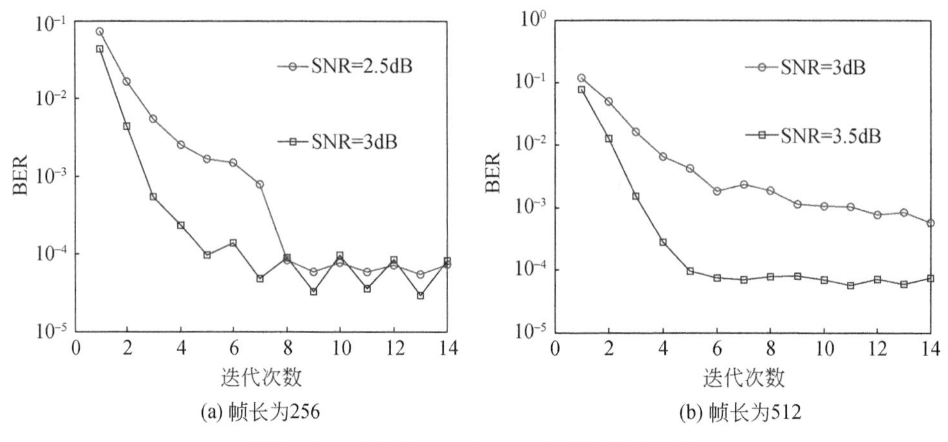

图 7-52　帧长为 256 和 512 时系统收敛性能

$\varphi(\lambda_{\text{ext},k})\lambda_{\text{ext},k}$。这里 $\varphi(\lambda_{\text{ext},k})$ 为 $\lambda_{\text{ext},k}$ 的函数，即外信息加权系数。取 $\varphi(\lambda_{\text{ext},k})=\omega$，其中，$\omega$ 是一个大于 0、不大于 1 的常数。当 $\omega=1$ 时，即变为传统的外信息直接传递法。在特定迭代次数和信噪比条件下最优的加权系数可以通过蒙特卡罗仿真得到。

显然，相对于文献[38]中的指数形式加权，该方案实现更为简单。其物理意义为：随着迭代过程的不断进行，SISO 译码器输出的 $\lambda_{\text{ext},k}$ 可认为近似服从高斯分布[12]，经过合适的加权处理，$\lambda_{\text{ext},k}$ 的方差降低，其波动性自然得到有效削弱。从另外一个角度来讲，有效的线性加权处理能将外信息幅度 $|\lambda_{\text{ext},l}|$ 降低到一个合理的范围之内，从而减小比特位概率的波动性。具体的实现框图如图 7-53 所示。需要特别指出的是，ω 的取值不能过小，否则将会有 $\lambda'_{\text{ext},k}\approx 0$，从而每次迭代时输入 SISO 卷积码译码器的先验信息趋于等概，迭代检测失去意义，大量译码错误也随之发生。

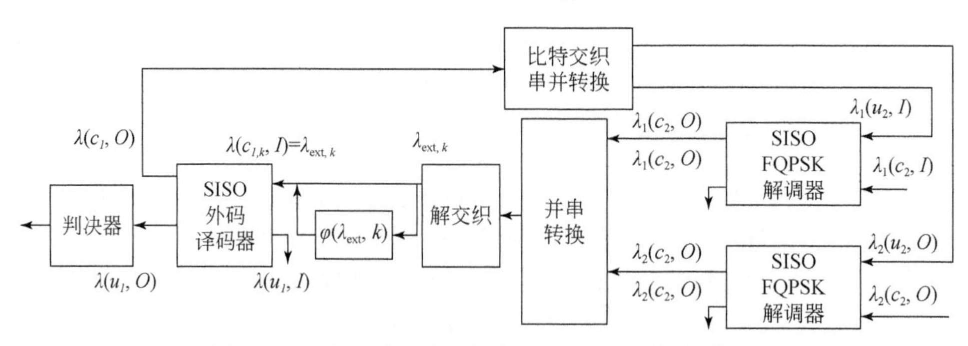

图 7-53　经加权处理的卷积编码 FQPSK 迭代检测框图

7.8.3　仿真结果与统计分析

所采用的仿真参数如下：

(1)FQPSK-B的各接收机性能仿真时发送帧长为1024，在AWGN信道条件下，每个信噪比点采集1000个错误比特。

(2)串行级联系统中，卷积码码率为1/2，生成多项式为(7,5)，帧长为1024，随机交织。在AWGN信道条件下，每个信噪比点采集2000个错误比特。

1. FQPSK-B接收机性能比较

图7-54为3种不同接收机误比特率性能曲线，表7-3为误比特率为10^{-5}时，3种FQPSK-B接收机性能与理想OQPSK性能损耗的比较。通常带宽利用率的提高必然伴随着检测性能的损失，从图7-54和表7-3可见，FQPSK-B同样存在此种现象。

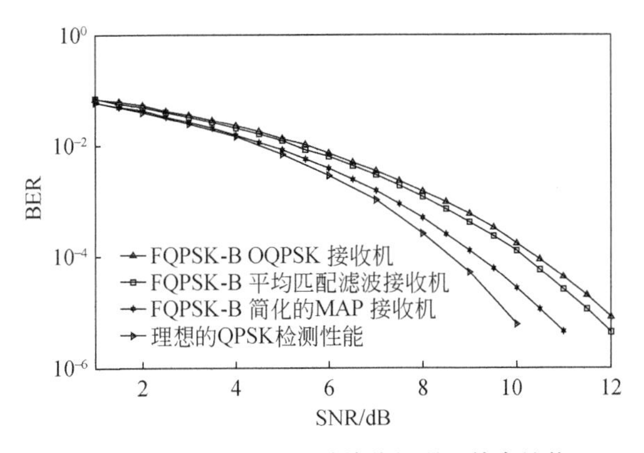

图7-54　FQPSK-B三种接收机误比特率性能

表7-3　BER=10^{-5}时，3种FQPSK-B接收机性能与理想OQPSK性能损耗的比较

接收机	理想QPSK检测性能	简化的MAP接收机	平均匹配滤波接收机	传统OQPSK接收机
SNR/dB	9.6	10.7	11.6	11.9
性能损耗/dB	—	1.1	2.0	2.3

2. 寻找最优加权系数

图7-55为传统方法不同迭代次数时的误比特率性能曲线，由图7-55可知，系统性能在迭代4次时受正反馈现象影响最为严重。在信噪比为3dB以后，性能下降缓慢，出现错误平层现象。当信噪比高于3.35dB时，最终的硬判决发生在误比

特率较高的点上的概率较高，这导致系统性能比迭代 3 次时还要差。故本小节考虑设定迭代次数为 4，探讨线性加权对正反馈现象的改善情况。改变加权系数 α，通过一系列的仿真来得到性能最优的加权因子，不同 ω 下的性能曲线如图 7-56 所示。由图 7-56 可知，在经过合适的加权处理(如 ω 从 0.5 到 0.9)后，正反馈现象被不同程度地削弱，性能曲线在瀑布区得到相应改善。同时，当加权系数较小时(如 ω 为 0.1 和 0.3)，由于 $|\lambda_{\text{ext},l}|$ 被大大削减，输入 SISO 卷积码译码器的先验信息趋于等概，系统性能恶化严重，应该加以避免。信噪比在 2～3dB 的范围内，最优的加权系数为 $\omega=0.7$ 。

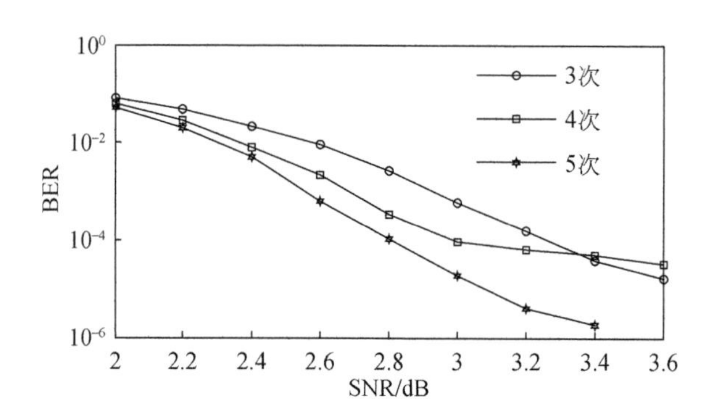

图 7-55　传统方法不同迭代次数时的误比特率性能曲线

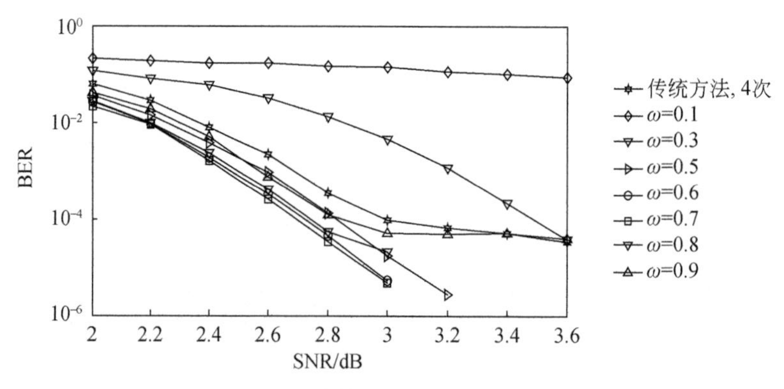

图 7-56　不同加权系数对性能的影响

3. 最优加权系数对收敛性的改善

图 7-56 为迭代 4 次经线性最优加权处理，经指数加权处理和迭代 5 次无任何处理时的误比特率曲线图，为了进一步说明线性加权处理的高效性，这里特别将传统方法迭代 5 次，经线性最优加权处理($\omega=0.7$)迭代 4 次，与经文献[38]中指数加权处理迭代 4 次的误比特率性能进行比较，得到的曲线如图 7-57 所示。由图 7-57

可知，信噪比在2～3dB的范围内，指数形式的加权对正反馈的改善情况并不理想，而增加迭代次数为5也并未对系统性能有较大程度的提高。但本书提出的线性最优加权处理却对性能改善明显。迭代4次，在BER=10^{-5}时，运用线性最优加权处理相对于传统方法可获得0.3dB的增益，更可观的是，相对于传统方法迭代5次还可以获得0.14dB的增益。可见，合适的线性加权处理能明显加快级联系统收敛速度，有效地降低系统时延，更重要的是，相对于指数形式加权，本方法实现更为简单。

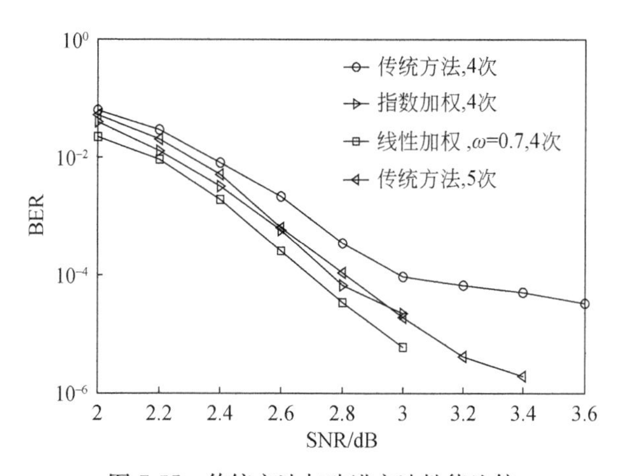

图7-57　传统方法与改进方法性能比较

7.9　本章小结

本章对多相调制相干检测的相位误差概率分布进行详细分析讨论。通过实验仿真发现，分布模型随着信噪比的增大呈现类似于高斯分布的钟形形状。最后，通过仿真得出乘法器处于非线性状态时，BP算法的译码性能。

作为一种特殊的连续相位调制，MSK调制具有良好的频率特性，并可工作在非线性功率放大器最大功率效率的饱和或接近饱和工作区，也适用于深空通信系统中，它及其改进形式已经被CCSDS确立为一种标准调制体制。最小频移键控调制器可以分解成一个码率为1/2的二进制连续相位编码器和一个无记忆映射器。将MSK与LDPC码进行联合优化，利用连续相位编码器固有的记忆特性，可显著提高系统性能。

除了MSK调制和MPSK调制外，深空通信中常用调制方式还包括Feher专利的四相相移键控调制。通过在调制过程中引入卷积编码结构，该调制方式具有准恒包络特性。FQPSK调制本身具有主瓣窄、旁瓣衰减快等的频谱特性优点，使其在远距离的深空通信中，有着更优越的应用前景。采用基于网格结构的维特比算法和 BCJR 算法可实现最优解调，对其调制器对应的网格图进行近似处理，还可得到简化的解调算法。以其内部的卷积码作为内码，外部级联其他卷积码可形成串行或并行级联编码调制迭代系统，从而取得不错的编码增益。但在迭代过程中存在的正反馈现象，可考虑对外信息进行线性加权处理，能有效地加快系统收敛性，降低系统时延，提高系统性能。

参考文献

[1] Proakis J G. 数字通信[M]. 4 版. 张力军，等译. 北京：电子工业出版社，2010.

[2] Xiong F Q. Digital Modulation Techniques[M]. Norwood: Artech House Publishers, 2004.

[3] Simon M K. Bandwidth-Efficient Digital Modulation with Application to Deep Space Communications[M]. New York: Wiley-Interscience Publisher, 2003.

[4] 曹志刚，钱亚生. 现代通信原理[M]. 北京：清华大学出版社，1992.

[5] Fu H, Kam P Y. Exact phase noise model and its application to linear minimum variance estimation of frequency and phase of a noisy sinusoid[C]//2008 IEEE 19th International Symposium on Personal, Indoor and Mobile Radio Communications, Cannes, 2008: 1-5.

[6] Fu H, Kam P Y. Kalman estimation of single-tone parameters and performance comparison with MAP estimator[J]. IEEE Transactions on Signal Processing, 2008, 56 (9): 4508-4511.

[7] Fu H, Kam P Y. Linear estimation of the frequency and phase of a noisy sinusoid[C]//VTC Spring 2008 IEEE Vehicular Technology Conference, Singapore, 2008: 1727-1731.

[8] Fu H, Kam P Y. ML estimation of the frequency and phase in noise[C]//Proceedings of the Global Telecommunications Conference, San Francisco, 2006: 1-5.

[9] Fu H, Kam P Y. MAP/ML estimation of the frequency and phase pf a single sinusoid in nosie [J]. IEEE Transactions on Signal Processing, 2007, 55(3): 834-845.

[10] Fu H, Kam P Y. Exact phase noise model for single-tone frequency estimation in noise[J]. Electronics Letters, 2008, 44(15): 937-938.

[11] Caire G, Taricco G, Biglieri E. Bit-interleaved coded modulation[J]. IEEE Transactions on Information Theory, 1998, 44(3): 927-946.

[12] Schreckenbach F. Iterative Decoding of Bit-Interleaved Coded Modulation[D]. Munich: Munich University of Technology, 2007.

[13] Uegerboeck G. Channel coding with multilevel/phase signals[J]. IEEE Transactions on Information Theory, 1982, 28(1): 55-67.

[14] Lin S, Costello Jr D J. Error Control Coding: Fundamentals and Application[M]. Englewood Cliffs: Prentice-Hall, 1983.

[15] Brink S T, Speidel J, Han R H. Iterative demapping for QPSK modulation[J]. Electronics Letters, 1998, 34(15): 1459-1460.

[16] Li X D, Ritcey J A. Bit-interleaved coded modulation with iterative decoding using soft feedback[J]. Electronics Letters, 1998, 34(10): 942-943.

[17] Brink S T, Speidel J, Yan R H. Iterative demapping and decoding for multilevel modulation[C]// Proceedings of IEEE Global Telecommunications Conference, Sydney, 1998: 579-584.

[18] Brink S T. Designing iterative decoding schemes with the extrinsic information transfer char[J]. AEÜ International Journal of Electronics and Communications, 2000, 54(6): 389-398.

[19] Tran N H, Nguyen H H. Signal mapping of 8-ary constellations for bit interleaved coded modulation with iterative decoding[J]. IEEE Transactions on Broadcasting, 2006, 52(1): 92-99.

[20] Hagenauer J. The EXIT chart-introduction to the extrinsic information transfer in iterative processing[C]//2004 12th European Signal Processing Conference, Vienna, 2004: 50-55.

[21] 张肃文，陆兆熊．高频电子线路[M]．北京：高等教育出版社，1993.

[22] 谢智东，张更新，边东明．深空通信中的一种级联编码调制及其迭代接收[J]．宇航学报，2011，32(8)：1786-1792.

[23] Martin W L, Yan T Y, Lam L V. CCSDS-SFCG: Efficient modulation methods study at NASA/JPL, Phase 3: End-to end performance[C]//Proceedings of the SFGC Meeting, Galveston, 1997: 1-69.

[24] Rimoldi B E. A decomposition approach to CPM[J]. IEEE Transactions on Information Theory, 1998, 34(2): 260-270.

[25] Shane M R, Wesel R D. Parallel concatenated Turbo codes for continuous phase modulation[C]// 2000 IEEE Wireless Communications and Networking Conference, Chicago, 2000: 147-152.

[26] Szeto V F, Pasupathy S. Iterative decoding of serially concatenated convolutional codes and MSK[J]. IEEE Communications Letters, 1999, 3(9): 272-274.

[27] Narayanan K R, Altunbas I, Narayanaswami R S. Design of serial concatenated MSK schemes based on density evolution[J]. IEEE Transactions on communications, 2003, 51(8): 1283-1295.

[28] Damodaran K. Serially Concatenated Coded Continuous Phase Modulation for Aeronautical Telemetry[D]. Lawrence: University of Kansas, 2008.

[29] Franceschini M, Ferrari G, Raheli R. LDPC Coded Modulations[M]. Berlin: Springer, 2009.

[30] Szeto V. Iterative Decoding of Coded Continuous Phase Modulation[D]. Toronto: University of Toronto, 1998.

[31] Bahl L, Cocke J, Jelinek F, et al. Optimal decoding of linear codes for minimizing symbol error rate[J]. IEEE Transactions on Information Theory, 1974, 20(2): 284-287.

[32] CCSDS. Low density parity check codes for use in near-earth and deep space applications[S]. Washington DC: Consultative Committee for Space Data Systems, 2007.

[33] Simon M K, Divsalar D. A reduced complexity highly power/bandwidth efficient coded FQPSK system with iterative decoding[C]//ICC 2001 IEEE International Conference on Communication, Helsinki, 2001: 2204-2210.

[34] Xie Z D, Zhang G X, Bian D M. Constant envelope enhanced FQPSK and its performance analysis[J]. Journal of Communications and Networks, 2011, 13(5): 442-448.

[35] 阎涛，杜兴民，茹乐．基于不同外信息处理方式的Turbo迭代译码研究[J]．电子与信息学

报,2005,27(10):1643-1646.

[36] 韩志学,毕文斌,张兴周. 一种提高 SCCPM 系统迭代检测收敛性的方法[J]. 电子与信息学报,2007,29(2):274-277.

[37] Xue R, Zhao D F, Xiao C L. A novel approach to improve the iterative detection convergence of LDPC coded CPM modulated signals[C]//The 2010 6th International Conference on Wireless Communication Networking and Mobile Computing, Chengdu, 2010:1-5.

[38] Kocarey L, Tasev Z, Vardy A. Improving Turbo codes by control transient chaos in turbo-decoding algorithm[J]. Electronics Letters, 2002, 38(20):1184-1186.